アントシアニン
―食品の色と健康―

大庭理一郎
五十嵐喜治
津久井亜紀夫
編著

建帛社
KENPAKUSHA

ANTHOCYANINS
Food Color with Health Benefits

Edited by

Riichiroh Ohba
Kiharu Igarashi
Akio Tsukui

© Riichiroh Ohba *et al.* 2000, Printed in Japan
ISBN 4-7679-6087-8

Published by
KENPAKUSHA CO.,Ltd.
2-15 Sengoku 4-chome Bunkyoku Tokyo Japan

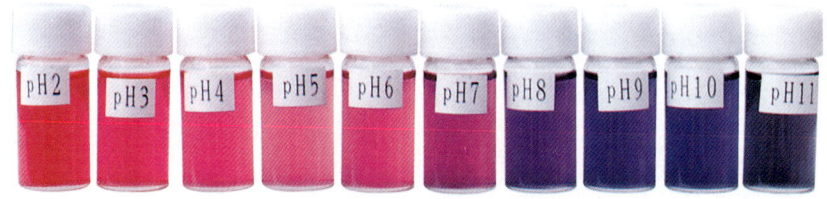

アントシアニンのpHによる色調変化（紫サツマイモ抽出液）

アントシアニンの色調

チョウマメの花

紫サツマイモ（アヤムラサキ）

（紫：インカパープル）
（赤：インカレッド）
（黄：インカのめざめ）
有色ジャガイモ

赤ダイコン（紅心）

紫トウモロコシ

赤ダイコン　　　　　　　チリメンジソ

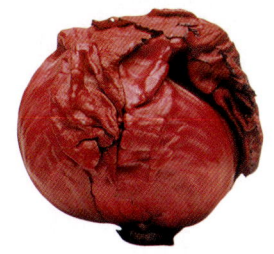

赤キャベツ

有色ジャガイモ
（ポテトチップス）

エルダーベリー

オレンジサツマイモ　　紫サツマイモ　　　搾汁液を利用した
（ジェイレッド）　　（アヤムラサキ）　　サツマイモジュース

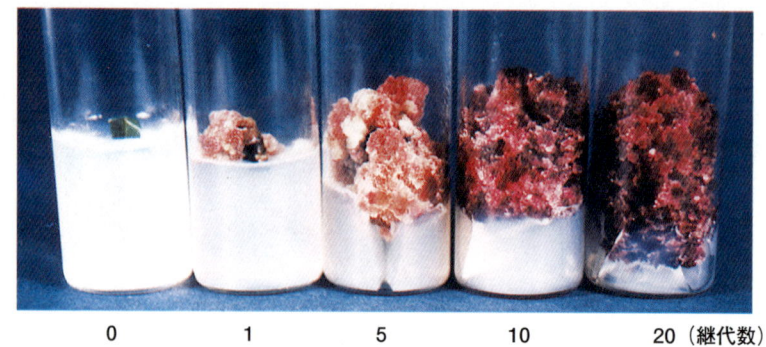

継体選抜培養におけるカルスの変化

左：糖化剤にAN-2を使用した赤米発酵酒
右：スミチームを使用した赤米発酵酒

紫サツマイモ（アヤムラサキ）を
原料としたワイン風発酵酒

（左：ライラックブルー）
（右：ディープブルー）

遺伝子組換えカーネーション（ムーンダスト）

序文

　アントシアニンは，そのもつあでやかで自然な色調から私たちの家庭内外の空間を飾り，古代より食品の着色に用いられているように安全性が保障され食卓を賑わせてきた。アントシアニンは，多くの植物に由来する色素であり，いまだ自然のまま取り扱われていて化学合成品は出ていない。特に食品における添加物のなかで，合成品の着色料が半減し，健康維持のため天然色素のアントシアニンの使用量が世界的に増大しだした。

　近年，機器による分析技術の向上により，数多くの植物に含まれるアントシアニンの化学構造や性質が明らかとなってきた。すなわちアントシアニンの構造が簡単なものから，糖，有機酸，金属，ポリフェノール，タンニンなどと化学的に結合・重合している複合体化合物まで見いだされてきた。この新しいアントシアニンのなかには，従来のアントシアニンより安定性の優れたものも見いだされている。

　一方，赤ワインを筆頭にアントシアニンブームが起こったのはつい2，3年前からである。それ以来，新聞，テレビなどのマスメディアを通して「アントシアニン」の話題が出てくるようになった。日本も世界も「健康」をキーワードとして動き出してきている。飽食，美食，偏食の付けは心身のストレスとなり，それが進んで慣例化すれば健康の維持が不可能となり，生活習慣病を引き起こすこととなる。

　ちょうどその時期から，アントシアニンの生体調節機能性が数多くの研究者から次々に発表されて，アントシアニンの言葉を知らない人までがからだに役立つ色素として認識を新たにした。爆発的に売れ出した赤ワインは第一のその兆候であった。アントシアニンの，抗酸化，活性酸素・フリーラジカル消去活性やガン予防機能，視機能改善作用などの研究は今後ますます盛んになり，アントシアニンの食品などへ

の利用度が広まり深くなっていくことになろう。

　こういう時期に関心のある方々から専門家まで，広くまとまったアントシアニンの本が座右にあることが望まれていた。そこで本書は現在まで明らかになっているアントシアニンの構造や性質，特に安定性の問題について明らかにし，市販されているアントシアニンについて紹介解説した。アントシアニンの最近最も注目されている生体機能性についても全面的なアプローチを試みた。伝統的食品にも，また現代の食品にもアントシアニンは食品加工面で多く利用されている。さらに新しいアントシアニンを含む食品開発の実例と今後の展望にも触れてみた。執筆にあたっては，研究を絶え間無く続けてこられた産官学各々の専門家が，自らの研究成果を含めてわかりやすく図表を用いて解説した。

　本書は食品関係の研究者，大学院・大学や短大生の参考書として，また特に企業関係の技術者・開発研究者の入門書あるいは参考書として，さらに色素に関心・興味のある一般の方々に役立てば幸いである。

　アントシアニンの研究も進歩がめざましく，今後適当な時期に見直し，改訂も必要となるであろうが，ご使用愛読いただき，ご批判などを承りたい。

――――――――――――――――

　本書の刊行企画は，「日本農芸化学会1999年度大会」におけるシンポジウム『食品の色と健康，アントシアニン』の講演者を中心にして，他の専門研究者を執筆者に加え，最も新しい基礎的な情報から応用までわかりやすくアントシアニンの全容を紹介することであった。

　終わりに臨み，この出版の糸口をつくられ，刊行のためにご尽力下さった建帛社編集部の岩佐眞氏および編集部の方々に深く感謝申し上げる。

　2000年5月

編著者　大　庭　理一郎
　　　　五十嵐　喜　治
　　　　津久井亜紀夫

目 次

I　アントシアニンの性質

（寺原・太田・吉玉）

1. 概　要 ……………………………………………………………… 1
2. 分類と種類 ………………………………………………………… 3
   （1）アントシアニンの構造 ……………………………………… 3
   （2）アントシアニンの性質 ……………………………………… 7
   （3）アントシアニンの分類 ……………………………………… 10
3. 構造と安定性 ……………………………………………………… 18
   （1）基本的色素の安定性 ………………………………………… 19
   （2）アシル化アントシアニンの安定性 ………………………… 22
4. 生合成 ……………………………………………………………… 26
   （1）カルコンシンターゼ ………………………………………… 26
   （2）カルコンイソメラーゼ ……………………………………… 27
   （3）フラバノン3-ヒドロキシラーゼ …………………………… 27
   （4）ジヒドロフラボノール4-リダクターゼ …………………… 27
   （5）アントシアニジンシンターゼ ……………………………… 28
   （6）アントシアニジンの修飾 …………………………………… 30
   （7）生合成酵素の細胞内局在部位 ……………………………… 34
   （8）液胞内への輸送機構 ………………………………………… 36

II 食品着色料としてのアントシアニン

(香　田)

1. 概　要 …………………………………………………………… 39
2. 食品用着色料としてのアントシアニンの法的規制 ……… 40
   - （1） 食品添加物のなかでのアントシアニンの位置づけ … 40
   - （2） 食品添加物の規格基準 ……………………………… 41
   - （3） 天然着色料の使用基準 ……………………………… 41
   - （4） 食品への着色料表示 ………………………………… 41
3. 着色料アントシアニンの種類と市場性 ………………… 43
   - （1） 食品に使用できるアントシアニンの種類 ………… 43
   - （2） アントシアニンの市場規模 ………………………… 44
4. 食品用着色料としてのアントシアニンの有用性 ………… 45
   - （1） アントシアニンの色調 ……………………………… 45
   - （2） アントシアニンのpHによる色調変化 …………… 46
   - （3） アントシアニンの光安定性 ………………………… 46
   - （4） アントシアニンの熱安定性 ………………………… 47
   - （5） アントシアニンへの金属イオンの影響 …………… 48
   - （6） アントシアニンの染着性 …………………………… 49
   - （7） 酸乳飲料系でのアントシアニンの安定性 ………… 50
   - （8） アントシアニンが使用されている食品および用途 … 52
5. アントシアニンの製造法 ………………………………… 52
   - （1） アントシアニンの製造法 …………………………… 52
   - （2） 食品中のアントシアニンの分析法 ………………… 53
6. アントシアニンの安全性 ………………………………… 54
7. 今後の課題 ……………………………………………… 55

Ⅲ　アントシアニンの原料および食品加工利用

（津久井・林）

1. 概　要 …………………………………………………… 57
2. シ　ソ …………………………………………………… 60
3. サツマイモ ……………………………………………… 68
4. 赤キャベツ ……………………………………………… 78
5. 有色ジャガイモ ………………………………………… 80
6. 赤ダイコン ……………………………………………… 83
7. ブドウ …………………………………………………… 85
8. ベリー類 ………………………………………………… 88
9. その他 …………………………………………………… 92
   （1）ナ　ス ……………………………………………… 92
   （2）イチゴ ……………………………………………… 93
   （3）紫ヤム ……………………………………………… 94
   （4）マメ類 ……………………………………………… 94
   （5）コメ（有色米） …………………………………… 96
   （6）その他の果実類 …………………………………… 96
   （7）その他の野菜類・穀類 …………………………… 97
   （8）ハイビスカス ……………………………………… 98

Ⅳ　アントシアニンの生体調節機能

（五十嵐・佐藤・寺原・津田・津志田・梶本）

1. 概　要 …………………………………………………… 103
   （1）生体調節機能食品素材・成分としての
       アントシアニン ……………………………………… 103
   （2）脂質改善作用と生体過酸化防御機能 …………… 104
   （3）抗変異原・抗腫瘍作用 …………………………… 104
   （4）抗潰瘍，血漿板凝集抑制および視機能改善作用 … 104
   （5）生体内吸収 ………………………………………… 105

- 2. 赤ワインと健康……………………………………………… 106
  - （1） フレンチパラドックスと動脈硬化に対する作用…… 106
  - （2） ワインの活性酸素消去活性……………………………… 110
  - （3） ワインアントシアニンの重要性……………………… 112
  - （4） 赤ワインのヘリコバクターピロリに対する作用…… 117
  - （5） 赤ワインポリフェノールの脳神経系に対する作用… 117
  - （6） 赤ワインの血流増加作用………………………………… 118
  - （7） ブルーベリー赤ワインの眼に対する効果…………… 120
- 3. 抗酸化性……………………………………………………… 124
  - （1） 酸素の性質と活性酸素…………………………………… 124
  - （2） 活性酸素・フリーラジカルの発生…………………… 126
  - （3） 活性酸素・フリーラジカルの消去と抗酸化性物質… 126
  - （4） 活性酸素・フリーラジカルと生活習慣病…………… 127
  - （5） 食品素材中の抗酸化性物質……………………………… 128
  - （6） アントシアニンの抗酸化性……………………………… 130
  - （7） ポリアシル化アントシアニンの抗酸化性…………… 131
- 4. 生体内抗酸化性と体内動態………………………………… 136
  - （1） アントシアニンの試験管レベルでの機能…………… 136
  - （2） 個体レベルにおける Cy 3-glc の抗酸化性 ………… 138
  - （3） アントシアニンの抗酸化性と体内動態……………… 144
- 5. パラコート酸化ストレス制御……………………………… 151
  - （1） パラコートと酸化ストレス……………………………… 151
  - （2） アントシアニンによるラジカル消去………………… 152
  - （3） ナスニンによる生体酸化制御…………………………… 155
  - （4） 赤キャベツアシル化アントシアニンによる
    生体酸化制御……………………………………………… 158
  - （5） ヤマブドウ主要色素マルビンと生体酸化制御……… 161
- 6. 抗変異原・抗腫瘍作用……………………………………… 164
  - （1） 抗変異原作用……………………………………………… 164
  - （2） 抗腫瘍作用………………………………………………… 170

7. アントシアニンの視機能改善作用………………………… 175
　（1）アントシアニンの視物質ロドプシン再合成促進
　　　効果……………………………………………………… 175
　（2）アントシアニンの臨床的価値……………………… 176
　（3）アントシアニンの視機能に及ぼす影響…………… 178
　（4）アントシアニンに関する医学研究の今後………… 185

V　アントシアニンおよび含有食品の新開発

(大庭・須田)

1. 赤米発酵酒の開発と機能性……………………………… 187
　（1）赤米の無蒸煮アルコール発酵酒…………………… 187
　（2）赤米発酵酒の色調…………………………………… 188
　（3）赤米発酵酒の機能性………………………………… 189
2. 紫サツマイモ発酵酒の開発と機能性…………………… 190
　（1）ワイン風発酵酒の開発……………………………… 190
　（2）ワイン風発酵酒の機能性…………………………… 192
3. 大麦糠由来の赤紫色素の開発と機能性………………… 195
　（1）原　料………………………………………………… 195
　（2）生成方法……………………………………………… 196
　（3）色素の性質…………………………………………… 197
　（4）生成機構……………………………………………… 198
　（5）生体調節機能性……………………………………… 199
4. 紫サツマイモジュースの開発と機能性………………… 201
　（1）紫サツマイモに含まれるアントシアニン………… 201
　（2）黄白サツマイモの成分特徴と試験管内レベルでの
　　　機能性発現……………………………………………… 202
　（3）紫サツマイモの試験管内レベルでの機能性発現…… 202
　（4）紫サツマイモジュースの開発と試験管内レベルでの
　　　機能性発現……………………………………………… 203
　（5）紫サツマイモジュースの実験動物レベルでの

　　　　機能性発現……………………………………………… 204
　（6）紫サツマイモジュースのヒトレベルでの
　　　　機能性発現……………………………………………… 205
　（7）おわりに……………………………………………………… 207

VI アントシアニンの今後の展望
　　　　　　　　　　　　　（大庭・香田・名和・田中・大澤）
1. バイオテクノロジーと今後の展望…………………………… 209
　（1）植物細胞培養とアントシアニン………………………… 209
　（2）シソ培養細胞を用いたアントシアニンの生産……… 214
　（3）ブルーベリー培養細胞による
　　　　アントシアニンの生産…………………………………… 218
　（4）新花色の創出……………………………………………… 222
2. アントシアニンと健康…………………………………………… 228
　（1）アントシアニン研究の最近の動向……………………… 228
　（2）アントシアニン研究の今後の動向……………………… 231
アントシアニンの略記号…………………………………………… 234
アントシアニンに結合している糖類……………………………… 238
アントシアニンに結合している有機酸…………………………… 239
索　引…………………………………………………………………… 240

アントシアニンの性質　I

1. 概　要

　一般に植物でイメージする色は緑である。これは植物体に占める緑色の割合が圧倒的に多いからであり，さらに生命を育み安らぎをもたらす色として環境のシンボル色などによく用いられる。しかし，多くの植物は緑色を背景にしながらも，花，種子，果実，葉，茎，根などに多種・多様な色をもち，我々の目を楽しませてくれる。緑色を示す要因はクロロフィル類であるが，その他の色にはカロチノイドやアントシアニン類，フラボノイド，ベタレイン類などさまざまな着色物質が関与している。着色植物中にはそれらの色素が単独で，あるいは共存して存在している。

　英語のアントシアニン（Anthocyanin）という言葉は，ギリシャ語の anthos＝「花」の，cyanos＝「青」から由来しており，「花の青色成分」という意味であるが，実際には青色ばかりではなく，燈黄色から赤色，紫色，青色まで幅広い色調をもつ。つまり，クロロフィル類の緑色とメラニンの黒色以外のほとんどの色をカバーしているといっても過言ではない。

　アントシアニン色素の植物成分としての研究は Marquart（1835）がヤグルマギク青色花の成分単離に着手したのが始まりである。Willstätter, Robinson らの構造研究，合成研究と続き，後に柴田桂太，林孝三，後藤俊夫ら日本人研究者が花色変異の機構解明などに多くの貢献をしている。

　植物色素の植物体中での存在意義について，クロロフィルが光合成に必須の要因であるということは明瞭である。しかし，アントシアニンの場合は，受粉のための昆虫や鳥の誘因作用，果実の動物による種子散布，紫外線による植物体DNA 損傷からの保護，耐病原性（ファイトアレキシン）作用，成長因子などが提唱されているが，定説には至っていない。

アントシアニン類の分布は植物における進化や生育環境に関係が深く，化学的植物分類学（Chemotaxonomy）の重要な指標になっている。
　アントシアニンは各種の条件によって構造変化を受け，退色や変色しやすい性質をもつ。色調の変化に与える因子としては，色素自体の化学構造，濃度，色素溶液のpH，温度などや，コピグメント，金属イオン，酵素，酸素，アスコルビン酸，糖などの物質との共存下における反応がある。このように，わずかな環境因子や共存成分の違いも花色の色調に微妙な変化をもたらすことより，植物の多彩な色が生じたと考えられる。また，同じ理由でバイオテクノロジーなどにより新花色を創出しうるため，植物学あるいはその応用分野での研究が活発に行われている。
　一方，食品関連分野ではアントシアニンは退色や変色しやすいものの，合成着色料に比べて安全性が高いことや，自然な色合いをもつため，伝統的にシソ葉による梅漬，赤ワイン，ベリー類のジャム，赤飯など加工食品の着色に利用されている。最近になって抗酸化能を示すことが見いだされ，単に食品の着色機能（第2次機能性）だけではなく，抗酸化性などの第3次機能性をもち，生体内酸化ストレスを防止する食品因子として再評価されている。さらには，抗変異原性，血圧降下作用，肝機能障害軽減効果，視覚改善作用，抗糖尿病活性などが明らかにされるにつれ，健康維持機能だけにとどまらず，生活習慣病（Life-style related diseases）の治療食素材というより積極的な意味での方向性も考えられている。

■参考文献■

- 林　孝三編：植物色素，養賢堂，1988
- Harborne, J.B.：The Flavonoids-Advances in Reserch since 1986-, Chapman and Hall, London, 1994
- Mazza, G. and Miniati, E：Anthocyanins in Fruits, Vegetables, and Grains, CRC Press, Boca Raton, 1983
- 中林敏郎・木村　進・加藤博通：食品の変色とその化学，光琳，1994
- 井上正康：活性酸素と医食同源，共立出版，1996
- 中村丁次：FOOD Style, 21, 3, 29, 1999

2. 分類と種類

(1) アントシアニンの構造

　アントシアニン (Anthocyanin) はシダ植物以上の高等植物に広く分布し、アグリコンをアントシアニジン (Anthocyanidin) と呼ぶ。広義にはフラボノイド (Flavonoid) に属する。フラボノイドは2個のベンゼン環を3つの炭素鎖で結びつけた共通のジフェニルプロパノイド (C_6-C_3-C_6) 骨格をもち、フラバンを最も基本的な化合物とする。アントシアニジンの他にフラバノン、フラバノール、カテキン、フラボン、フラボノール、オーロンなどがあり、同じ生合成経路で生成することが知られている。したがって、アントシアニンは他のフラボノイドとしばしば共存する。

　アントシアニンは他のフラボノイドと比較するとアグリコンや結合糖、有機酸の種類が限られているが、現在までに400種類ほど発見されており、なお多くの新規なアントシアニンが追加・報告されつつある。これは、アントシアニンが比較的限られた種類のアグリコン、糖、有機酸を多様に組み合わせた構造をとるためである。

　アントシアニジンは表 I−1 のように天然から18種類見いだされている。化学的にはフラビリウム (Flavylium, 2-フェニルベンゾピリリウム《2-Phenyl-benzopyrylium》) 塩のポリヒドロキシ、ポリメトキシル誘導体である。3つの芳香環のうち、A, B-環はフェノール性のベンゼン環であり、C-環は1個の酸素原子をもつヘテロ (ピリリウム, Pyrylium) 環である。アントシアニジンは基本的に 3, 5, 7, 4'-位に水酸基をもち、B-環の水酸基やメトキシル基の数により差違が生じている。通常見られるものはペラルゴニジン、シアニジン、デルフィニジン、およびメチル化されたペオニジン、ペチュニジン、マルビジンの6種類である (図 I−1)。また、存在比は低いが、3-デオキシ体や、A-環が修飾を受けた5-メトキシ体、7-メトキシ体、6-ヒドロキシ体などがある。アントシアニジンの色調は、B-環の水酸基の数が多いほど青色 (深色) シフトを起こして紫色に、3-デオキシ体は赤色 (浅色) シフトをおこして橙色になる。通常アントシアニジンは不安定なため、その配糖体 (グリコシド, Glycoside) であるアントシアニンと

表Ⅰ-1 天然に存在するアントシアニジン

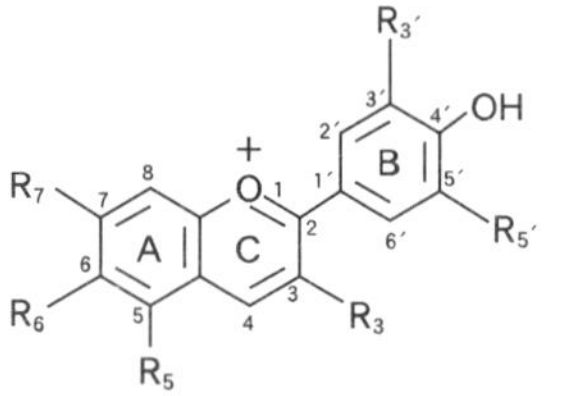

略号	英名	和名	C-環 R3	A-環 R5	A-環 R6	A-環 R7	B-環 R3'	B-環 R5'	色
Ap	Apigeninidin	アピゲニニジン	H	OH	H	OH	H	H	橙黄
Lt	Luteolinidin	ルテオリニジン	H	OH	H	OH	OH	H	橙
Tr	Tricetinidin	トリセチニジン	H	OH	H	OH	OH	OH	赤
Pg	Pelargonidin	ペラルゴニジン	OH	OH	H	OH	H	H	橙
Au	Aurantinidin	オーランチニジン	OH	OH	OH	OH	H	H	橙
Cy	Cyanidin	シアニジン	OH	OH	H	OH	OH	H	赤紫
5MCy	5-Methylcyanidin	5-メチルシアニジン	OH	OMe	H	OH	OH	H	赤紫
6OHCy	6-Hydroxycyanidin	6-ヒドロキシシアニジン	OH	OH	OH	OH	OH	H	赤
Pn	Peonidin	ペオニジン	OH	OH	H	OH	OMe	H	赤紫
Rs	Rosinidin	ロシニジン	OH	OH	H	OMe	OMe	H	赤
Dp	Delphinidin	デルフィニジン	OH	OH	H	OH	OH	OH	紫
6OHDp	6-Hydroxydelphinidin	6-ヒドロキシデルフィニジン	OH	OH	OH	OH	OH	OH	紫
Pt	Petunidin	ペチュニジン	OH	OH	H	OH	OMe	OH	紫
Pl	Pulchellidin	プルケリジン	OH	OMe	H	OH	OH	OH	紫
Mv	Malvidin	マルビジン	OH	OH	H	OH	OMe	OMe	紫
Hs	Hirsutidin	ヒルスチジン	OH	OH	H	OMe	OMe	OMe	紫
Eu	Europinidin	ユウロピニジン	OH	OMe	H	OH	OMe	OH	紫
Cp	Capensinidin	カペンシニジン	OH	OMe	H	OH	OMe	OMe	紫

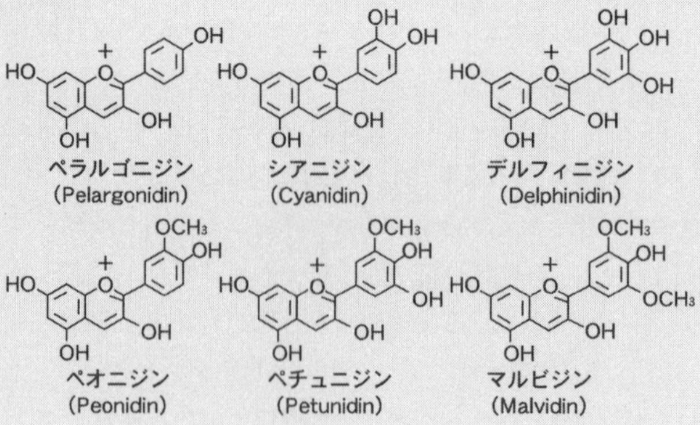

図Ⅰ-1 通常見出される6種のアントシアニジン

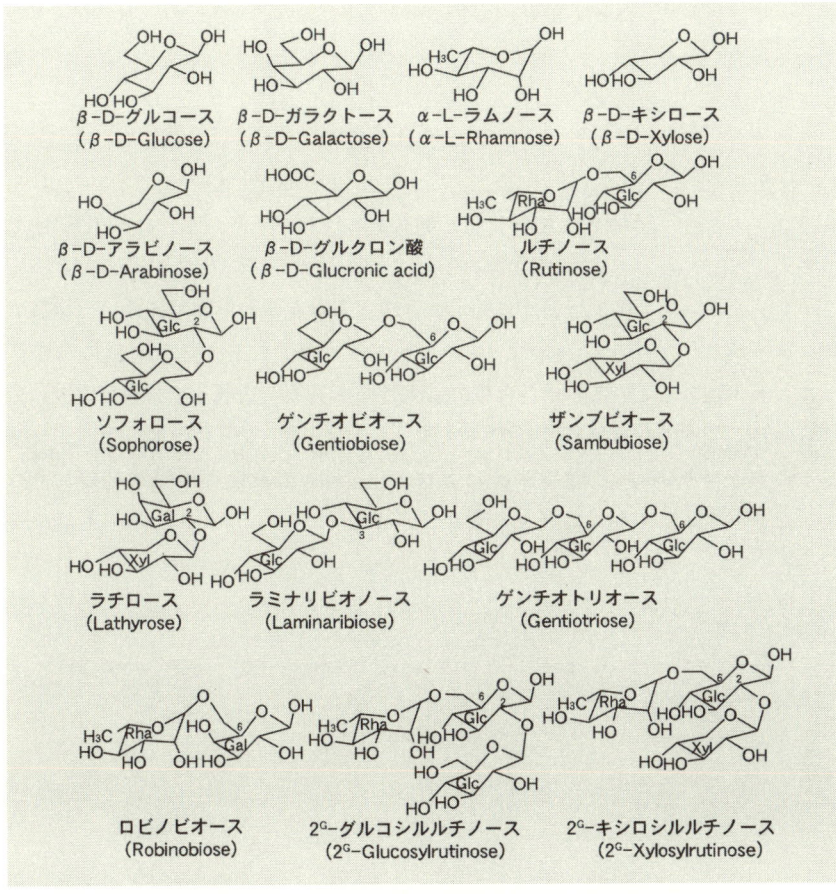

図 I―2　アントシアニン中に見いだされる糖類

して植物中に存在する。

　糖は酸素原子を介してアントシアニジンとグリコシド結合しており，通常はβ-結合である。結合糖の種類は図 I―2のように見つかる頻度の高い順に，D-グルコース，D-ガラクトース，L-ラムノース，D-キシロース，D-アラビノースなどがある。これらの単糖が単独（モノサイド）に，あるいは2糖類（ビオサイド），3糖類（トリオサイド）として結合している。2糖類としてはルチノース，ソフォロース，ゲンチオビオースなどのほかに，ザンブビオース，ラチロース，

ラミナリビオース，ロビノビオースなどがある。また，3糖類としては2^G-グルコシルルチノース，2^G-キシロシルルチノース，ゲンチオトリオースなどが報告されている。

糖の結合位置はアントシアニジンの3-位水酸基が最も多い。その他に3, 5-；3, 7-；3, 3'-などが続く。また，3, 5, 7-；3, 5, 3'-；3, 7, 3'-；3, 3', 5'-；3, 5, 3'-；3, 5, 7, 3', 5'-などに配糖化した例もある。3-デオキシ体では5-位配糖化が多く，7-位のみや，4'-位に糖が結合したアントシアニンの報告は極めて少ない。

アントシアニンの中には糖部に図I-3のような有機酸が単独あるいは複数でエステル結合したもの（アシル化アントシアニン）があり，主に糖の6-位の水酸基にエステル結合している。結合有機酸は大きく芳香族有機酸と脂肪族有機酸に分けられる。芳香族有機酸にはp-クマル酸，コーヒー酸，フェルラ酸，シナピン酸などのヒドロキシケイ皮酸類とp-ヒドロキシ安息香酸や没食子酸などのヒドロキシ安息香酸類がある。ヒドロキシケイ皮酸類はトランス（E）体が主である

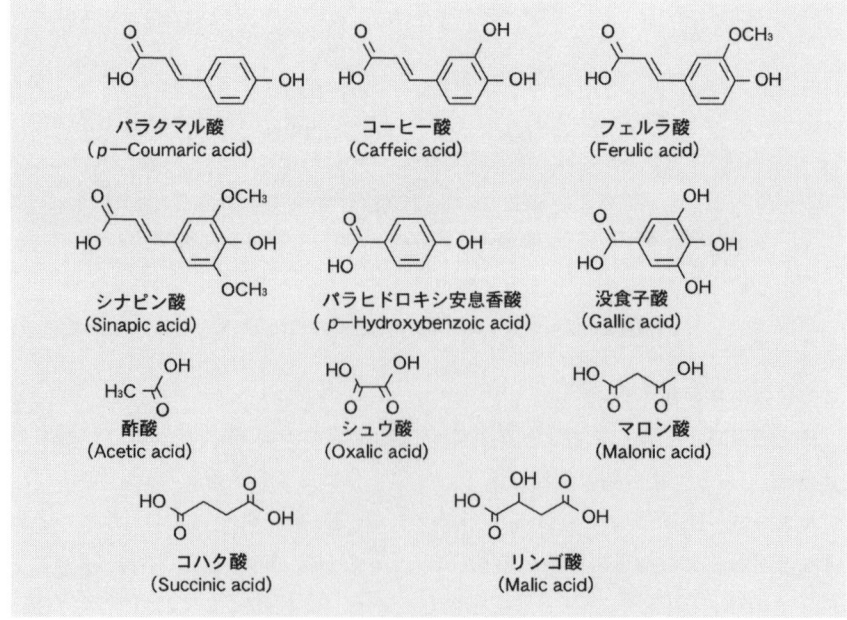

図I-3　アントシアニン中に見いだされる有機酸類

が，シス（Z）体も存在する。また，脂肪族有機酸はマロン酸や酢酸の他にシュウ酸，コハク酸，リンゴ酸などがある。脂肪族有機酸は芳香族有機酸と比べて加水分解されやすく，見逃されやすかった。現在は，抽出・精製法の改善や機器分析の進歩で数多く見いだされるようになった。

（2）アントシアニンの性質

アントシアニンは溶液の pH の影響を受けやすく，酸性溶液で安定な赤色のフラビリウムイオンは弱酸性から中性付近の水溶液中では，すばやく脱プロトン化を受けて紫色の不安定なキノイド（アンヒドロ）塩基とになる（図 I－4）。一方で競争的に2位炭素に水和を受けて，無色のプソイド塩基になり，さらに互変異性体のカルコンへ構造変化を起こし退色しやすいことが知られている。

したがって，アントシアニンは弱酸性の植物細胞の液胞中（pH 4～6）では，退色しやすいものと考えれられるが，実際には植物組織中では安定に色調を保っている。この現象は大きな謎であったが，今では分子会合による安定化の機構で説明されている。

芳香族有機酸を複数もつものを特にポリアシル化アントシアニン類と呼んでいる。非アシル化アントシアニンや脂肪族有機酸によるアシル化アントシアニンに

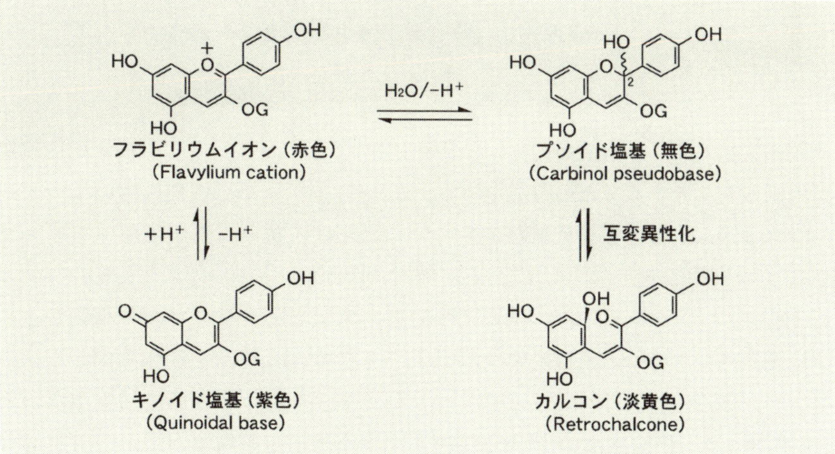

図 I－4　水溶液中でのアントシアニンの構造変化

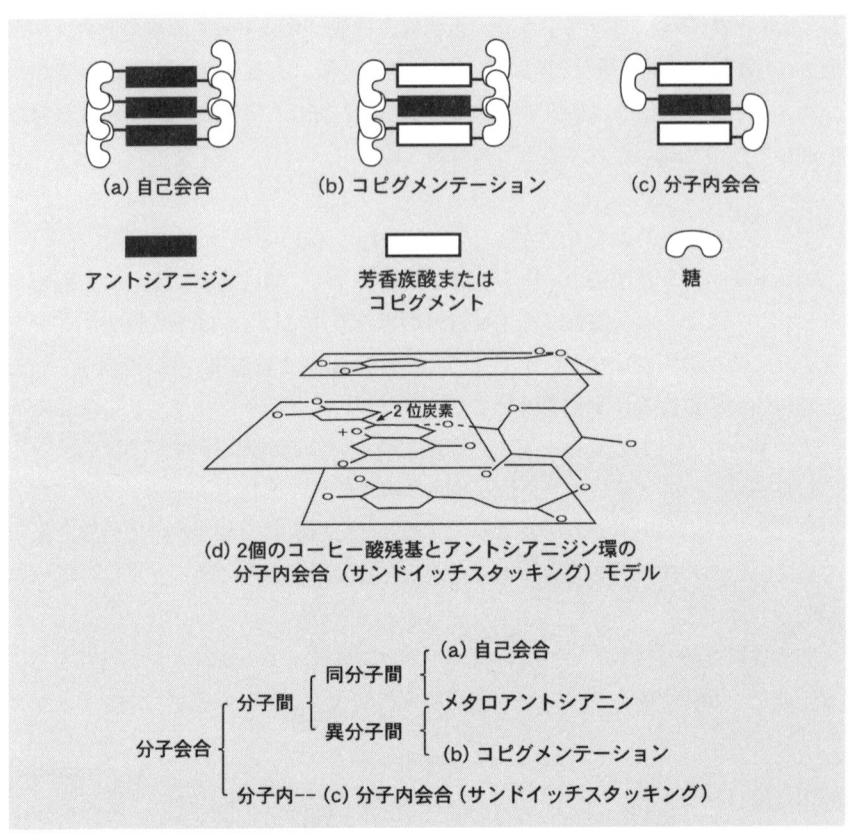

図I−5　分子会合によるアントシアニンの安定化機構

比較して相対的に疎水性が高く，水溶液中での安定性が高いこと，および色調が青色側にシフトするなどの特徴がある。これは，図I−5(c)や具体的なモデル(d)のように，芳香族有機酸がアントシアニジン平面の両側からサンドイッチ型のπ-π相互作用を起こして会合し（分子内会合，サンドイッチスタッキング，あるいは分子内コピグメンテーションと呼ばれる），アントシアニジン平面の両側からの2-位炭素への水分子の求核攻撃（水和反応）を立体的に阻害するからである。このようなπ-π相互作用は，芳香環同士が分子平面を合わせる形で積み重なった（スタッキング）状態では，相互のπ電子間で分子軌道の重なりが生じ，芳香環のπ電子はさらに非局存化することによって安定化するために起こりやすい。

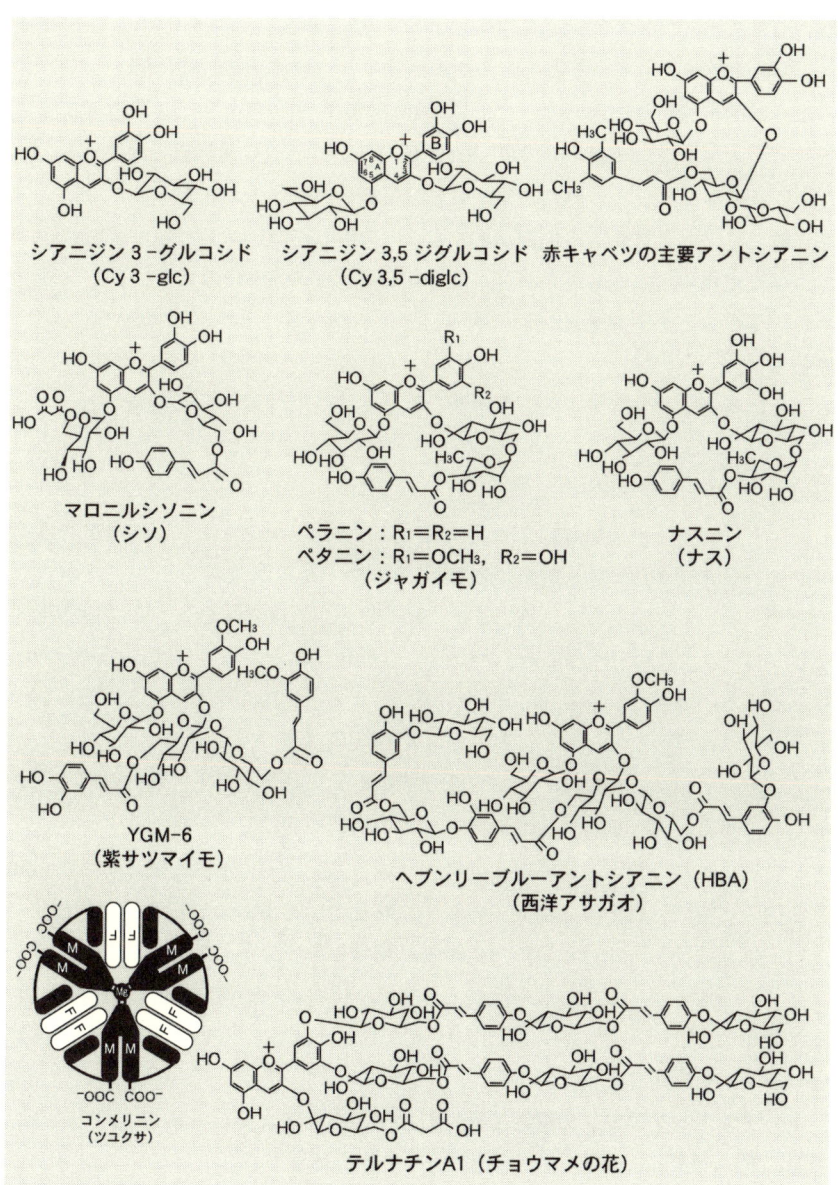

図I-6 アントシアニン類

さらに，アントシアニンは液胞中の共存物質と非共有結合性の相互作用により，複合体を形成していることが多くの植物で知られている。特に図Ⅰ—5（b）のように疎水性相互作用によって，アントシアニン類と会合した共存物質のことをコピグメント（Copigment，助色素）と呼び，フラボンなどが知られている。また，会合することをコピグメンテーションといい，コピグメンテーションによって一般にアントシアニンの色調が濃くなる（濃色化）とともに青色化（深色効果），および安定化が起こる。色素濃度が高い場合は図Ⅰ—5（a）のようにアントシアニン同士のコピグメンテーション（自己会合）も起こることが判明したことから，後藤らは，メタロアントシアニンのキレーションによる安定化も含めて，図Ⅰ—5のように各種アントシアニンの分子会合による安定化を統一的に解釈した。

（3）アントシアニンの分類

アントシアニンの種類は図Ⅰ—6のように，小はコーリャンなどに含まれるアピゲニニジン（分子量255）から，大はチョウマメ花に含まれるテルナチンA1（分子量2108）まで知られている。また，分子間会合で複合体をつくっているものとしては，巨大な超分子構造をもつツユクサ花色素コンメリニン（分子量約9000）などがある。総説 The Flavonoids (1988) によると，1980年までに256種のアントシアニンが見つかっており，現在では400種以上におよぶと推定される。

アントシアニンの分類法としては化学構造を元にしたものと，含有植物を元にしたものが考えられる。アントシアニジンの構造を元にした分類は，アントシアニンを物質として整理・検索するのに利用される。一方，植物種を元にした分類は植物の化学的分類学の立場からの利用に好都合である。これら2つの分類法については The Flavonoids や多くの総説に記載されている。ここではアントシアニジンの構造を元にした分類の概要と，アシル化および複合体形成の有無を元にした分類（表Ⅰ—2），および食品関連分野で関心のある食用植物を元にした分類（表Ⅰ—3）を紹介する。

1）アントシアニジンの構造を元にしたアントシアニンの分類

The Flavonoids (1988) では，他の分子と複合体をつくっていないアントシアニンのみについて分類が掲載してある。進化の進んだ植物ほど水酸化の程度の高いアグリコンをもつ傾向があるが，アントシアニジンの生成の基本化合物は，シ

表 I−2　アシル化および複合体形成の有無によるアントシアニンの分類

1. 複合体を作っていないアントシアニン（Monomeric anthocyanins）
   1) 非アシル化アントシアニン（Nonacylated anthocyanins）
      Pg 3-glc（Callistephin）, Pg 3, 5-diglc（Pelargonin）
      Cy 3-gal（Idaein）, Cy 3-glc（Chrysanthemin）；
      Cy 3-gen（Mekocyanin）, Cy 3-rut（Keracyanin）, Cy 3, 5-diglc（Cyanin）
      Pn 3-glc, Pn 3, 5-diglc（Peonin）, Dp 3-glc, Dp 3, 5-diglc（Delphin）
      Pt 3-glc；Pt 3, 5-diglc（Petunin）；Mv 3-glc（Oenin）；Mv 3, 5-diglc（Malvin）など
   2) アシル化アントシアニン（Acylated anthocyanins）
      ① 脂肪族有機酸アシル化アントシアニン（Aliphatic acid acylated anthocyanins）
         Pg 3-Ma·glc, 3-Ma·sop, 3, 5-di（Ma·glc）；Pg 3-M·glc
         Cy 3-Ac·glc, 3-Ma·glc, 3-Ma·sop, 3-diMa·glc, 3, 5-di（Ma·glc）；
         Cy 3-M·glc, Pg 3-Ox·glc, 3-Su·glc-5-glc
         Pn 3-Ac·glc, Dp 3-Ac·glc, 3-diMa·glc；Pt 3-Ac·glc；Mv 3-Ac·glc など
      ② モノアシル化アントシアニン（Monoacylated anthocyanins）
         Pg 3-pC·glc-5-di·Ma·glc（Monardaein）；Pg 3, 5-diglc-Caf ester（Salvianin）；
         Pg 3-diglc-5-glc-pC·Fr esters（Raphanusin A, B）
         Pg 3-pC·rut-5-glc（Pelanin）；Cy 3-pC·glc-5-Ma·glc（Malonylshisonin）
         Dp 3-pC·glc-5-Ma·glc（Malonylawobanin）；Dp 3-pC·rut-5-glc（Nasunin）
         Pt 3-pC·rut-5-glc（Petanin）など
      ③ ポリアシル化アントシアニン（Polyacylated anthocyanins）
         Pg 3-xylglc-5-glc-pC·Fr ester（Matthiolanin）；
         Rubrocampanin；赤系アサガオのアントシアニン；
         Cy 3-sop-5-glc-Caf·Fr, pHB esters（YGM-1～3）；Atatanin A～C；Rubrocinerarin；
         Zebrinin
         Pn 3-sop-5-glc-Caf·Fr·pHB esters（YGM-4～6）；HBA；青系アサガオのアントシアニン
         Ternatin A～D；Cinerarin；Lobelinin A, B；Gentiodelphin；
         Campanin；Platyconin；Violdelphin；Cyanodelphin など
2. 複合体を作っているアントシアニン（Complex anthocyanins）
   1) コピグメント化したアントシアニン（Copigmented anthocyanins）
      フクシア花（Malvin + spiraeoside, quercitrin, isoquercitrin），
      スイートピー花（Mv 配糖体 + flavonol），アイリス花（Delphinin + swertisin）
      ブドウ（Anthocyanins + tannin），ノシラン（Pt, Dp glycosides + flavonols）
      ベゴニア花（Cy 配糖体 + flavonol）など
   2) メタロアントシアニン（Metalloanthocyanins）
      ツユクサ花弁青色色素（Commelinin），ヤグルマギク花弁青色色素（Protocyanin）
      アジサイ花弁青色色素，サルビアパテンス花弁青色色素など
   3) その他アントシアニン
      ホルデミン，赤ワイン中の色素など

〈略号〉
〈アグリコン〉Pg, ペラルゴニジン；Cy, シアニジン；Pn, ペオニジン；Dp, デルフィニジン；Pt, ペチュニジン；Mv, マルビジン．〈単糖類〉glc, D-グルコース；gal, D-ガラクトース；ara, D-アラビノース；xyl, D-キシロース；rha, L-ラムノース．〈二糖類その他〉gen, ゲンチオビオース；lam, ラミナリビオース；rut, ルチノース；sam, ザンブビオース；sop, ソホロース．〈脂肪族有機酸類〉Ac, 酢酸；Ma, マロン酸；M, リンゴ酸；Ox, シュウ酸；Su, コハク酸．〈芳香族有機酸類〉pHB, p-ヒドロキシ安息香酸；pC, p-クマル酸；Caf, コーヒー酸；Fr, フェルラ酸；Si, シナピン酸．

アニジンとされている。アントシアニンのなかでは，シアニジン系配糖体の割合が31％と最も高く，シアニジン（31％）＞ペラルゴニジン（18％）＞デルフィニジン（15％）＞ペオニジン（11％）＞マルビジン（10％）＞ペチュニジン（8％）の順である。

また，アシル化アントシアニンは，全体の約45％とその占める割合は比較的高く，特に花の色素中に多い。特に，虫媒花として高度に進化した植物の花ほどポリアシル化アントシアニンをもつものが多いとされている。

2）アシル化および複合体形成の有無によるアントシアニンの分類

表 I－2 のようにアシル化および複合体形成の有無により，アントシアニンを分類することができる。

2－1）他の分子と複合体をつくっていないアントシアニン（Monomeric anthocyanins）　これらはモノメリックアントシアニンと呼ばれ，複合体をつくっているコンプレックスアントシアニンと区別される。モノメリックアントシアニンは，さらに非アシル化アントシアニン，およびアシル化アントシアニンに分けられる。アシル化アントシアニンは脂肪族あるいは芳香族有機酸でアシル化されたものに分けられる。両方をもつ場合もしばしば見受けられるが，この場合は芳香族有機酸を元に分類した。芳香族有機酸アシル化アントシアニンは芳香族有機酸を1個もつモノアシル化アントシアニンと2個以上もつポリアシル化アントシアニンに分けられる。

非アシル化アントシアニンは単純で基本的な構造をもつ。なかでも，3-glc と 3.5-diglc が最も頻繁に見いだされる。広範に存在する Cy 3-glc はこれに含まれる。脂肪族有機酸アシル化アントシアニンは赤タマネギ中の Cy 3-Ma·glc などマロン酸をもつものが最も多く，エステル結合が切れやすいため以前はよく見逃されていたタイプのものである。モノアシル化アントシアニンとしては，赤シソ中のマロニルシソニン（Malonylshisonin）やナス中のナスニン（Nasunin）などがこれに含まれる。今まで述べたタイプのアントシアニン類は弱酸性から中性水溶液では不安定で退色しやすいことが知られている。これに対して，ポリアシル化アントシアニンは，安定であり，化学構造が複雑で分子量が1000〜2000と大きく，慣用名で呼ばれることが多い。主としてデルフィニジン系の色素で，紫〜青色花に存在することが多い。シネラリヤ花のシネラリン（Cinerarin）や西洋ア

サガオ花のヘブンリーブルーアントシアニン（HBA），チョウマメ花のテルナチン（Ternatin）A〜D類；ロベリア花のロベリニン（Lobelinin）A, B, カンパニュラ花のカンパニン（Campanin），キキョウ花のプラチコニン（Platyconin），デルフィニウム花のビオルデルフィン（Violdelphin）やシアノデルフィン（Cyanodelphin），リンドウ花のゲンチオデルフィン（Gentiodelphin）などがその例である。

2－2）分子間で複合体を作っているアントシアニン（Complex anthocyanins）

① **コピグメントしたアントシアニン**（Copigmented anthocyanins）：花や果実のアントシアニンは色素そのもの，あるいは共存するフラボノイドやタンニンなどの化合物とコピグメンテーションし，分子間で複合体を形成していることがある。コピグメンテーションにより，アントシアニンは濃色化，青色化，安定化などの効果を受ける。コピグメンテーションは多種の植物の花で観察されるが，一般に結合が弱いため複合体をそのままの形で取り出すのは不可能とされている。

② **メタロアントシアニン**（Metalloanthocyanins）：これは金属イオンとキレートを形成しているアントシアニンである。現在知られているのは，ツユクサ花弁青色色素コンメリニン（Commelinin），ヤグルマギク花弁青色色素プロトシアニン（Protocyanin），アジサイ花弁青色色素などである。いずれも，鮮やかな青色を呈しており，複雑な構造をもつことが明らかにされつつある。フラボノイドとコピグメンテーションしたうえに，金属イオンとキレート結合した超分子構造を取っており，かなり安定であるため，取り出して結晶化が可能な場合もある。コンメリニンは図Ｉ－6のようにマロニルアオバニン（M）とフラボコンメリン（F）がそれぞれ6分子，同種および異種分子同士の分子間コピグメンテーションにより会合し，さらに2分子の Mg^{2+} と錯体を形成した構造 $[M_6F_6Mg_2]^{6-}$ をしている。同様に，プロトシアニンはスクシニルシアニン（Su）とマロニルフラボン（Mf），Mg^{2+} および Fe^{3+} の複合体 $[Su_6Mf_6MgFe]$ である。アジサイ花弁青色色素は Dp 3-glc と 3-p-クマリルキナ酸，さらに Al^{3+} が会合した構造をしていると推定されている。

③ **その他のアントシアニン**：フラボノイドやタンニン成分との重合などより高分子化したアントシアニンで，分子量や構造が明確でない場合が多い。大麦の発酵でできた紫色の安定な色素ホルデミンや赤ワイン色素などが代表的である。

表 I−3　果実，野菜および穀物に含まれるアントシアニン

名　前	アントシアニン
〈果実類〉	
1 アカスグリ	Cy 3-glc, 3-rut, 3-sam, 3-sop, 3-(2^G-xyl•rut), 3-(2^G-glc•rut)
2 アセロラ	Mv 3, 5-diglc
3 アボカド	Cy 3-gal, 3-pC. glc-5-glc
4 アンズ	Cy 3-glc, 3-rut
5 イチジク	Cy 3-rut, 3, 5-glc, 3-glc ; Pg 3-rut
6 オオスグリ	Cy 3-glc, 3-rut
7 オランダイチゴ	Pg, Cy 3-glc
8 オリーブ	Cy 3-Caf.rut
9 カカオ	Cy 3-gal, 3-ara
10 カニナバラ	Cy 3-rut
11 ガンコウラン	Dp 3-gal ; Mv 3-glc, 3-gal
12 クランベリー	Cy, Pn 3-gal, 3-ara
13 クロスグリ	Cy, Dp 3-glc, 3-rut, 3-sop ; Pg 3-rut
14 クロミグワ	Cy 3-glc
15 コーヒー	Cy 3-glc, 3-rut
16 コケモモ	Cy 3-gal, 3-ara, 3-glc, 3-xyl•glc ; Dp 3-glc ; Mv 3-gal, 3, 5-diglc
17 ザクロ	Cy, Dp, Pg 3-glc, 3, 5-diglc
18 セイヨウサンシュユ	Cy, Dp, Pg 3-glc, 3-gal ; Cy, Pg 3-rha. gal
19 セイヨウスモモ	Cy, Pn 3-glc ; Cy, Pn 3-rut
20 セイヨウナシ	Cy 3-gal
21 セイヨウニワトコ	Cy 3-glc, 3-sam, 3-sam-5-glc, 3, 5-glc
22 セイヨウミザクラ	Cy 3-(2^G-glc. rut)
23 チミカン	Cy, Dp, Pt, Pg 3-glc ; Cy, Dp, Pn, Pt 3, 5-diglc ; Cy 3-(4″-Ac)-glc
24 パイナップル	Cy 3-gal
25 ハスカップ	Cy 3-glc, 3, 5-glc
26 パッションフルーツ	Dp, Cy 3-glc
27 パッションフルーツ	Cy 3-glc ; Mv, Pt, Dp 3, 5-diglc
28 バナナ	Cy, Dp 3-glc, 3-rut
29 ビルベリー	Cy, Pn, Dp, Mv 3-gal, 3-ara, 3-glc
30 ブドウ（V.vinifera）	Pn, Cy, Pt, Mv 3-glc ; Pn, Mv 3-pC. glc
31 ブドウ（V.labrusca）	Pn, Cy 3-glc ; Pn 3-pC. glc ; Pn 3, 5-diglc
32 ブドウ（V.amurensis）	Pn, Dp, Pt, Mv 3-glc, 3, 5-diglc ; Dp 3-glc, 3, 5-diglc-pC ; Pn 3, 5-diglc-pC ; Mv 3-pC•glc
33 ブラックベリー	Cy 3-glc, 3-rut
34 ブルーベリー（high）	Cy, Pn, Dp, Pt, Mv 3-gal, 3-ara, 3-glc
35 ブルーベリー（low）	Cy, Pn, Dp, Mv 3-gal, 3-ara, 3-glc
36 マンゴー	Pn 3-gal

表 I−3 果実, 野菜および穀物に含まれるアントシアニン (続き1)

名　前	アントシアニン
37 マンゴスチン	Cy 3-sop, 3-glc
38 モモ	Cy 3-glc
39 ヨーロッパキイチゴ	Cy 3-glc, 3-rut, 3-sop, 3-(2^G-glc•rut)
40 ライチー	Cy 3-glc, 3-rut ; Mv 3-Ac•glc
41 リンゴ	Cy 3-gal
〈穀類〉	
42 アメリカマコモ	Cy 3-glc, 3-rut
43 オオムギ	Cy 3-ara
44 コーリャン	Ap ; Lt
45 コムギ	Cy, Pn 3-glc, 3-rut ; Cy 3-gen ; acylated Cy, Pn-glycosides
46 コメ	Cy 3-glc, 3-rha ; Mv 3-gal
47 ソバ	Cy 3-glc, 3-gal
48 ソルガム, モロコシ	Cy ; Ap ; Lt
49 チカラシバ	Cy 3-glc
50 トウモロコシ	Cy, Pg 3-glc ; Cy 3-(6″-Ma-glc)
51 ライムギ	Dp 3-rut
〈豆類〉	
52 インゲンマメ	Pg, Cy, Dp, Pt, Mv 3-glc, 3, 5-diglc
53 エンドウ	Cy, Dp 3-sop•5glc, 3-sam•5-glc
54 ササゲ	Cy, Dp 3-glc ; Dp 3-pC•glc
55 シカクマメ	Mv 3-rha-5-glc
56 スィートピー	Pg, Cy, Pn, Dp, Pt, Mv 3-rha-5-glc ; Pg, Cy, Pn 3-gal ; Pg, Pn 3-gal-5-glc ;
57 スィートピー	Pg, Cy, Pn 3-(2^G-xylgal), 3-lat ; Pg, Cy, Pn 3-glc ; Pg, Pn 3, 5-diglc
58 ダイズ	Cy, Dp 3-glc
59 ヒヨコマメ	Dp, Pt, Mv 3-rha-5-glc
60 ヒラマメ	Dp diglycoside
61 ベニバナインゲン	Mv 3, 5-diglc
62 ルピナス	Pg 3, 5-diglc
〈イモ類〉	
63 サツマイモ	Cy, Pn 3-sop-5-glc-Caf, Fr, pHB esters (YGM-1〜6)
64 サトイモ	Pg 3-glc ; Cy 3-glc, 3-rut
65 ダイジョ (ヤム)	Cy 3-gen-Fr esters ; Atatanin A〜C
66 ジャガイモ	Pg, Dp, Pt 3-rut ; Pg, Cy, Dp, Pn, Pt, Mv 3-(pC•rut)-5-glc ; Pg 3-(pC•rut)-5-glc
〈野菜類〉	
67 アカキャベツ	Cy 3-sop-5-glc•Fr, pC, Sin esters

表Ⅰ-3　果実，野菜および穀物に含まれるアントシアニン（続き2）

名　前	アントシアニン
68 アスパラガス	Cy 3-glc, 3, 5-diglc, 3-glc･rut, 3-rut；Pn 3-glc, 3-rut
69 コウタイサイ	Cy 3-diglc-5-glc, 3, 5-diglc, 3-glc
70 カブ	Pg, Cy 3, 5-diglc
71 クロガラシ	Cy 3-sam-5-glc-Ma, Si, Fr esters, 3-sam-5-sop-Ma, Si, Fr esters
72 シソ	Malonylshisonin, Shisonin etc.
73 セロリ	Cy 3-xyl･glc･gal･Fr, Si, pC esters
74 ダイコン	Pg 3-sop-5-glc･pC, Caf, Fr esters
75 タマネギ	Pn 3-ara；Cy 3-glc, 3-lam, 3-(6″Ma･glc), 3-(6″-Ma･lam)
76 チコリー	Cy 3-(6″-Ma･glc)
77 チョウセンニンジン	Pg 3-glc
78 ナス	Dp 3-pC･rut-5-glc(Nasunin), 3-rut-5-glc, 3-glc
79 ニンジン	Cy 3-(2^G-xyl･gal), 3-xyl･glc･gal, 3-Fr･xyl･glc･gal
80 ニンニク	Cy 3-glc, 3-glc esters
〈その他〉	
81 アーティチョーク	Cy 3-Caf･glc, 3-Caf･sop, 3-diCaf･sop
82 ウイキョウ	Cy 3-Fr･xyl･glc･gal, 3-Si･xyl･glc･gal
83 サトウキビ	Pn 3-gal；Lt
84 サフラン	Dp 3, 5-diglc
85 タチアオイ	Cy 3-glc, 3-rut；Cy, Dp, Mv 3, 5-diglc
86 タマリンド	Cy 3-glc
87 チャ	Tr. Cy 3-glc
88 チョウマメ	Dp 3, 3′, 5′-triglc-Ma･pC esters (Tematin A～D)
89 トウガラシ	Nasunin
90 トマト	Pt 3-pC･rut-5-glc, 3-glc
91 ハイビスカス	Cy, Dp 3-sam, 3-glc
92 ピーナツ	Cy, Pg, Pn glycosides
93 ピスタチオ	Cy 3-gal
94 ヒマワリ	Pn 3-diVa･sam；Cy 3-Va･sam, Cy 3-Va･glc･ara, Cy 3-glc, 3-xyl etc.
95 ルバーブ	Cy 3-glc, 3-rut

〈アグリコン〉Pg, ペラゴニジン；Cy, シアニジン；Pn, ペオニジン；Dp, デルフィニジン；Pt, ペチュニジン；Mv, マルビジン；Ap, アピゲニニジン；Lt, ルテオリニジン．〈単糖類〉glc, D-グルコース；gal, D-ガラクトース；ara, D-アラビノース；xyl, D-キシロース；rha, L-ラムノース．〈二糖類その他〉gen, ゲンチオビオース；lam, ラミナリビオース；rut, ルチノース；sam, ザンブビオース；sop, ソホロース；2^G-xyl. rut, 2^G-キシロシルルチノース；2^G-glc. Rut, 2^G-グルコシルルチノース．〈有機酸類〉Ac, 酢酸；Ma, マロン酸；pHB, p-ヒドロキシ安息香酸；pC, p-クマル酸；Caf, コーヒー酸；Fr, フェルラ酸；Si, シナピン酸；Va, バニリン酸．

3）食用植物によるアントシアニンの分類

表Ⅰ-3 によれば食用植物のアントシアニンはシアニジン系配糖体が圧倒的に広く分布することがわかる。また，果実には特徴的に，葉や花にはまれな 3-sam および 2^G-xyl·rut や 2^G-glc·rut が存在することがわかる。また，ブドウはヨーロッパ系（*V. vinifera*）は 3-glc のみを含み，アメリカ系（*V. labrusca*）とアジア系（*V. amurensis*）は 3-glc と 3, 5-diglc の両方を含むのが特徴である。

花色素と比べるとアシル化アントシアニンは少なく，特に複雑な構造のものは少ない。紫キャベツ，紫ヤム（アラタニン（Alatanin）A～C），紫サツマイモ（YGM-1～6）にはジアシル化アントシアニンを，紫ジャガイモ（ペラニン（Pelanin）やペタニン（Petanin）），シソ（マロニルシソニン），ブドウ，ナス（ナスニン）にはモノアシル化アントシアニンを含む。いずれも，比較的安定で食用色素などに利用されている。

より安定で機能性の高い花色素のポリアシル化アントシアニン類や高分子化したアントシアニンの食品への利用も，未利用資源の活用という意味からこれからの魅力あるテーマだと考えられる。

■参考文献■

- Harborne, J.B. : Comparative biochemistry of the flavonoids, Academic Press, London and New York, 1967
- Goto, T, Tamura, H, Kawai, T. et al : *Annales New York Academy of Sciences*, **471**, 155～173, 1986
- Goto, T. : *Forschritte, Chem. Org. Naturstoffe*, **30**, 114～158, 1987
- 林　孝三編：植物色素，養賢堂，1988
- Harborne, J.B. : The Flavonoids-Advances in Reserch since 1980-, Chapman and Hall, London, 1988
- Macheix, J-J., Fleuriet, A., Billot, J. : Fruit phenolics, CRC Press, Boca Raton, Florida, 1990
- 斎藤規夫・稽　世宝・御巫由紀：明治学院論叢，41～128，1991
- 中林敏郎・木村　進・加藤博通：食品の変色とその化学，光琳，1994
- Goto, T., Kondo, T. : *Angew. Chem. Int. Ed. Engl.*, **30**, 17～33, 1991
- Kondo, T., Yoshida, K., Nakagawa, A. et al : *Nature*, **358**, 515～518, 1992
- 岩科　司：食品工業，**30**, 52～70, 1994

3. 構造と安定性

　アントシアニンは水溶性色素として古くから加工食品に利用されてきた。しかしながら，アントシアニンは熱，酸素，光，多くの食品添加物などの影響を受け，加工・貯蔵過程で速やかに退色あるいは変色をきたす。このため，安定な色素を見出す多くの努力が払われてきた。

　アントシアニンの安定性は，図Ⅰ-7のように，酸性溶液ではフラビリウム塩（発色型）として比較的安定であるが，pHあるいは温度の上昇によって水（水酸イオン）がフラビリウム塩の2位炭素へ求核的に反応し，無色のシュードベースに変化することに深くかかわっている[1]。すなわち，2位炭素に対する水の求核置換（付加）反応が起こりやすいほど不安定となる。この電子的な環境は，色素の種類（置換基の種類や数，結合位置，アシル化有機酸の結合の有無，分子量など）によって大きく変化するが，これまでの研究によって，一般の果実類に存在するアントシアニンに比べて，分子量の大きいポリアシル化アントシアニンでは，側鎖のアシル化有機酸とアグリコン部の分子内会合（スタッキング）による保護効果

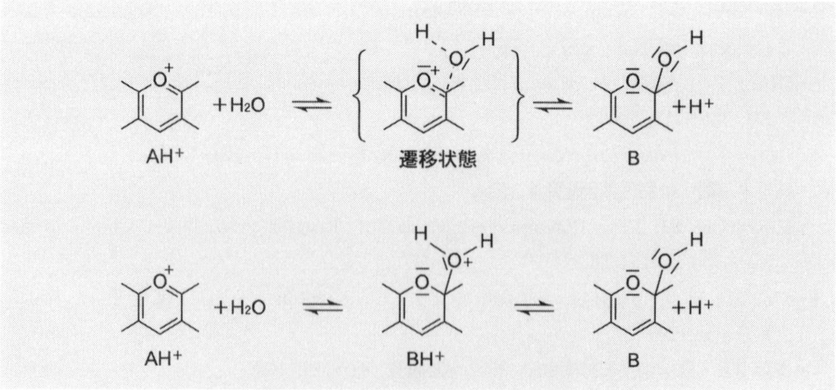

図Ⅰ-7　アントシアニン2位炭素原子に対する水の求核的置換（付加）反応
AH^+：フラビリウム塩（赤色，発色型）
B：シュードベース（無色，非発色型）
BH^+：シュードベース＋H^+

のため，長時間安定なことが明らかになっている。
　ここでは，基本的なアントシアニンとアシル化アントシアニンの安定性を分けて述べる。

（1）基本的色素の安定性

　現在まで報告されたアントシアニンは約300種類に及ぶが，天然に見出されているアグリコン（アントシアニジン）は18種類（表Ⅰ－1参照）と少ない。通常，アグリコン部3, 5, 7, 3', 4', 5'位に水酸基が，あるいは3', 5'位にメトキシル基が結合したアントシアニジンのPg, Cy, Dp, Pn, Pt, Mv，ならびに3位に水酸基をもたない3-デオキシアントシアニジン類のApとLtが見出される。
　基本的なアントシアニンの安定性に関する研究から，①色素基本骨格フラビリウム塩の2, 4位炭素で求核的置換反応が生じやすいこと，②7, 5位-水酸基は色素の安定化に貢献していること，③遊離の3位-水酸基をもつ色素がすぐ退色すること，④B環ではメトキシル基を有する色素がより安定なこと，⑤3, 5位のグルコシド結合で色素が安定化すること，などが判明している。

1）フラビリウム塩の特性

　色素の基本骨格，フラビリウム塩のπ電子密度および結合次数を図Ⅰ－8に，反応性指数を表Ⅰ－4に示す。図Ⅰ－8から，2, 4位炭素での電子密度が低いこと，8, 6位炭素での電子密度が高いことがフラビリウム塩の特性を表している[2]。表Ⅰ－4におけるSr(E), Sr(N)およびSr(R)は求電子的，求核的および

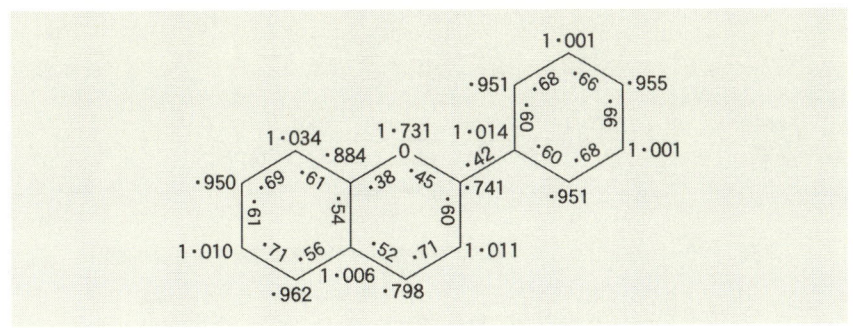

図Ⅰ－8　フラビリウム塩のπ電子密度および結合次数

表 I—4　フラビリウム塩各部位における反応性指数

	部					位				
	2	3	4	5	6	7	8	2'	3'	4'
Sr(E)	0.458	0.902	0.560	0.855	0.869	0.764	0.942	0.808	0.828	0.782
Sr(N)	2.653	0.902	2.754	1.404	0.869	1.313	0.942	1.357	0.828	1.330
Sr(R)	1.555	0.902	1.657	1.130	0.869	1.039	0.942	1.683	0.828	1.056

ラジカル的置換反応に対する superdelocalizability を表し、反応指数で最も一般的に利用されている。この値が大きいほどそれぞれ求電子試薬、求核試薬およびラジカル試薬に対する反応性に富むことを示している。2, 4位炭素の求核的反応指数 Sr(N) 値から色素の安定性が理論的に考察され、モデル色素を用いた試験から実証されている。

2） ベンゾピリリウム環3, 5, 7位の水酸基の置換と安定性

色素のベンゾピリリウム環7位-および5位-水酸基は2, 4位の Sr(N) 値を

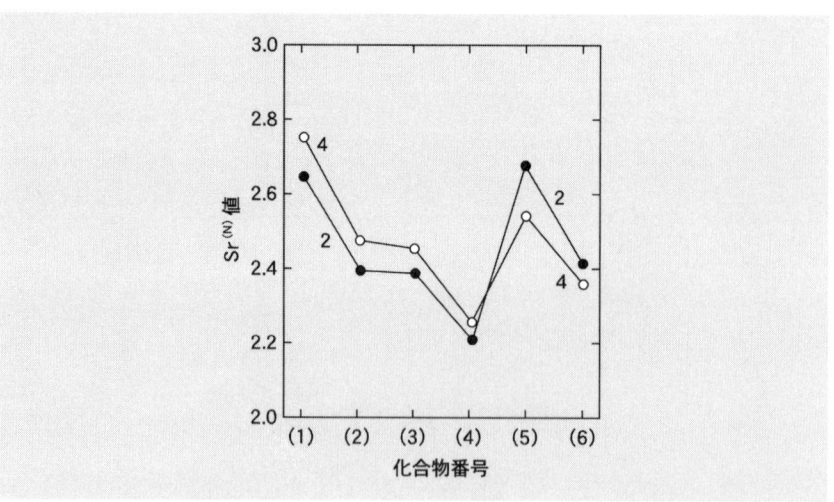

図 I—9　フラビリウム系2位および4位の $Sr^{(N)}$ 値に及ぼす水酸基の効果
(1) フラビリウム塩　(2) 7-ヒドロキシフラビリウム塩
(3) 5-ヒドロキシフラビリウム塩　(4) 5, 7-ジヒドロキシフラビリウム塩
(5) 3-ヒドロキシフラビリウム塩　(6) 3, 7-ジヒドロキシフラビリウム塩

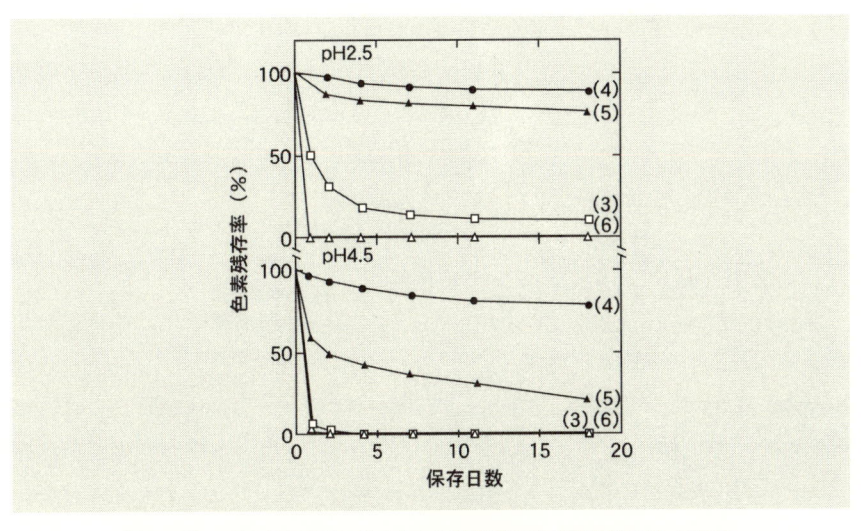

図Ⅰ—10　pH 2.5 および pH 4.5 中の色素残存率の経時的変化（50℃）
(3)　3′-メトキシ-4′-ヒドロキシフラビリウム塩
(4)　3′-メトキシ-4′,7′-ジヒドロキシフラビリウム塩
(5)　3′-メトキシ-4′,5,7-トリヒドロキシフラビリウム塩
(6)　3′-メトキシ-3,4′,7-トリヒドロキシフラビリウム塩

減少させ色素を安定化する。これに対して3位-水酸基は，その Sr(N) 値を増大させ色素を不安定にする（図Ⅰ—9）。3位-水酸基のない3-デオキシアントシアニジン類である Ap と Lt の Sr(N) 値は他に比べて低く，長時間安定であることが示唆され，いずれも実験的に確認されている（図Ⅰ—10）[3]。

3）B環3′, 4′ および 5′ 位-置換基と安定性

色素B環3′, 4′ および 5′ 位-水酸基は，置換基の数が多くなるほど，2，4位の Sr(N) 値を低下させ安定性を増すが，その効果は前項の 7，5 位-水酸基の安定化効果と比較すると小さい。また，水酸基とメトキシル基の違いでは，メトキシル基が多いほど安定である。すなわち，Dp および Cy 系色素より，メトキシル基を有する Mv および Pn 系色素が安定である。

4）グルコシル基の安定化効果

アントシアニジンのように遊離の3位-水酸基をもつ色素は不安定ですぐに退色するが，3位と5位に糖が結合すると色素はかなり安定化する。ただ，3-glu

と 3, 5-diglc を比較すると，研究者によって 3-glu の方が安定であるとする報告[4]と，3, 5-diglc が安定とする相反する報告[5]がある。これは，主に pH の違いによって，色素のフラビリウム塩（発色型）のみ対象にしているか（pH 2.5付近)，あるいはシュードベース（非発色型）を加味しているか（pH 4.5付近）の差異に起因しており，解析には注意が必要である[4]。

（2）アシル化アントシアニンの安定性

　最近，急速に解析が進んだアシル化アントシアニンは，自然界に存在するアントシアニンに占める比率が高い。表 I－2 に示すように，寺原は Harbone らの報告[6]に基づいて，自然界に存在するアントシアニンを，複合体をつくっていない単純アントシアニン（モノメリックアントシアニン）と複合体をつくっているコンプレックスアントシアニンに分類し，さらにモノメリックアントシアニンを，非アシル化アントシアニンとアシル化アントシアニン（脂肪族有機酸アントシアニン，モノアシル化アントシアニンおよびポリアシル化アントシアニン）に分類している。

　これらアシル化アントシアニンと一般の非アシル化アントシアニンの精製品40種類を用い（表 I－5)，中性（pH 7.0）でその最大吸収波長における吸光度値から求めた色素残存率50％（半減期，分単位）と色素の分子量との関係をみた結果（図 I－11)[7]，不安定なアントシアニン，かなり安定なアントシアニンとその中間の 3 グループに大別できる。すなわち，①従来の大部分の非アシル化アントシアニンが属する半減期200分以下の不安定なアントシアニングループ，②半減期が200〜600分で，分子量1000〜1500の安定性が中程度のアントシアニングループ，③半減期が600分以上で分子量も1500以上と安定性に富むアントシアニングループである。

　多くの果実類がもつ大部分のアントシアニンは①に属し，中性付近で青色のアンヒドロベースを形成し短時間に退色する。これに対して，主に花に存在する分子量1500以上のポリアシル化アントシアニンの半減期は600分以上で，極めて安定なアントシアニンである。その安定性は，側鎖中の 2 個以上の芳香族有機酸とアグリコン部との疎水的なサンドイッチ型スタッキングが退色の原因であるアグリコン 2 位の水による求核的置換（水和）を防ぎ色調を保持することに起因する[8),10]と考えられる。これに加え，アシル化アントシアニンでは次のような要因

表 I-5 中性溶液中 pH 7.0 におけるアントシアニン類（ポリアシル化アントシアニンを含む）の安定性

No.	アントシアニン	λmax (ε) (nm)	$h_{1/2}$ (min)	St	Mw	Acyl
1	Ternatin A1	634 (38500)	>600	H	2107	pC, Ma
2	Ternatin B1	630 (35400)	>600	H	1945	pC, Ma
3	Ternatin A2	629 (34900)	>600	H	1799	pC, Ma
4	Ternatin D1	629 (37200)	>600	H	1783	pC, Ma
5	HBA	570 (19700)	>600	H	1759	caf, Fr
6	Ternatin B2	627 (36000)	>600	H	1637	pC, Ma
7	Cinerarin	624 (32400)	>600	H	1523	caf, Ma
8	Rubrocinerarin	548 (23500)	>600	H	1507	caf, Ma
9	Ternatin D2	626 (36100)	>600	H	1475	pC, Ma
10	Campanin	571 (24300)	211	M	1457	pHB
11	Rubrocampanin	565 (20800)	10	L	1425	pHB
12	Platyconin	574 (26300)	405	M	1421	caf
13	UBI-3	580 (30300)	>600	H	1347	Sp
14	YGM-6	573 (21200)	519	M	1125	caf, Fr
15	YGM-3	569 (18400)	428	M	1111	caf, Fr
16	Nasunin	560 (9900)	96	L	919	pC
17	Malonylawobanin	570 (21900)	23	L	859	pC, Ma
18	UBI-2	580 (13900)	>600	H	817	si
19	Deacylternatin	580 (17500)	127	L	789	non
20	Malonylshisonin	552 (12800)	15	L	757	pC, Ma
21	Cy 3-moGcG	548 (7100)	67	L	711	Ma
22	Mv 3, 5-glc	597 (15600)	34	L	655	non
23	Cy 3-Ac·glc, 5-glc	564 (13000)	20	L	653	Ac
24	Cy 3-Ac·glc, 5-glc	550 (6600)	239	M	637	Ac
25	Pg 3-Ac·glc, 5-glc	539 (14000)	11	L	637	Ac
26	UBI-1 (Cy 3-gen)	551 (6400)	170	L	611	non
27	Cy 3-sop	561 (7600)	90	L	611	non
28	Cy 3, 5-glc	568 (12700)	15	L	611	non
29	Pg 3, 5-glc	556 (22500)	21	L	595	non
30	Cy 3-sam	553 (12600)	105	L	581	non
31	Pg 3-rut	531 (5300)	99	L	579	non
32	Cy 3-M·glc	546 (7000)	92	L	565	M
33	Pg 3-M·glc	533 (5900)	107	L	549	M
34	Cy 3-Ma·glc	549 (12200)	94	L	535	Ma
35	Pg 3-Ma·glc	530 (8900)	90	L	519	Ma
36	Mv 3-glc	570 (11300)	154	L	493	non
37	Dp 3-glc	572 (5600)	91	L	465	non
38	Cy 3-gal	558 (9000)	100	L	449	non
39	Cy 3-glc	550 (8000)	89	L	449	non
40	Pg 3-glc	536 (9100)	105	L	433	non

λmax 最大吸収波長, ε：分子吸光係数, $h_{1/2}$：半減期, St：安定性；H は高安定アントシアニン, M は中安定アントシアニン, L は低安定アントシアニン, Mw：分子量, Acyl：アシル化有機酸, non は無し, pC は p-クマル酸, caf はコーヒー酸, Fr はフェルラ酸, si はシナピン酸, pHB は p-ヒドロキシ安息香酸, Ma はマロン酸, AC は酢酸, M：リンゴ酸

3. 構造と安定性

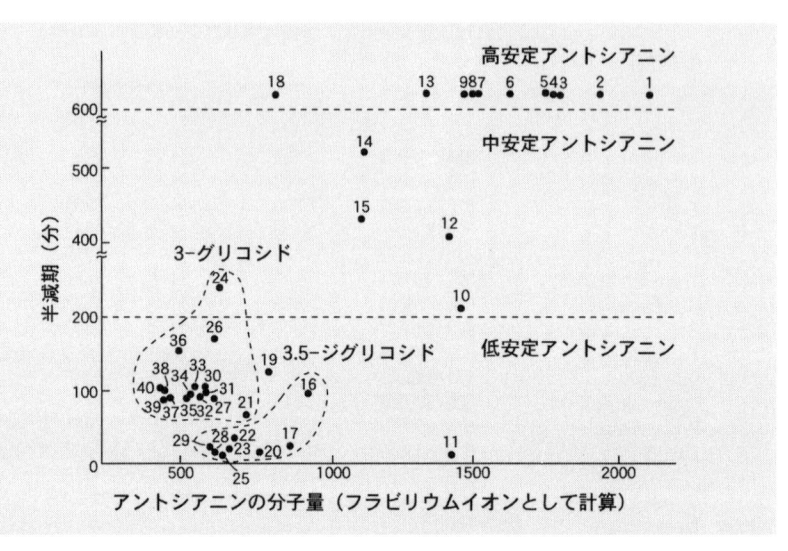

図Ⅰ—11　フラビリウム塩として計算した色素の分子量と安定性（半減期，分）

が加わってくる。①芳香族有機酸の種類：p-ヒドロキシ安息香酸よりコーヒー酸の方が安定である。②アントシアニジンの種類：Pg よりも Dp の方が安定であり，B環，3'，4'，5' 位で水酸基が多いほど安定である。③2本以上の側鎖をもつものは，結合位置が影響：チョウ豆の花より単離され，構造決定されたテルナチン類は 3'，5' 位の水酸基に長いグルコシル基と p-クマル酸の繰り返し構造を有し，アグリコンと側鎖の有機酸が分子内会合（スタッキング）しやすい位置にある。

特に，テルナチンA1は，分子量2107であり，分子内会合（スタッキング）によってアグリコン部が保護された最も安定なアントシアニンとみなされている[9]。

■文　献■

1) Brouillard, R. : in "Anthocyanins as Food Colors", ed. by Markakis. P" (Academic Press, New York), 140.
2) 太田英明・渡部博和・筬島　豊 : 農化, **54**, 415〜422, 1980
3) 太田英明・芥田三郎・筬島　豊 : 日食工誌, **27**, 81〜85, 1980
4) Timberlake, C. F. and Bridle, P. : *J. Sci. Food Agric.*, **18**, 473〜478, 1967
5) Hrazdina, G. : *Lebensm. -wiss. u. Technol.*, **8**, 111〜113, 1975

6) Harbone, J. B.and Grayer, R.J. : in "The Flavonoids-Advances in Research since 1980", ed by Harbone J.B. (Chapman and Hall, London), 1～20, 1988
7) 寺原典彦・紺谷靖英・斎藤規夫・筬島 豊：食品工業学会講演要旨, 75, 1990
8) Goto, T., Kondo T., Tamura, H. and lmagawa, H. : *Tetrahedron Lett.*, **23**, 3695～3698, 1982
9) Terahara, N., Saito N., Honda, T., Toki, T. and Osajima, Y. : *Tetrahedron Lett.*, **31**, 2921～2924, 1990
10) Brouillard, R. : *Phytochemistry*, **22**, 1311～1323, 1983

4. 生合成

　アントシアニンは，多様なフラボノイド生合成経路の一つを経て生成される。フラボノイド生合成の一方の素材となる p-クマル酸は，芳香環生合成経路（シキミ酸アロゲン酸経路）を経て生成される芳香族アミノ酸の一種であるフェニルアラニンに由来する。フェニルアラニンは，次に脱アミノ化反応を受け桂皮酸（シナミックアシド）を生じる。この過程に関与する酵素がフェニルアラニンアンモニアリアーゼ（PAL）である。桂皮酸は次に桂皮酸水酸化酵素（C4H）により4位が水酸化されて p-クマル酸が生じ，さらに CoA リガーゼの働きで p-クマロイル CoA が生成される。また，もう一方の素材となるマロニル CoA は，アセチル CoA からアセチル CoA カルボキシル化酵素の働きで生じる。この両者がフラボノイド骨格形成の素材となって，以下の諸酵素(1)〜(5)の働きでアントシアニンも含む多様なフラボノイドが生成される（図Ⅰ—12）。

　これまでほとんどの成書では，フラボノイド生合成に関して(1)〜(5)の酵素に焦点を当てて述べられている場合が多いが，本書では(1)〜(5)の酵素は簡略に述べ，最近研究が進んできた(6)の修飾酵素についてより詳しく述べた。

（1）カルコンシンターゼ（CHS）

　1分子の p-クマロイル CoA と，3分子のマロニル CoA の縮合反応によりカルコンが形成される（図Ⅰ—12）。この過程を触媒する酵素がカルコンシンターゼ（CHS）である。CHS は1972年パセリの培養細胞で発見されて以来，フラボノイド生合成の重要なカギ酵素であることがわかってきた[1]。この縮合反応の結果生じる最初の化合物については，フラバノンであるか，それともカルコンであるかの議論がなされ，同酵素は一時フラバノンシンターゼと呼ばれたこともあったが，最終的には反応生成物がカルコンであることがわかった[2]。その後，植物の成長に伴う本酵素の活性変動，UV 照射および障害などの各種ストレスが本酵素の活性発現に及ぼす影響など，本酵素に関してこれまで数多くの研究が行われてきている。また，本酵素は分子生物学的にも詳しく研究され，各種の植物から CHS の cDNA がクローニングされている。さらに，mRNA への転写制御機構

などについても現在解明されつつある。

(2) カルコンイソメラーゼ (CHI)

CHS の働きで生成したカルコンは，異性化酵素の一種であるカルコンイソメラーゼ (CHI) の働きで閉環され，フラバノンの一種であるナリンゲニンが生成される (図Ⅰ-12)。フラバノンはアントシアニン以外にもフラボンおよびイソフラボン生合成における中間体である。CHI についても，その酵素学的諸性質，発現制御機構について数多くの研究が行われている。例えば，ペチュニアとダイズから抽出された CHI は，それぞれ2.9万と2.4万の分子量をもつ単量体のタンパク質であったことが報告されている[3),4)]。また，ダイズ CHI の研究では，この酵素分子のほぼ50％が疎水性のアミノ酸残基からなり，分子内に1分子のシステイン残基があり，これが CHI 酵素の触媒機構もしくは活性制御機構において重要な働きを示すことが示唆されている[5)]。インゲンマメとペチュニア CHI の cDNA からの推定アミノ酸配列は59％の相同性を示した。

(3) フラバノン3-ヒドロキシラーゼ (F3H)

フラバノンは次にフラバノン3-ヒドロキシラーゼ (F3H) の働きで3位が水酸化されてジヒドロフラボノールになり (図Ⅰ-12)，これがフラボノール，プロアントシアニジンおよびアントシアニン生成の前駆体となる。F3H は 2-オキソグルタル酸 (α-ケトグルタル酸)，鉄イオンおよびアスコルビン酸を補助因子として必要な，2-オキソグルタル酸依存性二酸素添加酵素（ジオキシゲナーゼ）である。F3H はストックの花で最初に報告された[6)]後，多くの植物でその存在が証明されてきている。ペチュニア F3H の cDNA を大腸菌で発現させた酵素の分子量は4.15万であったが，他の植物でも4.1万から4.2万の分子量をもつ F3H が報告されている。

(4) ジヒドロフラボノール4-リダクターゼ (DFR)

ジヒドロフラボノールは，次にジヒドロフラボノール4-リダクターゼ (DFR) によって4位が還元され，ロイコアントシアニジン (フラバン3,4-シス-ジオール) が生成される。DFR は，カテキンやプロアントシアニジンを生成するドーグラ

スモミの培養細胞で，1982年に最初に検出された[7]。その後，DFR はアントシアニンを生成するストックの花でも検出され，アントシアニン生合成への関与が強く示唆された[8]。DFR のアントシアニン生合成に於ける重要性は，多くの実験で裏づけられている。DFR は酵素反応において NADPH を補助因子とし，その分子量は4万前後であることがダリア，トウモロコシ，ペチュニアなどで報告されている。

また興味深いことに，生成されるアントシアニンのタイプは，DFR の基質特異性に依存していることがわかった。例えば，DFR がジヒドロケンフェロールを基質としない種では，ペラルゴニジン系色素は検出されなかった。最近，ペラルゴニジン系色素を生成しないペチュニア花弁に，ジヒドロケンフェロールをも基質とすることができるトウモロコシの DFR 遺伝子を導入して形質転換体が作られ，ペラルゴニジン系花色の作出に成功している[9]。

(5) アントシアニジンシンターゼ (ANS)

アントシアニジン骨格形成の最終段階に関しては，ジヒドロフラボノールからアントシアニンへの生成経路がブロックされたストックの白花変異株を用いた取込み実験によって明らかにされた[10]。すなわち，この変異株の白花を溶液に浮かべ，フラバン 3, 4-ジオール（ロイコアントシアニジン）を添加して花に取込ませたところ，アントシアニンが形成され花が着色した。さらに，アイソトープでラベルしたロイコアントシアニジンを加えた場合も，ラベルされたアントシアニンが検出されたことから，最終的な前駆体はロイコアントシアニジンであることが証明された（図 I—12）。

ロイコアントシアニジンからアントシアニジン形成過程に関与する酵素がアントシアニジンシンターゼ (ANS) であるが，この酵素反応に関しては生成物が不安定であることなどから不明な点が多かった。最近，アカジソの葉から ANS の cDNA がクローニングされ，それを大腸菌で発現し精製した組換え酵素を用いて，*in vitro* での酵素反応を解析した結果から，この ANS は鉄イオン，2-オキソグルタル酸およびアスコルビン酸が酵素反応に必要な 2-オキソグルタル酸依存性のオキシゲナーゼであることが証明された。また，この実験で初めて ANS の反応生成物としてアントシアニジンが検出された[11]。

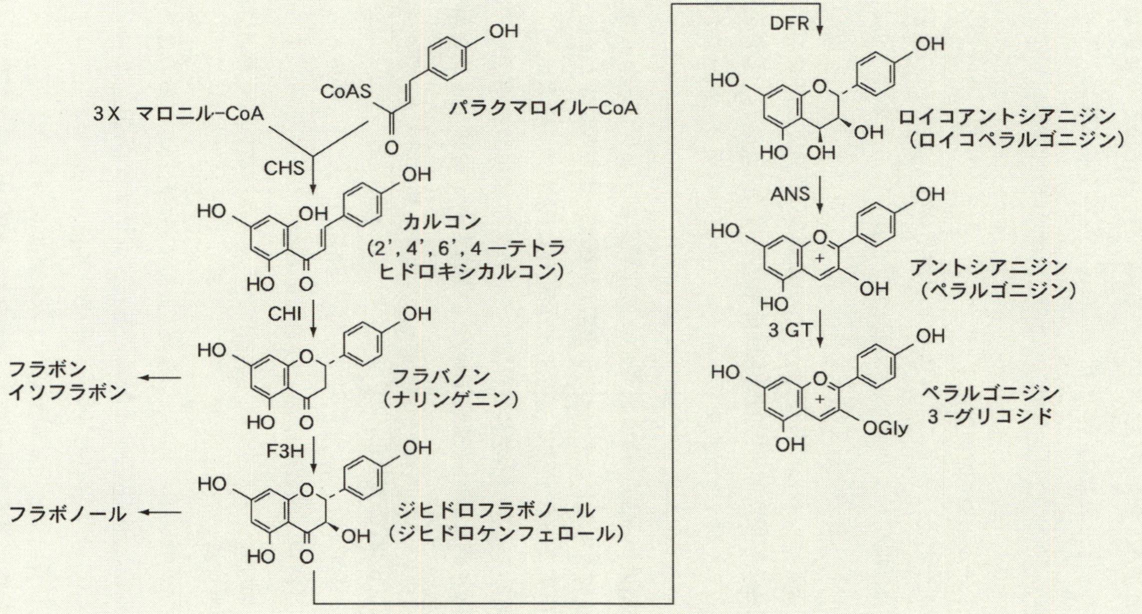

図 I-12 アントシアニンの生合成経路および生合成に関与する酵素
CHS：カルコンシンターゼ，CHI：カルコンイソメラーゼ，ANS：アントシアニジンシンターゼ
F3H：フラバノン3-ヒドロキシラーゼ，DFR：ジヒドロフラボノール4-レダクターゼ
3GT：フラボノイド3-グリコシルトランスフェラーゼ
（ ）実際の物質名

(6) アントシアニジンの修飾

アントシアニジン形成後，配糖体化，アシル化およびメチル化などの修飾がなされ，安定したアントシアニン分子へと変化してゆく。以降では水酸化，配糖体化，アシル化およびメチル化ついて，最近の研究の現状と今後の問題点について述べた。

1) ハイドロキシレーション（水酸化）

アントシアニンをも含めたフラボノイドB-環の水酸化が生合成のどの段階で生じるのかについては，現在二つの相違した報告がなされている。その一つはシレーネの花を用いた実験で報告されているように，p-クマロイル CoA の段階でB環のパターンが決まるとの考えである[12]。これとは異なり，ストックやペチュニアの花を用いた取込み実験や酵素学的な実験結果からは，フラボノイド骨格の形成後，フラバノンもしくはジヒドロフラボノールの段階でB環のパターンが決まることが示されている[13]。

ストックでの実験結果から，B-環の3'位の水酸化酵素はミクロゾームに局在する NADPH 依存のモノオキシゲナーゼ（一酸素添加酵素）であることがわかった。さらに，最近の研究から3'位および5'位の水酸化に関与する酵素はチトクロム P450 の一種であることが明らかにされている。この水酸化酵素遺伝子の導入により，日本で市販された最初の遺伝子組換え植物である青味を帯びたカーネーションが作出された。その詳細については VI-1(4)で述べられている。

2) グリコシレーション（配糖体化）

アントシアニジンの配糖体化は，分子の安定化と可溶化のために必要である。結合糖の種類としてはグルコースが最も一般的であるが，ガラクトースやラムノースなどがそれに続く。アラビノース，キシロースなども時々検出され，まれにグルクロン酸も報告されている。

アグリコンであるアントシアニジンの形成後，最初に糖が転移されるのは3位の水酸基であり，その糖転移に関与する酵素であるフラボノイド3-グリコシルトランスフェラーゼ（3GT）の存在は，多くの植物やアントシアニンを生成する培養細胞等で報告されている[14]～[17]。3GT の一方の基質は各種のアントシアニジンであるが，各種基質に対する親和性は，それぞれの植物由来の3GT ごとに異なっている。また，3GT はアントシアニジンのみではなくフラボノールなど

の他のフラボノイドアグリコンの3位も，程度の差はあるが同様に糖転移する酵素が多い。糖転移反応の際の糖供与体としてはウリジン-5'-二リン酸（UDP）と結合した各種の糖が基質として利用される。これまでに報告された3GTの酵素学的諸性質については表I—6にまとめた。最近，エゾリンドウから3GTのcDNAがクローニングされ，大腸菌で発現させたそのcDNA由来の酵素は，フラボノールよりむしろアントシアニジンに対して親和性が大であった。このcDNAがコードしている酵素タンパク質は453個のアミノ酸から成り，分子量は50005だった[18]。

アントシアニンの場合3位の水酸基には，普通2～3分子の糖が直鎖状もしくは分枝状に結合しているが，いずれの場合にもまず3位に1分子の糖が結合した後，順次配糖体化されてゆくことが明らかにされている。図I—13で示したペチュニア花弁のアントシアニン生成過程では，3位に結合したグルコースにラムノースが順次結合しルチノースが生成される。この過程に関与する酵素がUDP-ラムノース：シアニジン3-グルコシドラムノシルトランスフェラーゼ（RT）である。

3位に続き配糖体化される位置は5位の水酸基であり，シレネやペチュニアの花弁などでアントシアニン5-グリコシルトランスフェラーゼ（5GT）が検出されその諸性質が明らかにされている[19),20)]。ペチュニア花弁の5GTは，3位が配糖体化およびアシル化された化合物に高い親和性を示すことがわかっている[20)]。最近，アカジソの葉から5GTのcDNAがクローニングされ，その組換えタンパク質を用いて酵素学的な諸性質が明らかにされた[21)]。1970年代以降，3および5位以外の3'や7位の水酸基がさらに配糖体化されたアントシアニンが多くの植物で報告されてきている[22)]が，これらのアントシアニンは，いずれもアシル化アントシアニンであるという点が興味深い。しかし，3'位や7位の水酸基に糖を結合する酵素については今だ詳細な研究はなされていない。また，最近多くの植物でポリアシル化アントシアニンが単離されてきており[23),24)]，これらの色素では糖に結合したアシル基にさらに糖が結合したより複雑な構造をもつものが多い。しかし，アシル基にさらに糖を結合させる糖転移酵素についてはまだ研究がなされていない。

3）アシル化

アントシアニンの糖残基のアシル化は，液胞内におけるアントシアニン分子の安定化に寄与している。また，アシル化されることで分子の液胞膜（トノプラスト）通過が可能になるとの報告もなされている[25]。

アシル基として検出される有機酸は，芳香族有機酸と脂肪族有機酸に大別される。芳香族有機酸のなかでは，桂皮酸誘導体であるp-クマル酸，カフェ酸，フェルラ酸がほとんどであるが，まれにシナピン酸もアシル基として検出される。その他の芳香族有機酸としてp-ヒドロキシ安息香酸，没食子酸などが検出されているが，桂皮酸誘導体に比べると出現頻度はずっと低い。脂肪族有機酸としてはマロン酸や酢酸などが一般的であるが，まれにリンゴ酸やコハク酸，オキサロ酢

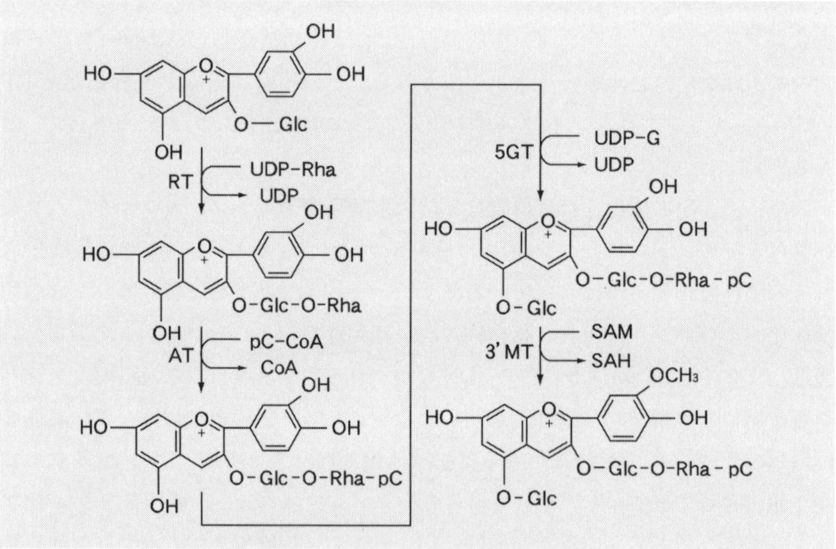

図Ⅰ-13 ペチュニア花弁に含まれるアントシアニン（ペオニジンタイプ）の生合成経路[33]および生合成に関与する酵素
Glc：グルコース，Rha：ラムノース，pC：p-クマル酸
UDP-G：UDP-グルコース，UDP-Rha：UDP-ラムノース
SAM：S-アデノシルメチオニン，SAH：S-アデノシルホモシステイン，AT：アントシアニンアシルトランスフェラーゼ
RT：UDP-ラムノース：シアニジン 3-グルコシド-6″-ラムノシルトランスフェラーゼ
5GT：アントシアニン 5-グリコシルトランスフェラーゼ
3′MT：アントシアニン 3′-メチルトランスフェラーゼ

酸なども検出されている。

　アントシアニンのアシル化は，生合成過程の最終段階であり，配糖体化前後に行われる。アシル基転移においては，一般的には補酵素 A（CoA）が結合した有機酸複合体が基質として用いられるが，最近アシルグルコシド（グルコースの1位の水酸基に有機酸が結合した化合物）を基質とする酵素もニンジンの培養細胞で報告されている[26]。最終段階におけるアシル化過程は植物の種ごとに少しずつ違うようである。例えば，シレネでは3位と5位の水酸基の配糖体化後，最終段階で結合糖のアシル化が生じることが報告されている[27]。この過程は，エゾリンドウの花弁でも同様であった[28]。しかし，ストック[29]やダリア[30]の花弁では3位の糖のアシル化が5位の配糖体化に先んじるとの報告がなされている。最近シソでも同様な報告がなされた[31]。エゾリンドウのアシルトランスフェラーゼに関してはさらに詳細な研究がなされ，その cDNA がクローニングされ，また免疫組織化学的解析によってこのアシル化酵素は花弁表皮細胞の細胞質内に極在することが明らかにされた[32]。

　最近2分子以上の有機酸が結合したポリアシル化アントシアニンが多くの植物で同定されてきているが[23],[24]，このポリアシル化過程に関する研究はまだ行われていない。

4）メチル化

　アントシアニンのメチル化に関与する酵素（アントシアニンメチルトランスフェラーゼ）についてもペチュニアとブドウで部分精製され，その酵素化学的諸性質が報告されている[33],[34]。これらの酵素はいずれもメチル基供与体として S-アデノシルメチオニン（SAM）を用い，アントシアニンの水酸基をメチル化する。この酵素はマグネシウムイオンによって活性化されることが知られている。アントシアニンのメチル化が生合成のどの段階で行われるのかについては種々議論がなされてきたが，ペチュニア花弁での実験結果から，配糖体化やアシル化などの修飾が完了した生合成の最終段階で，アントシアニンのB-環の3'位の水酸基でメチル化が生じることが報告されている[33]（図Ⅰ—13）。ペチュニア花弁では，またアントシアニン基質に対する親和性や等電点の異なる4種のメチル化酵素の存在が明らかにされている[33]。しかしながら，最近ブドウの懸濁培養細胞から精製されたアントシアニンのメチル化酵素はアシル化される前段階で3'位の水酸基の

表 I-6 アントシアニンの修飾に関与する糖転移、アシル化およびメチル化酵素の諸性質

材料	酵素の種類	最適pH	分子量(×10³)	等電点(pI)	Km値
シレネ花弁[14]	3 GT	7.5	60	—	410μM (UDP-G) 40μM (Cy)
ブドウの懸濁培養[15]	3 GT	8.0	56	4.55	1.2mM (UDP-G) 18μM (Cy)
シネラリア花弁[17]	3 GT	7.5	52	—	0.2mM (UDP-G) 0.33mM (Cy)
シレネ花弁[19]	5 GT	7.4	55	—	0.5mM (UDP-G) 3.6mM (Cy 3-rha・glc)
ペチュニア花弁[20]	5 GT	8.3	52	4.75	220μM (UDP-G) 3μM (Pt 3-pC・rut)
アカジソの葉[21]	5 GT*	8.0-8.5	51	—	940μM (UDP-G) 31.4μM (Cy 3-glc)
リンドウの花[26]	AT	8.0-8.5	52	4.6	65μM (caffeoyl-CoA) 150μM (Dp 3, 5-diglc)
アカジソの葉[31]	AT	7.0-7.5	50	5.3	45μM (caffeoyl-CoA) 11μM (Cy 3-glc)
ブドウの懸濁培養[34]	3' MT	7.75-9.75	80	—	199μM (Cy 3-glc) 18μM (SAM)

3 GT：フラボノイド 3-グリコシルトランスフェラーゼ，5 GT：アントシアニン 5-グリコシルトランスフェラーゼ，AT：アントシアニンアシルトランスフェラーゼ，3' MT：アントシアニン 3'-メチルトランスフェラーゼ，UDP-G：UDP-グルコース，SAM：S-アデノシルメチオニン
＊組換え体

メチル化が起こることが報告されている[34]。アントシアニンと異なり同じフラボノイド類のなかでもフラボンやフラボノールなどは，アグリコンの段階でメチル化がされるものが多いことから，メチル化の過程に関してはアントシアニンはフラボノイド類のなかでも異なっている。3'や5'位の水酸基以外のアントシアニンA環の5位や7位の水酸基をメチル化する酵素についてはいまだ報告がない。ブドウの懸濁培養細胞から部分精製された酵素の諸性質については表 I-6 で示した。

(7) 生合成酵素の細胞内局在部位

アントシアニンの生合成に関与する諸酵素の局在部位に関して最初に提唱された説は，アントシアニジンまで液胞膜（トノプラスト）内で生成され，その後膜を

通過して液胞内に局在する糖転移酵素によって配糖体化されるという考えであった[35]。しかし，その後種々の植物から調製したプロトプラストを破砕後，密度勾配遠心分画法により細胞分画を行い，各細胞内器官におけるアントシアニン生合成に関与する諸酵素の活性を調べたところ，ほとんどの酵素は細胞質側に存在することが明らかになった[36]。さらに免疫細胞化学的手法を用いて，カルコンシンターゼの小胞体膜上での局在が証明されている[37]。また，最近リンドウの花弁に含まれるアシルトランスフェラーゼも細胞質に局在することが免疫細胞化学的手法を用いて証明された[32]。これまでの実験結果から，現在ではアントシアニンに関与する酵素のほとんどは，液胞膜近くの細胞質側に局在すると考えられている。

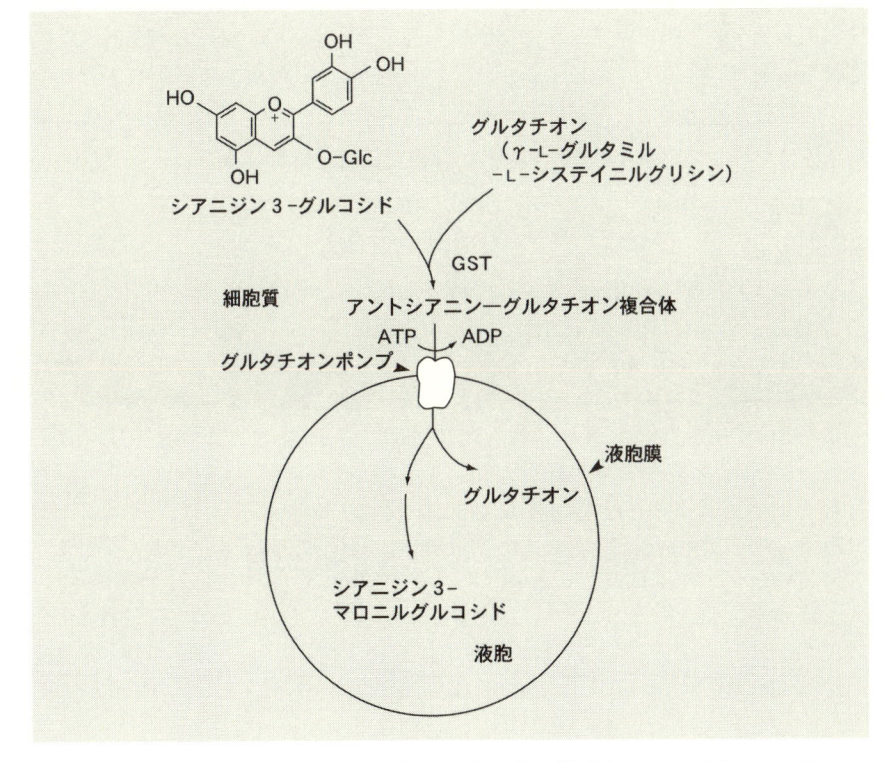

図Ⅰ—14　トウモロコシにおけるグルタチオンポンプを介してのアントシアニンの液胞への蓄積機構[39]。
GST：グルタチオン S-トランスフェラーゼ

また，ハツカダイコンの芽生えなどでは，液胞内にアントシアニン生合成の場と考えられるアントシアノプラストの存在が観察されているが[38]，この細胞内器官におけるアントシアニン生合成に関与する酵素の局在についてはまだ明らかにされていない。

（8）液胞内への輸送機構

　細胞質内で生成されたアントシアニンがどのような輸送機構で液胞内に蓄積されるのかについては，これまで種々の議論がなされてきたが，ニンジンの培養細胞から調整したプロトプラストを用いた実験では，アシル化されることによりアントシアニンが液胞膜を通過可能になることが証明されている[25]。最近，トウモロコシでグルタチオンを介した輸送機構が明らかにされた。このシステムでは液胞膜を通過する前に，アントシアニンとグルタチオンとの複合体が形成され，それが液胞膜を通過することが証明されている（図Ⅰ—14）[39]。この輸送機構が植物全般に存在しているのかについては，今後の研究が待たれる。

■文　献■

1) Kreuzaler, F. and Hahlbrock, K. : *FEBS Letters*, **28**, 69〜72, 1972
2) Heller, W. and Hahlbrock, K. : *Arch. Biochem. Biophys.*, **200**, 617〜619, 1980
3) van Tunen, A.J. and Mol, J.N.M. : *Arch. Biochem. Biophys.*, **257**, 85〜91, 1987
4) Bednar, R.A. and Hadcock, J.R. : *J. Biol. Chem.*, **263**, 9582〜9588, 1988
5) Bednar, R.A., Fried, W.B., Lock, Y.W. and Pramanik, B. : *J. Biol. Chem.*, **264**, 14272〜14276, 1989
6) Forkman, G., Heller, W. and Grisebach. H. : *Z. Naturforsch.*, **36**, 691〜695, 1980
7) Stafford, H.A. and Lester, H.H. : *Plant Physiol.*, **70**, 695〜698, 1982
8) Heller, W., Forkmann, G., Britsch, L. and Grisebach, H. : *Planta*, **165**, 284〜287, 1985
9) Meyer,P., Heidman, I., Forkman, G. and Saedler,H. : *Nature.*, **330**, 677〜678, 1987
10) Heller, W., Britsch, L., Forkmann, G. and Greisebach, H. : *Planta*, **163**, 191〜196, 1985
11) Saito,K., Kobayashi, M., Gong, Z., Tanaka, Y. and Yamazaki, M. : *The Plant Journal*, **17**, 181〜189, 1999
12) Kamsteeg, J., van Brederode, J. and van Nigtevecht, G. : *Phytochemistry*, **19**,

1459～1462, 1980
13) Forkman, G., Heller,W. and Grisebach, H. : *Z. Naturforsch.*, **35**, 691～695, 1980
14) Kamsteeg, J., van Brederode, J. and van Nigtevecht, G. : *Biochem. Genetics*, **16**, 1045～1058, 1978
15) Do, C.B., Cormier, F. and Nicolas. Y. : *Plant. Science*, **112**, 43～51, 1995
16) Rose,A., Gläβgen,W.E., Hopp, W. and Seitz, H.U. : *Planta*, **198**, 397～403, 1996
17) Ogata, J., Teramoto, S. and Yoshitama, K. : *J. Plant Res* ., **111**, 213～216, 1998
18) Tanaka, Y., Yonekura, K., Fukuchi-Mizutani, M., Fukui, Y., Fujiwara, H., Ashikari, T. and Kusumi, T. : *Plant Cell Physiol.*, **37**, 711～716, 1996
19) Kamsteeg, J., van Brederode, J. and van Nigtevecht, G. : *Biochem. Genet.*, **16**, 1059～1071, 1978
20) Jonsson, L.M.V., Aarsman, M.E.G., van Diepen, J., de Vlaming, P. Smit ,N. and Schram, A.W. : *Planta*, **160**, 341～347, 1984
21) Yamazaki, M., Gong, Z., Fukuchi-Mizutani, M., Fukui, Y., Tanaka, Y., Kusumi, T. and Saito, K. : *J. Biol. Chem.*, **274**, 7405～7411, 1999
22) Yoshitama,K., Hayashi, K., Abe, K. and Kakisawa, H. : *Bot. Mag. Tokyo*, **88**, 213～217, 1975
23) Lu, T.S., Saito, N., Yokoi, M., Shigihara, A. and Honda, T. : *Phytochemistry*, **31**, 659～663, 1992
24) Yoshitama, K., Kaneshige, M., Ishikura, N., Araki, F., Yahara, S. and Abe. K. : *J. Plant Res.*, **107**, 209～214, 1994
25) Hopp, W. and Seiz, H.U. : *Planta*, **170**, 74～85, 1987
26) Gläβgen, W.E. and Seitz, H.U. : *Planta*, **186**, 582～585, 1992
27) Kamsteeg, J., van Brederode, J., Hommels, C.H. and van Nigtevecht, G. : *Biochem. Physiol. Pflanzen*, **175**, 403～411, 1980
28) Fujiwara, H., Tanaka, Y., Fukui, Y., Nakao, M., Ashikari, T. and T. Kusumi. : *Eur. J. Biochem.*, **249**, 45～51, 1997
29) Teusch, M., Forkmann, G. and Seyffert, W. : *Phytochemistry*, **26**, 991～994, 1987
30) Yamaguchi, M., Oshida, N., Nakayama, M., Koshioka, M., Yamaguchi, Y. and Ino, I : *Phytochemistry*, **52**, 15～18, 1999
31) Fujiwara, H., Tanaka, Y., Fukui, Y., Nakao, M., Ashikari, T., Yamaguchi, M. and Kusumi, T. : *Plant Science*, **137**, 87～94, 1998
32) Fujiwara, H., Tanaka, Y., Yonekura-Sakakibara, K., Fukuchi-Mizutani, M., Nakao, M., Fukui, Y., Yamaguchi, M., Ashikari, T. and Kusumi, T. : *The Plant Journal*, **16**, 421～431, 1998

33) Jonnsson, L.M.V., Aarsman, M.E.G., Poulton, J.E. and Schram, A.W. : *Planta*, **160**, 174〜179, 1984
34) Bailly, C., Cormier, F. and Do, C.B. : *Plant Science*, **122**, 81〜89, 1997
35) Fritsch, H. and Grisebach, H. : *Phytochemistry*, **14**, 2437〜2442, 1975
36) Hrazdina, G., Wagner, G.J. and Siegelman.H.W. : *Phytochemistry*, **17**, 53〜56, 1978
37) Hrazdina, G., Zobel, A.M. and Hoch, H.C. : *Pro. Natl. Acad. Sci.*, USA, **84**, 8966〜8970, 1987
38) Yasuda, H. and Shinoda, H. : *Cytologia*, **50**, 397〜403, 1985
39) Marrs, K.A., Alfenito, M.A., Lloyd, A.M. and Walbot, V. : *Nature*, **375**, 397〜400, 1995

II 食品着色料としてのアントシアニン

1. 概　要

　食品での着色料の有用性としては，① 食品原料の色調の変動を補い食品の色調を一定にすること，② 食品の加工工程や保存中の変色や退色を補い色調を整えること，③ 食品に彩りを添えおいしさや楽しさを演出すること，および ④ 多様化する新しい加工食品を生み出す重要な因子であることがあげられる。近年さまざまな加工食品が市場に流通するようになり，食品そのものの色や包装の色彩は，その食品の嗜好性や消費者の購買意欲を決定する要素としてますます重要となってきている。

　食品添加物は，消費者の天然物志向の高まりにより現在では天然添加物が主流となっている。着色料も同様の傾向であり，過去30年間の安全性再評価の過程で，合成着色料（タール色素）は使用実績が少ないなどの理由から1960年当時の24品目から現在の12品目に半減し，同時に使用量も減少した。一方，天然着色料の需要は最近30年間で大きな伸びを示した。

　天然着色料であるアントシアニンは，多くの食品に幅広く使用されている。その色調は，自然界では赤〜青色の色調を表しているが，食品中では色素の実用的な安定性の面から，酸性条件下で橙赤〜赤紫色を呈する着色料として利用されている。

　本章では，食品用着色料としてのアントシアニンの法的規制，種類・市場性，有用性，食品中での性質，原料と製造法，安全性などについて述べる。

2. 食品用着色料としてのアントシアニンの法的規制

　食品用着色料として利用されているアントシアニンは，わが国の食品衛生法によって食品添加物の着色料の範疇に定義されている。法的には，食品に使用できるすべての食品添加物がポジティブリストとしてリスト化されており，逆にリストされていない物質は食品には使用できないことになっている。どんな原料から得られたアントシアニンでも使用できるわけではなく，着色料として使用できる色素としてリストに掲載されたものしか食品に使用することはできない。食品用着色料としてのアントシアニンは，国内でどのような法的規制[1]がとられているかを以下に述べる。

　現在の食品添加物規制の基盤となっているのは，1947（昭和22）年12月24日に制定された「食品衛生法」（法律第233号）である。以後，順次改定が行われ，1957（昭和32）年には食品の安全性をよりいっそう確保する目的で，食品添加物の規格基準を定める内容の条文が制定された。それを受けて，食品添加物等の規格基準（昭和34年12月28日，厚生省告示第370号）が定められた。この告示は，その後も改正が重ねられており，食品添加物のみならず，食品，容器などの規格が収載された食品衛生行政の根本となっている。

（1）食品添加物のなかでのアントシアニンの位置づけ

　食品衛生法では，第2条第2項で「この法律でいう添加物とは，食品の製造の過程において又は食品の加工若しくは保存の目的で，食品に添加，混和，浸潤その他の方法によって使用するものをいう。」と定義されている。

　食品添加物の区分としては，次の3つに分かれる。
① 食品衛生法第6条に基づいて厚生労働大臣によって指定されている食品添加物であり，食品衛生法施行規則別表第2に記載されている「指定添加物」
② 厚生労働大臣により指定はされていないが，1996年（平成8年）5月23日生活衛生局長通知・衛化第56号の別添一に収載された「既存添加物」
③ 同じく別添三の一般に食品として飲食に供される物であって添加物として使用される品目リストに収載された「一般飲食物添加物」

このなかの ① は化学的に合成された添加物, ② ③ は1995年（平成7年）の法改正以前に既に食品に使用されていた天然添加物である。天然着色料に限定すると, 1993（平成5）年5月23日厚生省生活衛生局長通知・衛化第56号（一部改正, 生衛発第1711号〈平成10年12月3日〉）の別添一の「既存添加物」リストには, 通常あまり食用としては使用されない天然物を原料として作られた天然着色料66品目が記載され, そのうちアントシアニンが主色素であるものは4品目である。また, 別添三の「一般飲食物添加物」リストには一般に食用として利用されている有色の野菜, 果物などを原料として作られる天然着色料44品目が記載され, アントシアニンが主色素であるものは32品目である。

（2）食品添加物の規格基準

1960（昭和35）年に公表された第1版食品添加物公定書以来約5年毎に改正が行われ, 現在最も新しいものは1999（平成11）年4月に公表された第7版食品添加物公定書[2]である。天然着色料に関しては, この第7版に初めて18品目の規格が収載され, アントシアニンとしてはブドウ果皮色素（図Ⅱ-1）とブラックカーラント色素の2品目が収載されている。第7版に収載された以外の主な天然着色料については, 業界の自主的規格として, 日本食品添加物協会が厚生省の指導のもとで発行した第二版 化学的合成品以外の食品添加物自主規格（1993年刊）[3]および同追補（1996年刊）[4]がある。

（3）天然着色料の使用基準[5]

食品用着色料の食品への使用に関しては, 法的に使用基準が規定され消費者をだますような着色行為を厳しく規制している。このため, 天然着色料は, コンブ類, 食肉, 鮮魚介類（鯨肉を含む）, 茶, ノリ類, 豆類, 野菜およびワカメ類に使用してはならない（ただし, ノリ類に使用する金は除く）。

（4）食品への着色料表示[6]

食品への食品添加物の表示は, 原則として使用した食品添加物を全て表示することとされている。着色料の場合には, 用途名である「着色料」と着色料の名称を併記しなければならない。ただし, 物質名に「色」の文字があれば用途名を併

ブドウ果皮色素（Grape Skin Extract, Grape Skin Color, エノシアニン）

定　　義　本品は，アメリカブドウまたはブドウの果皮から得られた，アントシアニンを主成分とするものである。デキストリンまたは乳糖を含むことがある。

色　　価　本品の色価（$E_{1cm}^{10\%}$）は50以上で，その表示量の90〜120%を含む。

性　　状　本品は，赤〜暗赤色の粉末，塊，ペーストまたは液体で，わずかに特異なにおいがある。

確認試験　(1)本品の表示量から，色価50に換算して1gに相当する量をとり，クエン酸緩衝液（pH 3.0）1,000mlを加えて溶かした液は，赤〜赤紫色を呈する。
　　　　　(2)(1)の溶液に水酸化ナトリウム溶液（1→25）を加えてアルカリ性にするとき，暗緑色に変わる。
　　　　　(3)本品にクエン酸緩衝液（pH 3.0）を加えて溶かした液は，波長520nm〜534nmに極大吸収部がある。

純度試験　(1)重金属　Pbとして40μg/g以下（0.50g，第2法，比較液　鉛標準液2.0ml）
　　　　　(2)鉛　Pbとして10μg/g以下（1.0g，第1法）
　　　　　(3)ヒ素　As_2O_3として4.0μg/g以下（0.50g，第3法，装置B）
　　　　　(4)二酸化硫黄　色価1当たり　0.005%以下
　　　　　　　(i)　装置　　略
　　　　　　　(ii)　操作法　略

色価測定法　色価測定法により次の操作条件で試験を行う。
　　　　　　操作条件
　　　　　　　測定溶媒　クエン酸緩衝液（pH 3.0）
　　　　　　　測定波長　波長520〜534nmの極大吸収部

図Ⅱ－1　ブドウ果皮色素の第7版食品添加物公定書規格内容

記する必要は無い。次に例示するように，一部の天然色素は，類別名を表示することによって用途名と物質名の併記に代えることができる。

　野菜色素：赤キャベツ色素，紫イモ色素，シソ色素，ビートレッドなど
　果実色素：エルダーベリー色素，ボイセンベリー色素，ブドウ果汁色素など
　アントシアニン色素：赤キャベツ色素，紫イモ色素，ブドウ果皮色素，ブドウ
　　　　　　　　　　　果汁色素，紫トウモロコシ色素，シソ色素など
　フラボノイド色素：ベニバナ黄色素，コウリャン色素，タマネギ色素など
　カロテノイド色素：アナトー色素，クチナシ黄色素，ニンジンカロテンなど

3. 着色料アントシアニンの種類と市場性

(1) 食品に使用できるアントシアニンの種類

　アントシアニンは，上述の通り食品衛生法の規制下で食品に使用されている。現在食品に使用できる全てのアントシアニンを，表Ⅱ―1に示した。

表Ⅱ―1　食品に使用可能なアントシアニン

		既存添加物リスト収載品目			
○	●	ブドウ果皮色素	○		紫トウモロコシ色素
○		紫イモ色素			紫ヤマイモ色素
		一般飲食物添加物リスト収載品目			
○		赤キャベツ色素			野菜ジュース
		赤ゴメ色素			赤キャベツジュース
○		赤ダイコン色素			シソジュース
		ウグイスカグラ色素			果汁
○		エルダーベリー色素			ウグイスカグラ果汁
		カウベリー色素			エルダーベリー果汁
		グースベリー色素			カウベリー果汁
		クランベリー色素			グースベリー果汁
		サーモンベリー色素			クランベリー果汁
○		シソ色素			サーモンベリー果汁
		ストロベリー色素			ストロベリー果汁
		ダークスィートチェリー色素			ダークスィートチェリー果汁
		チェリー色素			チェリー果汁
		チンブルベリー色素			チンブルベリー果汁
		デュベリー色素			デュベリー果汁
		ハイビスカス色素			ハクルベリー果汁
		ハクルベリー色素			ブドウ果汁
○		ブドウ果汁色素			ブラックカーラント果汁
	●	ブラックカーラント色素			ブラックベリー果汁
		ブラックベリー色素			プラム果汁
		プラム色素			ブルーベリー果汁
○		ブルーベリー色素			ベリー果汁
○		ボイセンベリー色素			ボイセンベリー果汁
		ホワートルベリー色素			ホワートルベリー果汁
		マルベリー色素			マルベリー果汁
		モレロチェリー色素			モレロチェリー果汁
		ラズベリー色素			ラズベリー果汁
		レッドカーラント色素			レッドカーラント果汁
		ローガンベリー色素			ローガンベリー果汁

表中の○印は市場に流通している主な品目，●印は第7版公定書収載品目

(2) アントシアニンの市場規模

食品用着色料市場におけるアントシアニンの位置づけを知るために，合成着色料と天然着色料に関する国内市場を以下にまとめた。

日本でのタール色素の使用量は，1989年度の273トンから1998年度の150トンとなり，10年間で120トン強が天然色素への移行などで減少したことになるが，数年前からはほぼ横這いの傾向を示している。表Ⅱ—2中の数値は，1998年4月〜1999年3月（1年間）のタール色素の検体申請数量である。

表Ⅱ—2　合成色素（タール色素およびアルミニウムレーキ）の市場規模

品　　　名	検定数量（Kg）
食用赤色2号	2,200.0
食用赤色3号	6,265.5
食用赤色40号	871.0
食用赤色102号	29,277.4
食用赤色104号	2,736.5
食用赤色105号	556.3
食用赤色106号	5,808.5
食用黄色4号	66,221.8
食用黄色5号	22,809.8
食用緑色3号	48.2
食用青色1号	6,540.5
食用青色2号	1,298.5
小　　計	144,634.0
（アルミニウムレーキ）	
食用赤色2号	0
食用赤色3号	1,294.9
食用赤色40号	0
食用黄色4号	1,650.0
食用黄色5号	2,000.0
食用緑色3号	0
食用青色1号	626.0
食用青色2号	101.4
小　　計	5,672.3
合　　計	150,306.3

表中の数値は，1998年4月〜1999年3月の1年間の検体申請数量
（国立医薬品食品衛生研究所報告書第117号，1999）

天然色素についてはさまざまな濃度の色素製品が流通しており，タール色素のような検定制度はないため正確な使用量の把握は難しいが，推定すると国内の使用量は図Ⅱ—2のような状況であると考えられる。カラメルを除いた数量として比較すると，1973年にタール色素の使用量が減少傾向に転じた時期から見ると，約3倍の量となっている。しかし，現在では，需要も落ち着いた状況となっており毎年若干の増加が見られる程度である。国内の天然色素の市場は，約3,000トン（カラメルの約20,000トンを除く）と推定しているが，そのうちアントシアニンは約400トンを占めている。

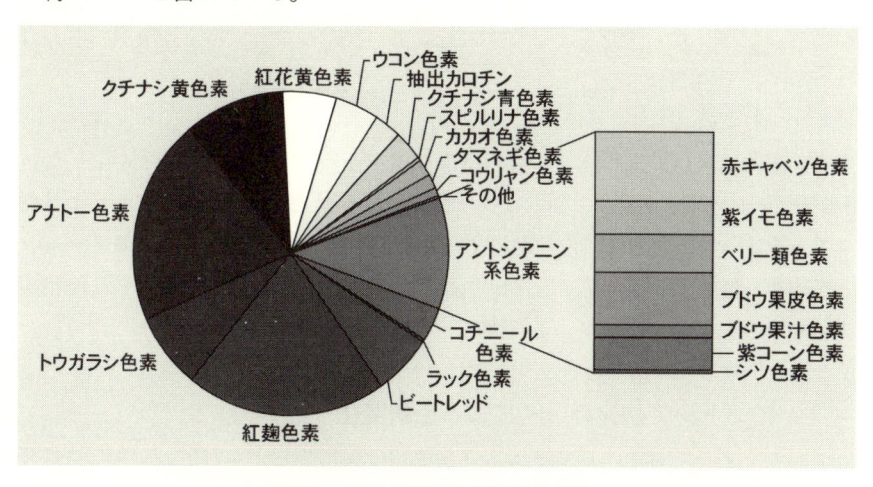

図Ⅱ—2　天然色素の推定市場規模

4. 食品用着色料としてのアントシアニンの有用性

（1）アントシアニンの色調

　図Ⅱ—3は，pH 3.0のクエン酸緩衝液中で可視部の極大吸収波長での吸光度を同じにした場合のアントシアニンの色調を表したものである。原料植物の違いで，色調が橙赤色〜紫赤色となり，明度も異なっている。
　また，色調を数値的に表現する場合，色素が三次元の色立体のどの位置に存在するかを数値化する種々の表現方法がある。ここでは一般的に使用されているハ

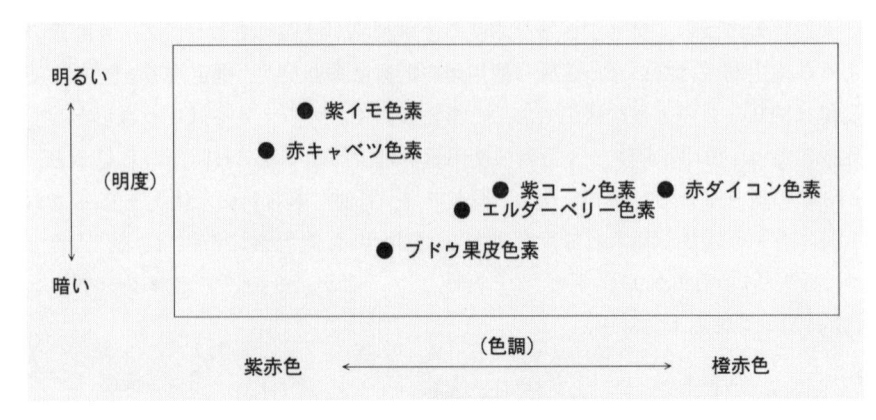

```
明るい
 ↑
(明度)           ● 紫イモ色素
 ↓           ● 赤キャベツ色素
暗い                        ● 紫コーン色素    ● 赤ダイコン色素
                         ● エルダーベリー色素
                ● ブドウ果皮色素

              紫赤色 ←――― (色調) ―――→ 橙赤色
```

図Ⅱ－3　アントシアニンの色調比較

ンター表色法を用いて市販されている主なアントシアニンの色調を比較した。0.3％のクエン酸水溶液に，極大吸収波長における吸光度が0.8となるように各種アントシアニンを添加し，測色計にてハンター表色法の3刺激値であるL，a，bを求め，各色素の測定値をa，b平面にプロットすることで，それぞれの色素の色相及び彩度の比較ができる（図Ⅱ－4）。

（2）アントシアニンのpHによる色調変化

アントシアニンはpHによって大きく色調が変化し，pHが高くなるにつれて色調が青味がかってくるとともに，発色も悪く鮮やかさが低下する。また，その安定性（堅牢性）に関してはpHが低いほど安定である。食品に使用される場合，実用的な安定性を考慮して一般的にpH 4.0以下の食品で使用されているため，色調的には橙赤色～紫赤色を呈する着色料として利用されている。

（3）アントシアニンの光安定性

最近では，スーパーマーケットやコンビニエンスストアの営業時間が長くなり，店頭で食品が長時間蛍光灯に近い場所に置かれることが多くなっている。また，包装形態も中の食品が良く見えるように透明容器に入れられて販売されるケースが多い。

図Ⅱ－5は，市販アントシアニンの0.2％クエン酸水溶液における光安定性を

〔使用色素〕
　①紫イモ色素　　　　　　②赤キャベツ色素
　③紫トウモロコシ色素　　④エルダーベリー色素
　⑤ブドウ果皮色素
〔試験条件〕
　試　験　液：0.3％クエン酸水溶液
　色素添加量：0.1％（色価80換算）
　測　色　計：カラーコンピューター SM-6型（スガ試験機製）
〔説　明〕
　a値：＋の数値が大きい程，赤味大，－の数値が大きい程，緑味大
　b値：＋の数値が大きい程，黄味大，－の数値が大きい程，青味大
　Chroma（彩度）＝$(a^2+b^2)^{1/2}$（原点からの長さであり，大きいほど鮮やか。）

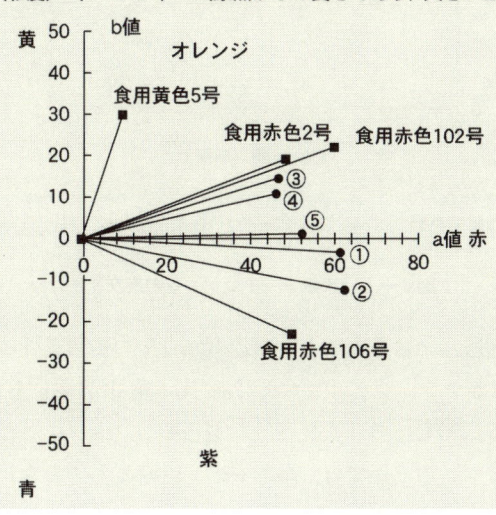

図Ⅱ-4　アントシアニンの色調

比べたものである。フェードメーターにて，庫内温度を20℃に設定して，ガラス容器中で光を照射した場合の経時的な退色率をグラフにしたものである。6種類のアントシアニンのなかでは，赤キャベツ色素および紫イモ色素が，光に対して最も安定であることがわかる。

（4）アントシアニンの熱安定性

　食品の色は，加工中に加えられる殺菌などの熱によって変化を受け，さらに流

〔試験条件〕
試 験 溶 液：0.2％クエン酸水溶液
照射試験機：キセノンロングライフフェードメーター XWL-75R（スガ試験機製）
色素添加量：色価60換算で0.05％

- ●─ 紫イモ色素
- ■─ 赤キャベツ色素
- ＊─ 紫トウモロコシ色素
- ○─ ブドウ果皮色素
- ▲─ エルダーベリー色素
- ◆─ ブドウ果汁色素

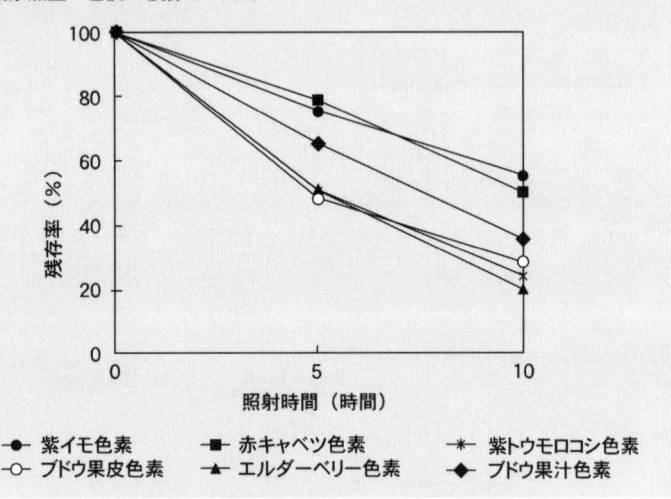

図Ⅱ─5　市販アントシアニンの光安定性

通や保存中・店頭展示中にもさまざまな温度条件での影響を受けている。

図Ⅱ─6は，市販アントシアニンの0.2％クエン酸水溶液における熱安定性を比べたものである。90℃における経時的な退色率をグラフにしたものである。6種類のアントシアニンのなかでは，赤キャベツ色素および紫イモ色素が，光と同様に熱に対して最も安定であることがわかる。

（5）アントシアニンへの金属イオンの影響

食品を製造する場合に使用される加工機械，水，原材料および容器などに由来するさまざまな金属イオンは，食品の変退色の原因となる。アントシアニンも比較的金属イオンの影響を受けやすい色素である。表Ⅱ─3は，4種類のアントシアニンを用いて，pH 3.0の水溶液中での各種金属イオンによる変色の状況を調べた結果である。2価のスズ，アルミニウム，鉄，銅イオンが変色の原因になりやすいことがわかる。

〔試験条件〕
試験溶液：0.2％クエン酸水溶液
加熱温度：90℃
色素添加量：色価60換算にて0.05％

● 紫イモ色素　　■ 赤キャベツ色素　　＊ 紫トウモロコシ色素
○ ブドウ果皮色素　▲ エルダーベリー色素　◆ ブドウ果汁色素

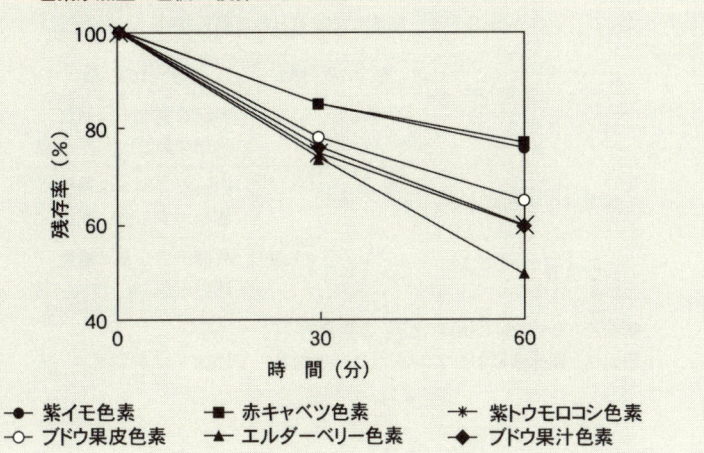

図Ⅱ—6　市販アントシアニンの熱安定性

表Ⅱ—3　天然色素に対する金属イオンの影響
（pH＝3.0の水溶液に金属イオン添加後，8℃にて3日間後の色調変化）

色素名	Sn^{2+}	Al^{3+}	Fe^{2+}	Cu^{2+}	Pb^{2+}	Mg^{2+}	Ca^{2+}	Zn^{2+}
赤キャベツ色素	4	3	4	2	3	—	3	—
紫トウモロコシ色素	4	2	3	1	—	—	—	—
ブドウ果汁色素	4	2	—	—	—	4	—	4
紫イモ色素	2	2	2	2	1	—	—	—

4：1ppm以下でも変色　　3：1〜10ppmで変色　　2：10〜50ppmで変色
1：50〜100ppmで変色　　—：100ppmで変色しない

（6）アントシアニンの染着性

　梅漬などに代表される酸性の漬物を赤色に着色することは，古くからシソ色素などを用いて行われてきた。近年，梅漬用の着色料としては，シソ色素より安価で色調も明るく染着性が良好な色素として，紫イモ色素や赤キャベツ色素の使用が主流となっている。表Ⅱ—4は，着色梅干の漬け込み液に3種類のアントシア

ニンを使用して，梅干の着色状況を比較したものである。シソ色素と比べた結果，紫イモ色素と赤キャベツ色素は梅干内部への色素浸透性に優れ，着色後の色調も明るい色調であった。

表Ⅱ—4　梅漬にかかる日数と着色状態

使用色素	漬け込み日数	着色状態
紫イモ色素	10日	内部まで均一に着色 鮮明な赤色
赤キャベツ色素	14日	内部まで均一に着色 紫味が少し強い赤色
シソ色素	10日	表面が少し濃く着色 暗い赤色

調味液100 ℓ に対し梅は，60kg の割合
色素は，調味液に対して0.4%（色価80換算）で添加

（7）酸乳飲料系でのアントシアニンの安定性

　酸乳飲料などの乳タンパクを含む系でアントシアニンを使用する場合，pH 4.0付近で使用されることが多い。3種類のアントシアニンを用いて，pH 3.5〜5.0の下記の酸乳飲料モデル系で光および熱による影響を調べた結果を，マンセル表色法の色相（HUE）値として図Ⅱ—7および8に示した。紫イモ色素が，最も光や熱の影響を受けにくく安定であった。

〔使用色素〕　①紫イモ色素，②赤キャベツ色素，③エルダーベリー色素
〔試験条件〕
　　　試験液：　　牛乳　　　　　　　　　　20.0　（%）
　　　　　　　　グラニュー糖　　　　　　　10.0
　　　　　　　　色素所定量　　　　　　　　所定量
　　　　　　　　大豆多糖類製剤（安定剤）　　0.4
　　　　　　　　イオン交換水　　　　　　　残量
　　　　　　　　合計　　　　　　　　　　100.0
　　　pH　　：　3.5, 4.0, 4.5, 5.0（クエン酸（結晶）にて調整）
　　　殺菌条件：　85℃　10分

照射試験機：キセノンロングライフフェードメータ XWL-75R（スガ試験機製）
照射時間：5時間（20℃）

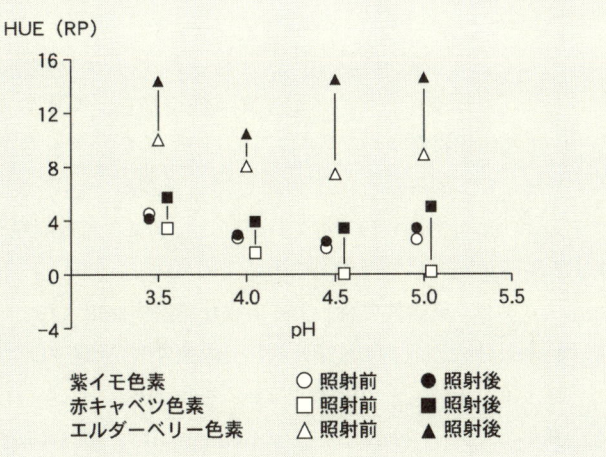

図Ⅱ—7　酸乳飲料系での光における色調変化

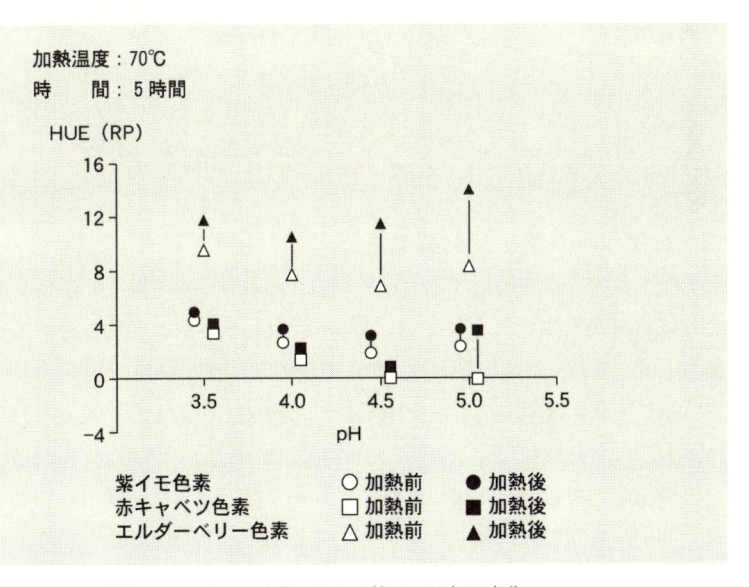

加熱温度：70℃
時　　間：5時間

図Ⅱ—8　酸乳飲料系における熱による色調変化

（8）アントシアニンが使用されている食品および用途

アントシアニンは食品中で上記（1）～（7）のような性質を有しており，用途としては酸性の食品に橙赤～紫赤色の色調を付与するために広く使用されている。

通常，アントシアニンは水溶性の色素であるが，界面活性剤を利用して W/O 乳化を行うことで油脂類に容易に分散できる油溶性色素が市販されている。また，この W/O 乳化色素をさらに乳化し W/O/W の二重乳化型色素も開発されており，デザートの2層ゼリーなどの着色時に色流れが起きない着色が可能になった。このように，アントシアニンは現在さまざまな用途開発が進められており，ますます需要が拡大して行くものと考えられる。

アントシアニンは，具体的には，次のような用途で使用されている。

- **飲　　　料**：果汁入り飲料，無果汁飲料，殺菌乳酸菌飲料など
- **酒　　　類**：カクテル，着色梅酒，リキュールなど
- **冷　　　菓**：アイスキャンデー，シャーベット，かき氷シロップなど
- **デザート類**：ゼリー，プリン，ムースなど
- **漬　　　物**：梅干，しば漬，桜漬など
- **農産加工品**：ジャム，ドレッシングなど

5.　アントシアニンの製造法

（1）アントシアニンの製造法

アントシアニンを製造する際の原料は，赤キャベツ，紫イモ，赤シソは国内での栽培原料が主体である。一方，紫コーンは乾燥された植物体としてペルーから輸入され，また，ブドウ果汁，ブドウ果皮およびベリー類は北米やヨーロッパから，赤ダイコンは中国から一次加工された粗抽出色素として輸入されている。

一般的に天然着色料は，植物などの天然物（生または乾燥品）を洗浄や異物除去などの前処理を行った上で，水やアルコールなどの溶媒を使用して抽出し，得られた抽出液を精製・濃縮して製造される。製品の形態としては，液体のものとそれを粉末化した粉末のものが販売されている。また，天然着色料はほとんどの場合，精製によって品質が向上する場合が多く，同じ色素でもその用途，価格に応

じた精製工程を選択導入しているのが現状である。

　図Ⅱ－9は，アントシアニンの製法を簡単に表したものである。色素中には原料由来の香気成分，呈味成分およびタンパク質などが含まれているため，食品に着色した場合に異味・異臭や白濁・沈殿などの原因となることがある。これらの色素以外の不要な成分を取り除く意味で，精製は重要な工程である。精製の方法としては，極性をもったイオン交換樹脂や無極性の吸着樹脂，あるいはメンブレンフィルター（MF）膜，限外濾過（UF）膜，逆浸透（RO）膜および電気透析膜などの機能性高分子膜による精製などさまざまな方法があり，目的に応じて単独または組合わせて使用されている。

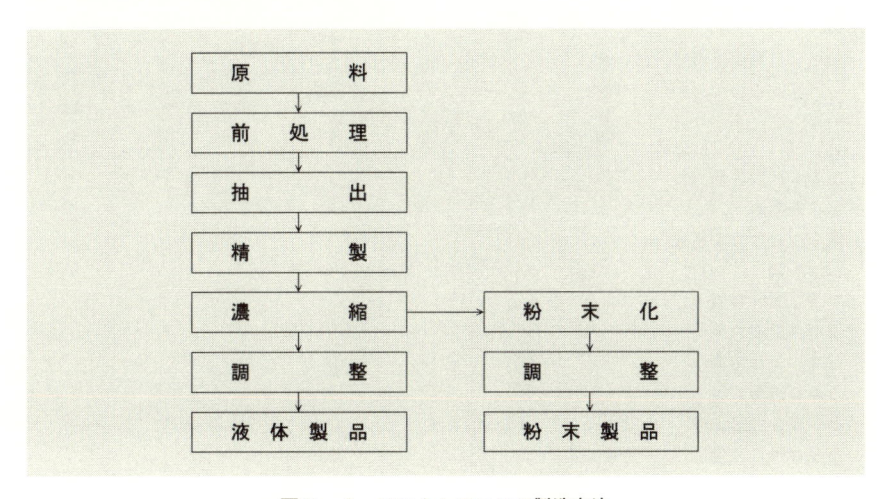

```
原　　料
　↓
前　処　理
　↓
抽　　出
　↓
精　　製
　↓
濃　　縮 ─→ 粉　末　化
　↓　　　　　　↓
調　　整　　調　　整
　↓　　　　　　↓
液 体 製 品　　粉 末 製 品
```

図Ⅱ－9　アントシアニンの製造方法

（2）食品中のアントシアニンの分析法

　アントシアニンに限らず，天然色素で着色された食品に法的に適正な表示が行われているかどうかを調べる上で，食品に使用された色素の分析法の開発は重要な課題である。清水[7]らは，イオン化法質量分析装置付高速液体クロマトグラフィー（LC-ESI-MS）およびフォトダイオードアレイ（3D）検出器を用いて食品中のアントシアニンの定性分析およびモデル実験系での定量分析を行い，実用的にほぼ満足できる結果を得ている。

6. アントシアニンの安全性

　天然色素は，生薬や食用の天然物由来の原料が多く，長年の使用経験からも安全であると考えられているが，科学的なデータに裏づけされる安全性の評価を行っておくことは当然必要である。

表Ⅱ−5　天然色素の安全性試験実施状況

色素名	急性毒性試験	亜急性毒性試験	慢性毒性試験	変異原性試験	発癌性試験	催奇形性試験	多世代試験
赤キャベツ色素	○	○		○			
紫イモ色素		○					
紫トウモロコシ色素	○	○		○			
シソ色素				○			
ブドウ果汁色素		○					
ブドウ果皮色素		○		○			
ベニバナ黄色素	○			○	○		
ウコン色素	○		○	○			
ニンジンカロテン	○	○	○		○		
トウガラシ色素	○			○			
アナトー色素	○	○	○	○			○
クチナシ黄色素	○	○	○	○	○		
ビートレッド	○		○				
ベニコウジ色素	○	○	○	○			○
アカネ色素	○						
コチニール色素	○			○		○	○
ラック色素	○						
クチナシ青色素	○			○	○		
スピルリナ青色素	○	○		○	○	○	
カカオ色素	○	○		○	○		
コウリャン色素	○			○	○		
タマネギ色素	○	○		○	○		

○：安全性試験が実施済みのもの

これらの試験方法としては，現在国際的標準とされる動物試験条件のガイドラインがあり，試験項目に応じて運用されている。日本においても1996年「食品添加物の指定及び使用基準改正に関する指針」として，毒性試験についての新しいガイドラインが発表され，アントシアニンを含めた天然色素全般について国による毒性試験が積極的に進められている。現時点で天然色素に関して毒性試験が終了し，安全性が確認されたものについて表Ⅱ—5にまとめた。

7. 今後の課題

　植物由来で古くから食用に供されてきた野菜や果物を原料とするアントシアニンは，消費者イメージも良く，安全な食品用着色料として益々需要が拡大するものと考えている。しかし，アントシアニンの特有の性質のために，用途的には限られているのが現状である。今後の課題としては，①アントシアニンのきれいな色調をより安定に利用できるように優れた安定化方法などの用途開発，②原料植物の品種改良や製法改良によるコストダウンなどが必要と考えている。

■文　献■

1) 厚生省生活衛生局食品化学課編：食品衛生法改正に伴う既存添加物名簿関係法令通知集，日本食品添加物協会, 1998
2) 日本食品添加物協会：第7版　食品添加物公定書，厚生省復刻版, 1999
3) 日本食品添加物協会：第二版　化学的合成品以外の食品添加物　自主規格, 1993
4) 日本食品添加物協会：第二版　化学的合成品以外の食品添加物　自主規格追補, 1996
5) 日本食品添加物協会：平成9年度　食品添加物マニュアル, 1997
6) 食品添加物表示問題研究会・日本食品添加物協会共編：新食品添加物表示の実務，日本食品添加物協会, 1997
7) Shimizu, T., Muroi, T., Ichi, T., Nakamura, M. and Yoshihira, K.：食衛誌, **38**, 34, 1997

III アントシアニンの原料および食品加工利用

1. 概要

　新鮮な植物中ではアントシアニンは，すべて糖の結合した配糖体や，その配糖体部に有機酸がエステル結合したアシル化配糖体として存在している。1章で述べられているように，アントシアニンの基本的な色調はアントシアニジン（アグリコン）の構造で決まり，アントシアニジンのB環の水酸基が増えると可視部の極大吸収波長は長波長側に移り，青みを増す。例えば，水酸基が1つのペラルゴニジンでは橙赤色，2つのシアニジンでは紅赤色，3つのデルフィニジンでは紫赤色を示す。さらに，アントシアニンの色調はアントシアニジンの水酸基(-OH)数だけではなく，メトキシル基（$-OCH_3$）の結合数や，糖，有機酸の結合位置や結合数によっても異なってくる。アントシアニンは構造以外でも周囲の環境により，その色調を大きく変化させる。特にpHの変化や金属イオンやフラボノイドのようなコピグメント化合物の存在で，アントシアニンの色調が大きく変化することはよく知られている。

　アントシアニンは，食品として好まれる色調ゆえに，ジャム，漬物，ワインや菓子，飲料などの加工食品に使用されてきた。特に日本では，その色調や性質を十分に生かした伝統食品が古くからつくられている。代表的なものに，シソによる梅干や紅生姜の着色，焼きミョウバンによるナス漬の紫色や，鉄による黒豆の黒色の固定，ナスの紫色とシソの赤色を利用した生しば漬などがある。西洋でも赤ワインに代表されるように，アントシアニンは私たちの生活のなかに定着し，親しまれてきた天然の着色料である。

　近年，合成色素は食用タール系色素の発ガン性などが問題となり，使用が制限されるようになった。このようななかで健康面から合成着色料が消費者に忌避されるようになり，その使用量が著しい減少傾向にある。それに対して天然色素

は，野菜や果実の色が新鮮さのバロメーターとして見られているように，自然な色調と安全なイメージが定着している。アントシアニンの国内需要量は1999年度が435トンで，カロチノイド色素に次いで多い。これは，消費者の嗜好が天然色素へシフトしてきたことが大きな要因の一つであるが，近年になってアントシアニンに生体機能調節作用が見いだされ，疾病予防などの健康の面からも注目されるようになってきたことも大きな要因となっている。例えば，ブルーベリーアントシアニンに眼科疾患の治療効果が見いだされたり（第Ⅳ章7），その他の種々なアントシアニンにコレステロール低下作用，抗酸化作用，活性酸素消去能，肝機能改善作用，アンギオテンシンⅠ変換酵素阻害作用などの効果が見いだされたりするなど，多数の報告がみられるようになってきた。

　近年アントシアニンの国内需要量は伸び，色素の品質や安定化技術なども進歩してきた。しかし，アントシアニンは合成色素に比べ安定性が劣り，食品に利用するときの障害となって，利用拡大を阻んでいる。アントシアニンは不安定なため，新鮮な天然原料から完全な状態で抽出・精製することは困難で，結合している有機酸や糖の一部が分解されるなどの損失は覚悟しなければならない。まして調理，加工や長期貯蔵などの過酷な条件下では，アントシアニンの種類によっては分解の割合が高くなることは免れない。このようなアントシアニンの退色や変色などの変化には，熱[1),2)]，光[1)]，pH[1)]，酸素[1),3)]，無機塩[4)]，有機酸[4)]，糖[4)]，フェノール[4)]，アスコルビン酸[4)]，過酸化水素[4)]など多くの要因が関与している。

　表Ⅲ-1[5)]に，主な野菜，イモ，果実類に含まれるアントシアニンを高速液体クロマトグラフィー（HPLC）で測定し，その中に含まれるアントシアニン，アシル化アントシアニンの種類，主なアントシアニンの構成比率（％）を示した。

　果実類に含まれるアントシアニンの種類は3～7個と少なく，アシル化アントシアニンはほとんど含まれていない。これら果実類アントシアニンの安定性は，加熱（色素量0.2mg/ml・マッキルベイン緩衝液 pH 3.16，80℃，18時間処理：本章では表記のない限り全てこの条件で測定）の場合12～24％，紫外線照射（色素量0.2mg/ml・マッキルベイン緩衝液 pH 3.16，照射光波長254nm，光量880μW/cm² 18時間処理：本章では表記のない限り全てこの条件で測定）の場合6～22％の色素残存率であり，非常に不安定である。

　それに比べ，イモ類のアントシアニンの色素残存率は加熱の場合63～77％，紫

表Ⅲ−1 野菜と果実中に含まれる主要アントシアニンの構成比，HPLC ピーク数および色素残存率

区分	アントシアニン類	主要アントシアニンの構成比率(%)				全ピーク数	アシル化ピーク数	色素残存率(%)	
		P-1	P-2	P-3	P-4			加熱	紫外線照射
野菜類	赤キャベツ	38	21	—	—	12	4	60	43
	シソ	50	17	—	—	10	3	44	48
	チコリー	49	27	18	—	6	—	31	25
	ナス	94	—	—	—	4	1	22	18
	紫タマネギ	42	10	10	—	10	4	38	47
	赤ダイコン	39	33	11	—	8	3	54	69
	赤カブ	63	12	—	—	5	4	46	59
豆類	黒大豆	71	15	—	—	6	1	19	26
種実類	菱の実	85	—	—	—	5	—	40	60
イモ類	山川紫	30	16	15	15	9	8	71	74
	関系55号	27	16	12	10	11	6	75	80
	種子島紫	25	24	—	—	13	—	63	68
	紫ヤム	38	26	11	11	9	4	77	65
果実類	イチゴ	91	—	—	—	3	—	24	6
	ラズベリー	62	21	—	—	6	—	30	8
	巨峰	50	21	11	—	—	7	2	32	44
	甲斐路	75	13	10	—	3	—	17	22
	プルーン	44	40	—	—	6	—	33	18
	リンゴ	85	—	—	—	3	—	12	10

山川紫，関系55号および種子島紫は紫サツマイモである。巨峰と甲斐路はブドウである。
主要アントシアニンの構成比率は HPLC の全ピーク面積を100%としたときの各ピーク面積の構成比率を算出し，10%以上のピークについて示した。(HPLC：高速液体クロマトグラフィー)
ピーク数（アントシアニン数）およびアシル化ピーク数（アシル化アントシアニン数）はピーク面積が1％以上のピーク数である。
加熱は80℃，18時間，紫外線照射は6W滅菌灯を用い，照射エネルギーは880μW/cmで18時間照射

外線照射の場合65〜80％であり，果実類のアントシアニンに比べて非常に安定である。イモ類アントシアニンは，含有するアントシアニンの種類が9〜13個と多く，その2/3以上がアシル化アントシアニンであった。このようにアントシアニンやアシル化アントシアニンの種類が多く含まれるものは，加熱や紫外線照射に対し有意に安定になることが認められる。つまりアントシアニンの種類が多くなると，アントシアニジンの芳香環の面同士が重なり合った強い疎水的作用により自己会合をして水和を防止し，安定になる[6]。安定性の劣るイチゴやブドウ（甲

斐路），リンゴなどのアントシアニンでは，HPLC分析における主要ピーク（P1）の構成比率はイチゴが91％，甲斐路が75％，リンゴが85％と，いずれも単一に近いアントシアニンである。安定になる要因の一つには，イモ類のように，多くの異なる種類のアントシアニン，特にアシル化アントシアニンが，ほぼ同じ組成比を有して存在していることが挙げられる。

　アントシアニンの食品への高度利用技術を確立することは，食品製造の実用面において重要である。今後，求められる課題は，耐熱性や耐光性の高いアントシアニンの検索，濃色効果（深色効果）の高いコピグメント物質の検索，アントシアニンの安定性を高める物質の検索，さらに起源の異なるアントシアニンを調合し，優れた色彩や色調をデザインしたり，安定性を高めたりすること，などであろう。食材に含まれるアントシアニンは種類も多く，その色調も千差万別である。アントシアニンを加工食品に利用する前に，食品から抽出したアントシアニンの色調，安定性の強弱，アントシアニジンに結合する糖や有機酸の数や組成比，濃度などの諸性質を把握し，十分理解することが必要である。

　ここでは，アントシアニンを含有している各原料の概要（来歴，品種，構造と安定性），食品加工製造中の変化，主な利用食品について記述する[7]。

2. シ ソ

(1) 概　　要

　英名：Perilla
　学名：*Perilla ocimoides* (*frutescence*) L. var. *crispa*

1) 来　歴

　シソは中国中南部，ビルマ，ヒマラヤ地方を原産地とするシソ科の一年草である。シソは今日では赤紫蘇を指すが，935年に編纂された「和名類聚抄」には単に「蘇」と記され，青紫蘇を「白蘇（荏）」としている。また，中国の李時珍の記述した「本草綱目」(1590)のなかにも「蘇」として記載されている。シソ葉の精油中には香気成分のペリラアルデヒドが含まれ，防腐効果や胃液分泌促進作用を示す。紫色の葉をもち，香気さわやかで食欲を進ませて，人を蘇らせる意

味から「紫蘇」と名づけられたという。

　日本では，シソは古来から香味野菜や食品の着色用として使われてきた。新潟県ではシソの種子が2,500年前の土器と共に出土し，青森県の三内丸山遺跡（縄文前〜中期）からもシソ種子が出土しているように，弥生時代にはすでに日本の山野に自生していたと思われ，奈良時代には作物として栽培もされるようになったとされている。シソは味覚や色彩的，さらに健康的なイメージから，現代でも日本人の食生活に大いに利用されている。

2）品　　種

　シソは，形態によりいくつかの品種に分けられている。カタメジソは葉の表が緑色で，裏が紅紫色をしている。園芸品種のチリメンジソは，葉が縮れ色素を多く含み，葉の両面が紅紫色をしている。早生チリメンはカタメジソに似ているが小型で早生である。赤ジソの芽は赤芽（紫芽）と言い，汁物の吸い口や刺身のつまに使われる。また，アントシアニンを含まない青ジソは「大葉」とも呼ばれる。

3）構造と安定性

　シソアントシアニンはマロニルシソニン（Cy 3-pC・glc-5-Ma・glc）とシソニン（Cy 3-pC・glc-5-glc）を主要なアントシアニンとしている。マロニルシソニンとシソニンは結合しているp-クマル酸の光異性化によって生じたトランス型とシス型の幾何異性体が存在する。

　シソアントシアニンの安定性に関する研究はいくつか見られるが[8]，筆者らが研究した例[9]を述べる。図Ⅲ─1にシソアントシアニン溶液（pH 3.2）を加熱（100℃，8時間）し，加熱前と後の各アントシアニンの相対含有量を HPLC 分析した結果を示した。マロニルシソニン（トランス型：T-M，シス型 C-M）は加熱前に比べ加熱後の相対的含有量が最も減少し，シソアントシアニンのなかでは最も不安定である。次いでシソニン（トランス型：T-S，シス型：C-S）がわずかに減少し，Cy 3, 5-diglc では減少が認められない。マロニルシソニンが最も減少する原因は，エステル結合しているマロン酸残基が加熱により容易にマロニルシソニンが加水分解されシソニンへと変化するためである。シソニンも加水分解によりp-クマル酸がはずれて Cy 3, 5-diglc に変化し，さらに Cy 3, 5-diglc の蓄積量もそれほど多くはないので，分解されている可能性が高い。

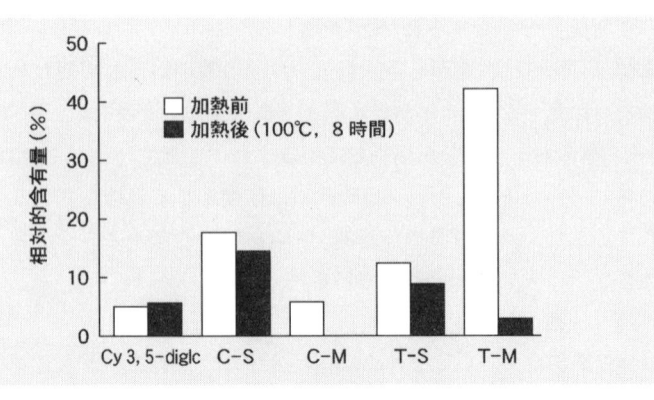

図Ⅲ-1　シソアントシアニン色素に及ぼす加熱の影響
　　　　Cy 3, 5-diglc：シアニジン 3, 5-ジグルコシド
　　　　C-S：シソニン（シス型）
　　　　C-M：マロニルシソニン（シス型）
　　　　T-S：シソニン（トランス型）
　　　　T-M：マロニルシソニン（トランス型）

図Ⅲ-2　シソアントシアニン色素に及ぼす紫外線の影響
　　　　Cy 3, 5-diglc：シアニジン 3, 5-ジグルコシド
　　　　C-S：シソニン（シス型）
　　　　C-M：マロニルシソニン（シス型）
　　　　T-S：シソニン（トランス型）
　　　　T-M：マロニルシソニン（トランス型）

　紫外線照射（257nm, 0.325erg/cm²・min, 8時間）の場合（図Ⅲ-2）も同様で、マロニルシソニン（T-M, C-M）が分解され、シソニン（T-S, C-S）へと変化している。シソニンの分解がほとんど起こっていないように見られるが、これは

マロニルシソニンの分解によるシソニンの蓄積量とシソニンの分解量が同じことによるものである。加熱に比べて Cy 3, 5-diglc の減少が大きいのは，加熱と紫外線における分解反応の違いによるものと推測される。

（2）加工利用

シソは古くから梅漬や梅干，さらには生しば漬や紅生姜の着色に使われている。また，シソ葉の香りも梅漬，梅干の旨味に大きく影響を与えている。シソを用いた代表的な食品に「生しば漬」や「梅干」が挙げられる。「生しば漬」は京都北部の大原の名産であり，その由来は古く，平安時代末期の源平合戦の頃にさかのぼるとされる。1185（文治元）年，戦いに敗れた平氏一門は，幼い安徳帝を抱いて壇ノ浦に没した。帝の生母・建礼門院徳子は壇ノ浦に入水したが源義経に救われて大原寂光院に閑居させられた。この建礼門院を慰めるために村人がシソ，ナスを塩漬けし，献上したのが「しば漬」の始まりとされている。「しば漬」の名の由来は，大原女が頭にのせる「柴」にちなんだものとされる。梅干は，江戸時代以前にはほとんど素漬けで，色彩をよくするためにシソを加えたものは江戸時代中期以降になってからである。

1）梅　漬（梅干）

ウメはクエン酸やリンゴ酸を含み，疲労回復などの効果をもつことから，その加工品の需要が伸びてきている。最近では低塩梅干が主流となり，原料ウメを高塩分で漬けた後，脱塩とともに調味液で仕上漬けする製造法が主流となっている。ここでは，昔から一般家庭で漬けられている梅漬方法で漬けた梅酢液中のシソアントシアニンの変化について検討した例を示す。

① **貯蔵中のシソアントシアニンに及ぼす梅酢液の影響**[10), 11)]　紀州産の青梅「古城」を20日間塩漬けして得られた梅酢液（pH 2.2，食塩量18％）を用いて5％食塩で揉み黒紫色の灰汁を取り除いた京都大原産のチリメンシソから抽出したアントシアニン液の貯蔵中の変化について図Ⅲ—3に示した。

試料A：梅酢液（pH 2.2）＋精製シソアントシアニン
試料B：梅酢液抽出シソアントシアニン液
試料C：食塩無添加緩衝液（pH 2.2）＋精製シソアントシアニン
試料D：18％食塩添加緩衝液＋精製シソアントシアニン

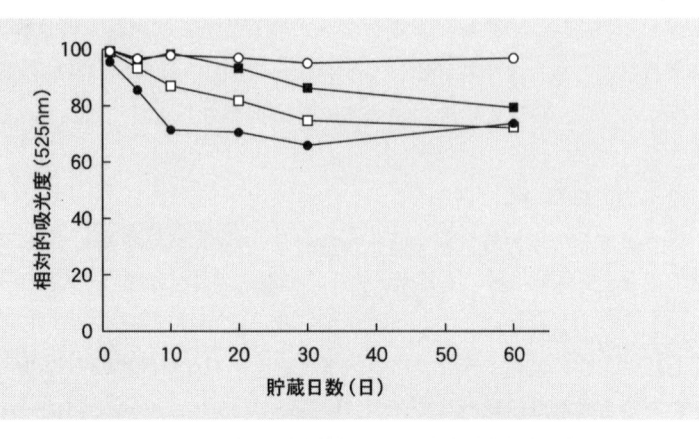

図Ⅲ−3　シソアントシアニン溶液の相対的吸光度の変化（津久井：未発表）
　□　試料A：粉末アントシアニンの既知量を18％食塩梅酢液に添加
　■　試料B：灰汁抜きシソ葉から18％食塩梅酢液で抽出した濃赤紫色溶液
　●　試料C：粉末アントシアニンの既知量を食塩無添加緩衝液に添加
　○　試料D：粉末アントシアニンの既知量を18％食塩緩衝液に添加

　食塩を含む試料Dでは，吸光度（525nm）に変化が見られないが，食塩の含まない試料Cでは10日目から急激に減少し，食塩がアントシアニンを安定化していることが示されている。しかし，試料Bでは18％食塩が含まれているにもかかわらず10日目から吸光度が減少し，60日後の相対吸光度は約80％と試料Dに比べて不安定となっている。さらに試料Aの場合は，試料Bよりも相対吸光度が減少し，アントシアニンが不安定であることがわかる。試料Aでは貯蔵日数の経過に伴い褐変度が増加し（図Ⅲ−4），梅酢液中の夾雑物によって起こる褐変がアントシアニンを不安定にしているものと考えられる。

　図Ⅲ−5は，梅酢液貯蔵中のシソアントシアニンをHPLCで分析して，個々の主要色素量を表したものである。試料Aでは，Cy 3, 5-diglc，シソニン（T-S）量に変化が見られないが，マロニルシソニン（T-M, C-M）とシソニン（C-S）の量が日数の経過とともに減少している。試料Bでは，マロニルシソニン（T-M, C-M）量が貯蔵日数の経過に伴い減少しているが，シソニン（T-S, C-S）とCy 3, 5-diglcの量は増加傾向を示している。試料Dでは，マロニルシソニン（T-M, C-S）量が減少するが，シソニン（T-S, C-S），Cy 3, 5-diglc量は変化せず，食塩によって安定化されているものと考えられる。また，食塩を含ま

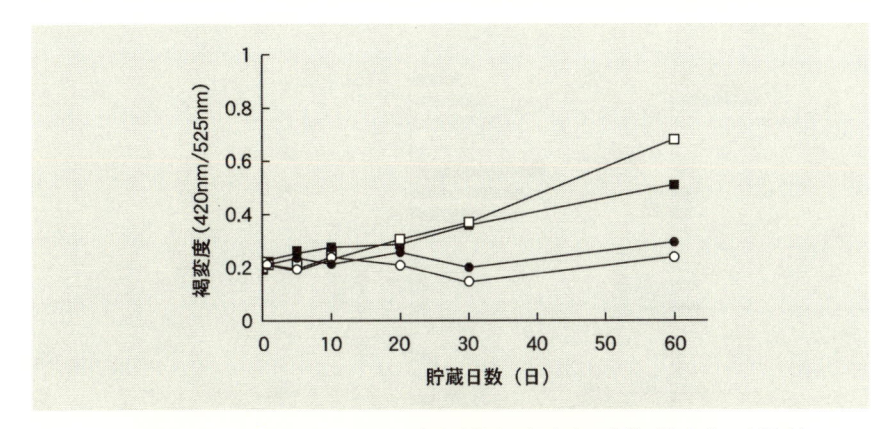

図Ⅲ－4　シソアントシアニン溶液貯蔵中の褐変度の変化（津久井：未発表）
□　試料A：粉末アントシアニンの既知量を18％食塩梅酢液に添加
■　試料B：灰汁抜きシソ葉から18％食塩梅酢液で抽出した濃赤紫色溶液
●　試料C：粉末アントシアニンの既知量を食塩無添加緩衝液に添加
○　試料D：粉末アントシアニンの既知量を18％食塩緩衝液に添加

ない試料Cでは，いずれのアントシアニンも日数の経過に伴い減少し，食塩がアントシアニンの安定化（色の保持）に重要であることがわかる。食塩以外にも，試料Bが試料Aより安定であることから，シソに含まれるロスマリン酸[12]やフラボン類などがアントシアニンとコピグメンテーションすることで安定性を高めているものと考えられる。

②　**しば漬熟成中のアントシアニンの変化**[13]　　市販のしば漬には，調味しば漬と生しば漬がある。調味しば漬はナス，キュウリ，ミョウガ，シソなどで漬けられ，生しば漬はシソとナスを原料に漬けられた漬物である。

生しば漬の主要乳酸菌は *Lactobacillus plantarum*[14] で，初発 pH は5.0付近であるが，熟成10日目までに低下し20日目には pH 3.4 と最も低くなり，そのときの乳酸量は約2.5％である（図Ⅲ－6）。0日目では発酵産物の乳酸がないため色調は黄色であり，この黄色色素はフェノール様成分の性質を示している（図Ⅲ－7）。10日目からアントシアニンが検出され，その相対含有量は20日目に20.9％と最も高くなり，その中ではナスニン（Dp 3-pC・rut-5-glc）が10.8％と全体の約50％の組成比を示し，最も主要なアントシアニンである。ナスニンはナスの主要アントシアニンであるが，非常に不安定な色素であり[6]，ナス果実のポリ

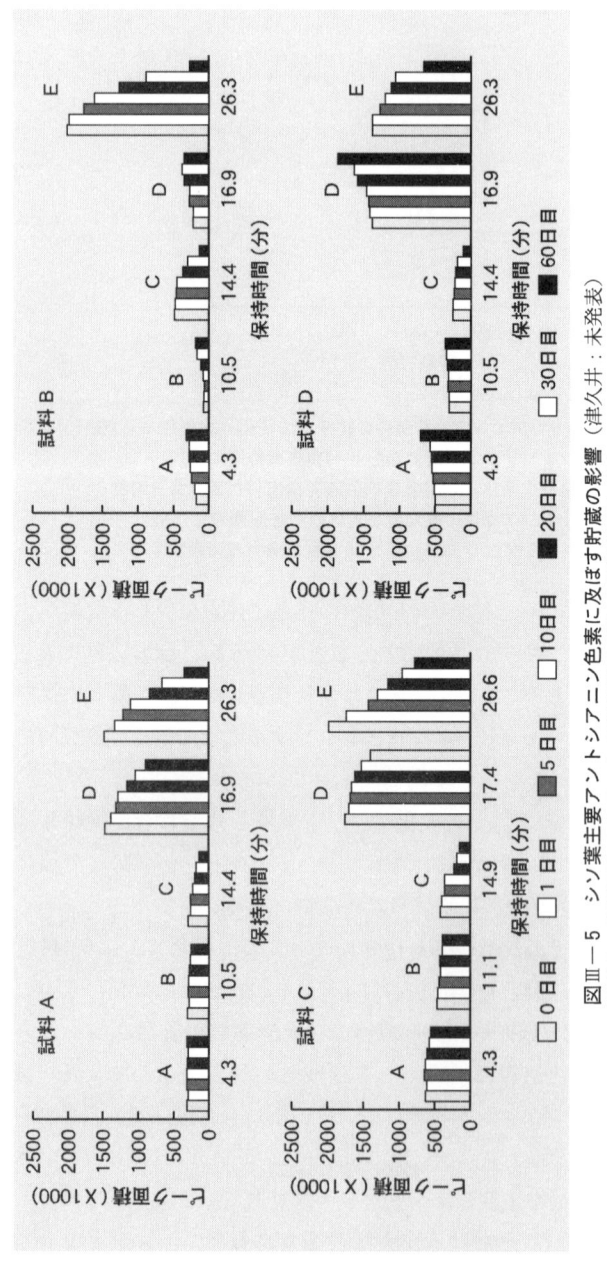

図Ⅲ-5　シソ葉主要アントシアニン色素に及ぼす貯蔵の影響（津久井：未発表）
試料A：粉末アントシアニンの既知量を18％食塩梅酢液に添加
試料B：灰汁抜きシソ葉から18％食塩梅酢液で抽出した濃赤紫色溶液
試料C：粉末アントシアニンの既知量を食塩無添加緩衝液に添加
試料D：粉末アントシアニンの既知量を18％食塩緩衝液に添加
A：シアニジン3, 5-ジグルコシド，B：シソニン（シス型）
C：マロニルシソニン（シス型），D：シソニン（トランス型）
E：マロニルシソニン（トランス型）
HPLC条件
カラム：Inertsil ODS-3（250mm×φ4.6mm），温度：25℃
移動層：アセトニトリル：0.1％TFA（1：4, v/v）測定波長：525nm

66　Ⅲ　アントシアニンの原料および食品加工利用

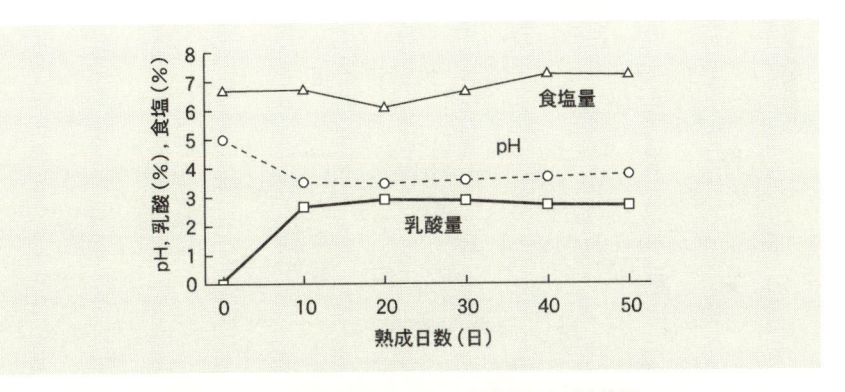

図Ⅲ－6　しば漬け熟成中のpH，乳酸量および食塩量

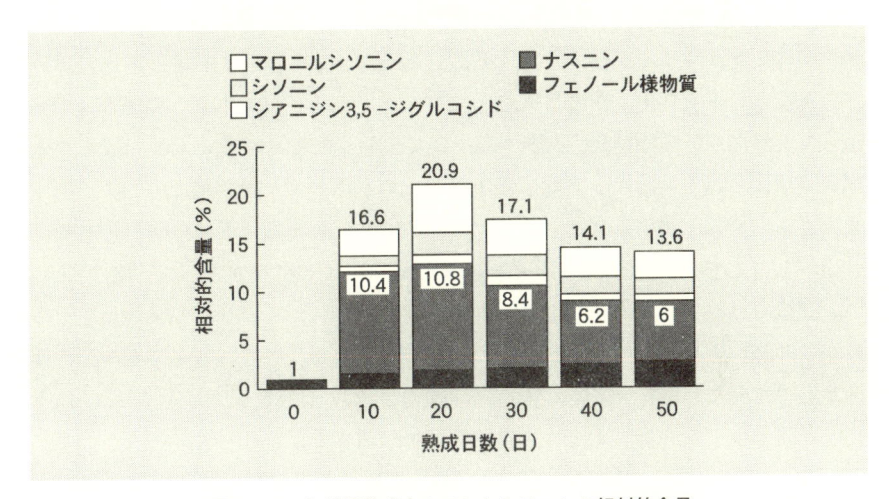

図Ⅲ－7　しば漬熟成中のアントシアニンの相対的含量

フェノールオキシダーゼにより容易に褐変し減色する。しかし，しば漬では乳酸と食塩の作用で，ポリフェノールオキシダーゼによるナスニンの褐変が抑えられている。さらにシソアントシアニンが共存することで，ナスとシソの両アントシアニンのアントシアニジンが，芳香環同士で疎水的相互作用による自己会合[7]を起こし，ナスニンを安定にしていると考えられる。また，シソに含まれるフラボン類やロスマリン酸などのコピグメント化合物との異分子間スタッキングによるコピグメンテーション[7]も安定化や深色効果に関係していると思われる。

3. サツマイモ

(1) 概　要
英名　Sweet potato
学名　*Ipomoea batatas* Poir.

1）来　歴
サツマイモはヒルガオ科に属する塊根植物で，中米メキシコ南部が原産とされる。日本への伝来は，1597（慶長2）年に宮古島の頭役・長真氏砂川旨屋（平良市西仲宗根の保里峰にイモ神様として祀られている）が中国福建省からいも蔓を持ち帰えり，琉球（沖縄）に伝えたとされる。また，1605（慶長10）年に野国総管が中国から琉球にサツマイモを伝えたとする説もあるが，この野国と儀間真常は，琉球での普及という文化史上重要な人物として挙げられる。日本本土への伝来は琉球から奄美諸島や吐喝喇列島，大隅半島を経て伝わったとされているが，伝えた人物や時期については薩摩・大隅の領主島津氏の家臣・種子島久基(1697)，イギリス人ウィリアム・アダムス（三浦按針，1564～1620)，薩摩国山川村の前田利右衛門(1670～1707)，伊予国大三島の下見吉十郎(1713)など諸説があって判断できない。記録では，イギリス平戸商館長リチャード・コックスの1615（元和元）年の日誌に沖縄から長崎に伝えられたとの記述が見られる。いずれにしても沖縄や南西諸島では普及が早く，奄美大島では沖縄にサツマイモを伝えられたとされる1605年から28年後には，すでに主食的地位になるまでに普及している。

しかし，コメが産業経済の中心であった本土での普及は江戸時代中期以降となる。江戸中期以降，たび重なる冷夏などの異常気象に加え，1707（宝永4）年の富士山宝永火口からの大噴火，さらに1783（天明3）年には浅間山が噴煙が成層圏にまで達するほどの大噴火を起こすなど，火山災害も相次いだ。この時の浅間山の噴火は「鎌原火砕流・鬼押し出し溶岩流」で有名であるが，世界的にはほぼ同時にアイスランドのラキ火山が大噴火を起こし，この2つの火山の噴煙が日照を遮るアンブレラ効果をもたらし，世界的な冷夏と作物の不作を引き起こしている。ヨーロッパではこの冷夏が引き金となってフランス革命が起こったとされる。このような状況の下で，江戸時代はコメの凶作による飢餓が絶えなかった。

繰り返される飢饉のなか,山陰では1732（享保17）年に石見国（島根県）大森の代官・井戸正朋が,私財を投じて薩摩から種イモを入手し飢饉用にサツマイモの栽培を試みている。しかし,成果の判明しないうちに享保の大飢饉（1733）が起こり,井戸は独断で代官所の米蔵を開き領民を救ったが,この責任をとらされ代官を罷免された後,切腹している。井戸が代官所を去るとき,領民が土下座して泣いて見送ったと伝えられ,当地には井戸を祀った井戸神社が建てられている。井戸の切腹した翌年,関東では江戸南町奉行・大岡越前守忠相が,サツマイモ栽培の奨励を行っていた肥前大村藩主大村河内守純富にサツマイモを請い,翌1735（享保20）年に大岡は八代将軍吉宗に,サツマイモの効能,作り方,食べ方を記述した「蕃藷考（ばんしょこう）」を著した市井の儒学者・青木文蔵敦書（あつのり）（号：昆陽）を推挙した。吉宗は度重なる全国的な大飢饉による社会不安の対策として,昆陽を薩摩芋御用掛りに任命し,小石川御薬園内にサツマイモを栽培することを命じた。これが全国へとサツマイモを広めるきっかけとなった。

　飢饉用として普及したサツマイモであるが,その需要は1965（昭和40）年頃を境として激減した。これは,米国産トウモロコシが大量に輸入されるようになり,デンプン原料用の生産が落ち込んだことによる。デンプン原料用としては今後も減少傾向をたどるであろうが,サツマイモは単位収量とデンプン含量,さらには単位面積当たりのエネルギー生産力が優れていることから,生産についての再考が必要である。今日の食生活は多様化しグルメ志向が進んでくると,より付加価値のあるサツマイモづくりが必要になってくる。最も需要拡大が期待される特性をもつサツマイモは,β-アミラーゼ活性が低く甘くならない品種,クロロゲン酸などのポリフェノール含量が低く黒変しない品種,ワインやビールなど新加工製品向け原料用のイモ,フレンチフライやチップス（スナック食品）,フレークやグラニュール（成型加工用）,コロッケの素材などの加工食品用の品種,さらにカロテンやアントシアニンなどの機能性色素を含む品種などであろう。

2）品　種

　サツマイモの品種は世界中で3,000種以上あるといわれている。日本では,江戸時代以降に外国から導入された品種と,それらの変異種で,各地で選抜されて定着した品種が,在来品種として栽培されている。サツマイモは青果用,加工食品用,デンプン原料用,飼料用と極めて用途は広いが,最近では,機能性や加工

性を高め，時代の要請に応じた新しい品種の育種に研究が注がれている。塊根肉部にアントシアニンを含有しているサツマイモの品種には，次の品種がある。

「備瀬」：来歴不明。沖縄県読谷村で最も多く作られている品種。表皮は白だが塊根肉部が紫色をしている。

「宮農36号」：宮古農事試験場で育種された品種。表皮も塊根肉部も紫色をしている。俗に「読谷紅いも」という。

「山川紫」：来歴不明だが，主に鹿児島県内で栽培されている。表皮，塊根肉部とも紫色だが，糖分が少なく食味は良くないため青果用としては不向きである。肉色が鮮やかな紫色なので食用色素，ペースト，フレークに加工され，アイスクリームやイモアメなどに利用されている。

「豊むらさき」：表皮，塊根肉部とも紫色をしているが，糖分が少なく食味も良くない。食用としては不向きである。色素用として使われる程度である。

「種子島紫」：鹿児島県で栽培されている。表皮は白色で，塊根肉部は紫色である。

「ハワイ種」：D.E.Yen が収集したエンコレクションのなかにある品種で，Y-617 と Y-637 はニュージーランドからの導入品種である。表皮は白色で，塊根肉部が紫色をしており，切り口の輪郭に特徴がある。食味は良いが利用されていない。

「ナカムラサキ」：1960年代に栽培された品種で，塊根肉部が紫色をしている。ヨギムラサキとともに紅いもの仲間であるといわれている。

「アヤムラサキ[15]」：農林水産省と民間の共同育成品種で「九州109号」と「サツマヒカリ」の交配から生まれ，1995（平成7）年に品種登録された。表皮は暗赤紫色，塊根肉部は濃紫色で，山川紫より収量性に優れ，アントシアニン含量が高い。色素用，加工用として用いられている。

　3）**構造と安定性**[16]〜[18]

　① 紫サツマイモアントシアニンの収率と色調特性　　各種紫サツマイモから精製したアントシアニンの収率は，アヤムラサキが0.73％で最も多く，ついで山川紫0.68％，紅イモ（宮農36号）0.60％，関系55号0.38％であり，以下ベニアズマ表皮，種子島紫，Y-617，Y-637の順であった。色調（ハンター尺度の $L.a.b$ 値）は各種紫サツマイモにより，それぞれわずかに異なっており，ローズグレー系からピンク系の色調範囲にあった（表Ⅲ-2）。

表Ⅲ—2 紫サツマイモアントシアニンの収率と色調特性

アントシアニン	収率*(%)	λmax−VIS(nm)	Emax−VIS	L	a	b	c
アヤムラサキ	0.73	530	0.77	62	6.49	−1.39	2.26
山川紫	0.68	530	0.71	65	3.14	−0.04	1.77
紅イモ	0.60	530	0.69	—	—	—	—
関系55号	0.38	530	0.40	65	2.02	0.41	1.56
種子島紫	0.18	530	0.34	63	6.49	−1.24	2.29
Y−617	0.18	530	0.14	79	7.59	0.66	2.87
Y−637	0.17	518	0.12	85	4.32	0.75	2.25
ベニアズマ（表皮）	0.26	518	0.17	66	0.35	0.99	1.16

② **アントシアニン色素の同定**[19] 　アヤムラサキアントシアニンには，約16種類以上のアントシアニンが存在し（図Ⅲ—8），そのうち主要なAからHまでの8種類のアントシアニンの分子推定基本構造（図Ⅲ—9）を示した。

A：Cy 3-Caf・sop-5-glc (YGM-2), B：Cy 3-diCaf・sop-5-glc (YGM-1b), C：Cy 3-Caf・pHB・sop-5-glc (YGM-1a), D：Pn 3-Caf・sop-5-glc (YGM-5b), E：Cy 3-Caf・Fr・sop-5-glc (YGM-3), F：Pn 3-diCaf・sop-5-glc (YGM-4b), G：Pn 3-Caf・pHB-5-glc (YGM-5a), H：Pn 3-Caf・Fr・sop-5-glc (YGM-6)

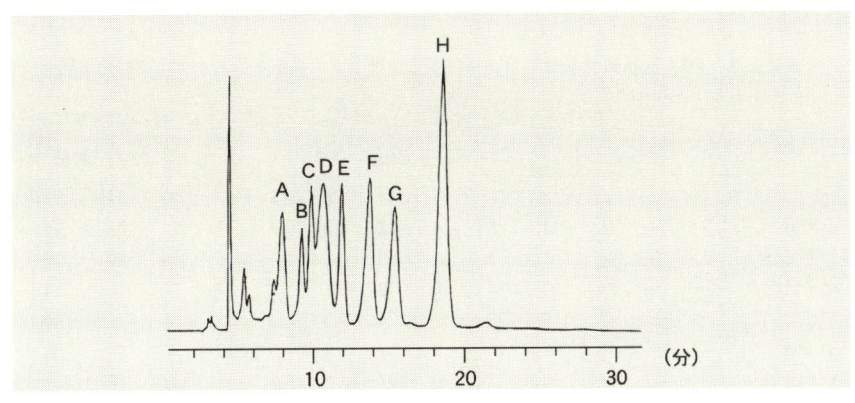

この8種類の主要アントシアニンで，シアニジンをアグリコンとするものはA, B, C, E, ペオニジンをアグリコンとするものはD, F, G, Hであり，図Ⅲ—9のR_2には，AとDでは-H, BとFではコーヒー酸, CとGではp-ヒドロキシ

図Ⅲ—8 紫サツマイモ「アヤムラサキ」のHPLCクロマトグラフ

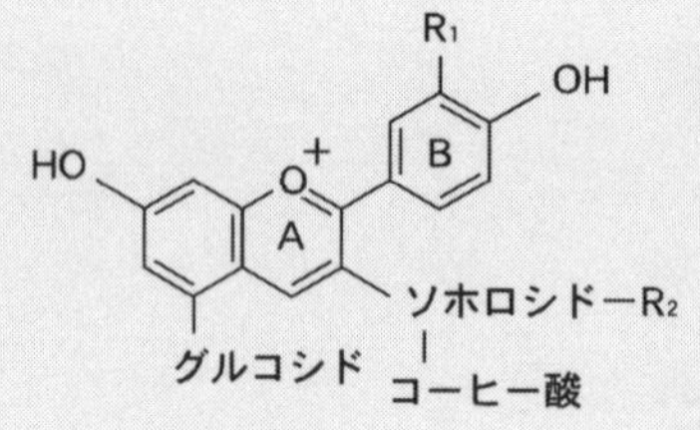

図Ⅲ-9 紫サツマイモアントシアニンの構造
R_1: -OH　シアニジン系 A, B, C, E アントシアニン
　　　OCH$_3$　ペオニジン系 D, F, G, H アントシアニン
R_2: A or D　R_2=H
　　　B or F　R_2=コーヒー酸
　　　C or G　R_2=p-ヒドロキシ安息香酸
　　　E or H　R_2=フェルラ酸

安息香酸，EとHではフェルラ酸が結合している。

③ **アントシアニンの組成比**　各種サツマイモアントシアニンをHPLC分析し，含有するアントシアニン組成比をHPLCピーク面積比で％表示した結果を表Ⅲ-3に示した。各種紫サツマイモのアントシアニンの種類はアヤムラサキと山川紫が16種，関系55号が15種，種子島紫が14種，Y-617とY-637が17種，紅イモが21種，ベニアズマ表皮は16種であり，紫サツマイモの品種により含まれるアントシアニンの数が異なっている。各種紫サツマイモアントシアニンについてシアニジン系とペオニジン系のアントシアニンの組成比を計算すると，アヤムラサ

表Ⅲ-3　HPLCクロマトグラフィーによる各種サツマイモアントシアニンの組成比

アントシアニン	ピーク数	シアニジン系主要アントシアニン(%)					ペオニジン系主要アントシアニン(%)					他ピークの合計面積(%)
		A	B	C	E	合計	D	F	G	H	合計	
アヤムラサキ	16	6	4	2	7	19	20	17	7	30	74	7
山川紫	16	10	3	5	4	22	25	7	7	13	52	25
関系55号	15	16	9	8	18	50	8	4	5	9	25	25
種子島紫	14	24	10	26	10	70	5	2	7	2	16	14
Y-617	16	44	8	15	10	76	3	0	1	1	5	19
Y-637	14	13	1	18	6	37	8	0	10	0	18	44
紅イモ	21	20	15	13	20	67	3	2	3	1	8	25
ベニアズマ表皮	16	2	0	0	0	2	14	0	4	0	18	80

キと山川紫はペオニジン系を主要とするアントシアニンであり，関係55号，種子島紫，Y-617，Y-637，紅イモはシアニジン系を主要とするアントシアニンであった。このようなアントシアニン組成比の相違は，育種系統間の違いによるものと思われる。しかし，ベニアズマの表皮に含まれるアントシアニンはA～Hの主要アントシアニンは少なく，塊根内のアントシアニンとは組成が異なる。

④ 温度および紫外線による安定性　　図Ⅲ-10に各種紫サツマイモアントシアニンの加熱・紫外線による退色率を示した。紫サツマイモアントシアニンは，野菜や果実のアントシアニンに比べ非常に安定であることがわかる。これは紫サツマイモアントシアニンのアシル化の割合が高いことに起因するもので，自己会合やアグリコンの芳香環の面にアシル基の芳香環が疎水的に重なり（サンドイッチ型会合），水和を防止していることによるものである。さらに取り囲む親水性の糖残基が，アントシアニン骨格への水の接近を防いでいるとも考えられる。紫外線照射したY-617やY-637アントシアニンの退色率が負になっているが，これは紫外線によりアントシアニンのアシル基光異性体が生成され，その異性体の分子吸収係数（ε値）が大きいことによる。加熱，紫外線処理したアヤムラサキアントシアニンをHPLC分析（図Ⅲ-11）すると，主要アントシアニンはいずれも変化しているが，野菜や果実に比べると安定であることがわかる。小竹ら[20]は山川紫を用いて同様の研究を行っているが，山川紫アントシアニンでも熱や光安定性に優れていると述べている。

（2）加 工 利 用
1) 醸造酢への利用-酢酸発酵過程中の変化[22]

アントシアニンで色づけした醸造酢としては，赤ブドウや赤米を用いたビネガーがある。赤色系ビネガーは，ドレッシングやマヨネーズなどのさまざまな用途に利用され，最近では，紫サツマイモを原料としたビネガーも主に九州地方で市販され始めている。ここでは食酢醸造中のアントシアニンの変化について，アヤムラサキを原料として行った研究例を紹介する。

2倍に希釈した純米酒に精製アヤムラサキアントシアニンを添加し，*Acetobacter pasteurianus* NC 11085によって，25℃で60日間酢酸発酵を行わせて，色調やアントシアニンの変化を調べた。色調は発酵5日から薄い赤色を示す

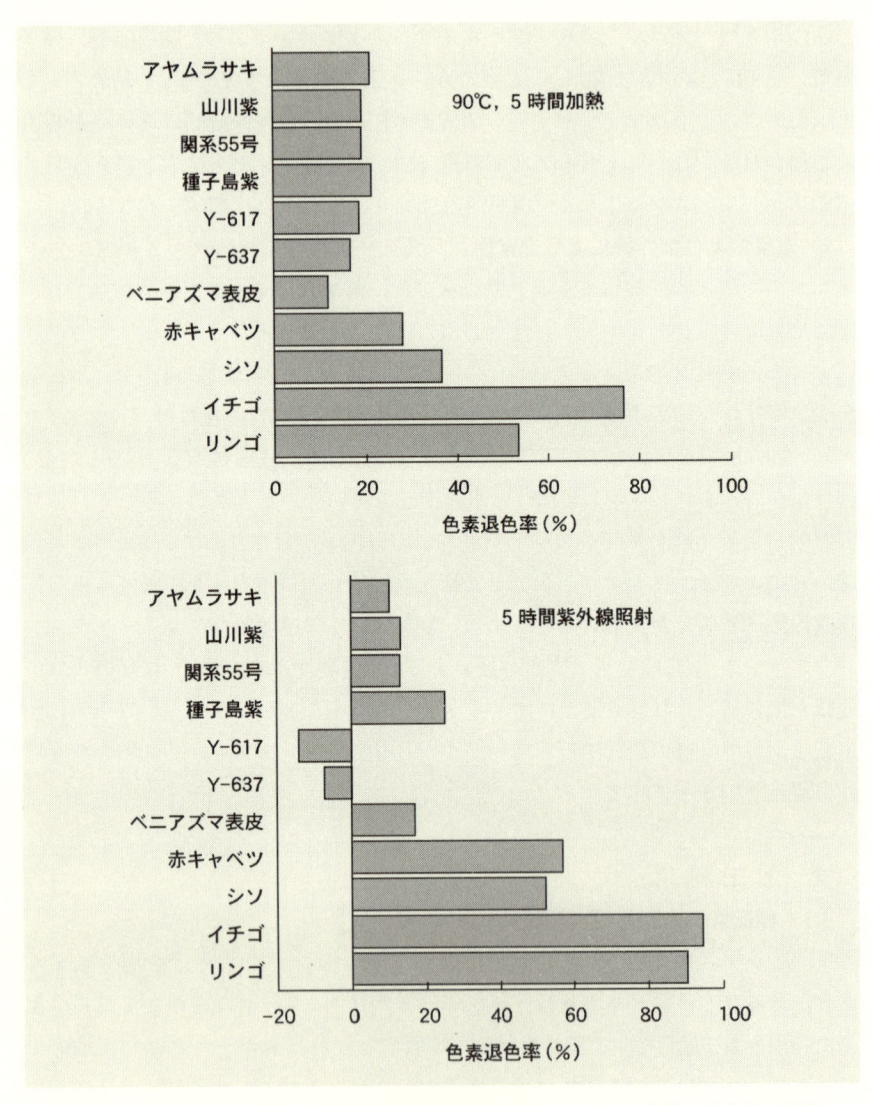

図Ⅲ—10 紫サツマイモおよび野菜・果実アントシアニンに及ぼす加熱・紫外線の影響
アントシアニン量：0.2mg/mℓ（pH 3.2マッキルベイン緩衝液）
測定波長：525nm，色素退色率（％）＝｛(加熱前および UV 照射前の吸光度—加熱後および UV 照射後の吸光度)／加熱前および UV 照射前の吸光度｝×100
紫外線照射は 6 W 殺菌灯（254nm） 2 本を使用し，880 μW/cm^2・min のエネルギーを照射した

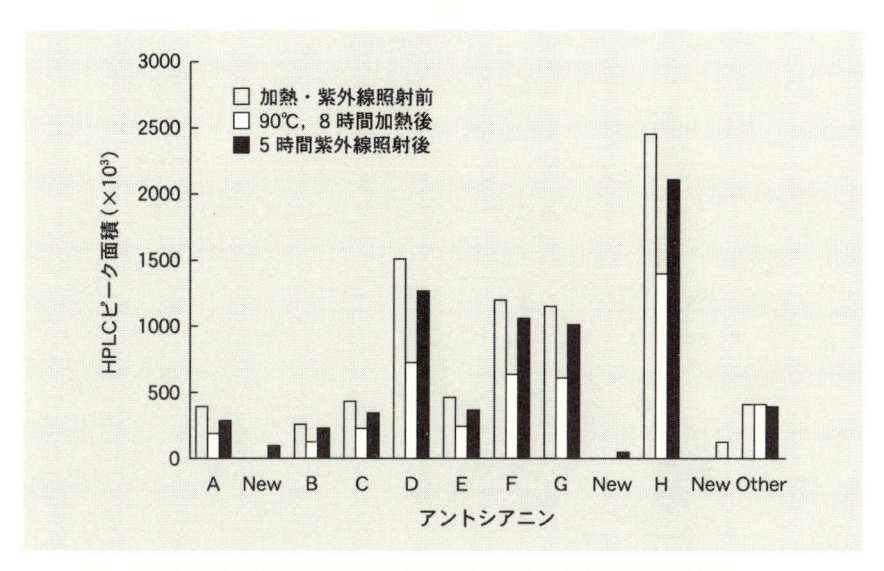

図Ⅲ-11　紫サツマイモ（アヤムラサキ）アントシアニンに及ぼす
加熱・紫外線照射の影響

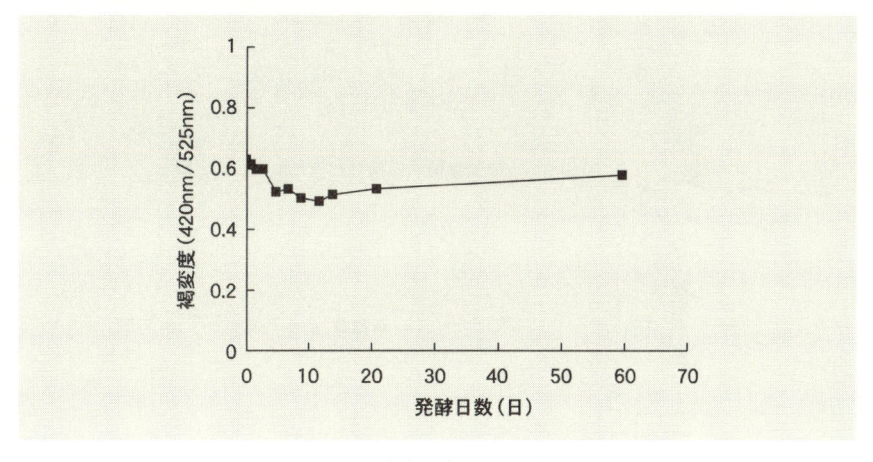

図Ⅲ-12　酢酸発酵過程中の褐変度

ようになり，次第に濃い赤色へと変化していき，21日目以降からはくすんだ赤色になっていく。発酵液の褐変度（420nm/525nm）は発酵過程中，わずかな上昇はみられる程度でほとんど変化は認められない（図Ⅲ-12）。

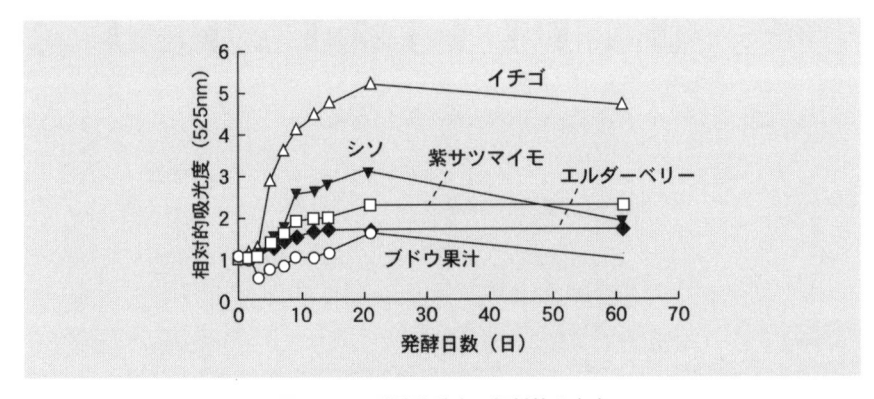

アントシアニンの吸光度（525nm）は，酢酸発酵が旺盛になる5日目から増加し，発酵21日目で，いずれも最高の増加率になった（図Ⅲ－13）。発酵21日目の吸光度は0日目に比べ，イチゴで約5倍，シソで3倍，紫サツマイモで約2倍，エルダーベリーとブドウ果汁で約1.5倍となり，アントシアニンの種類により増加率が異なっている。これは発酵による酢酸量の増加（図Ⅲ－14）に伴ってpHが低下し，発酵21日目にはpH 2.27となるが，このpHの低下に伴う各種アントシアニンの発色率の違いを表している。酢酸発酵中の各種アントシアニンをHPLC測定して，個々のアントシアニンの安定性を表した結果が表Ⅲ－4である。HPLC分析で得られる各アントシアニンのピーク面積の合計値を発酵前を100％

図Ⅲ－13　酢酸発酵中の相対的吸光度

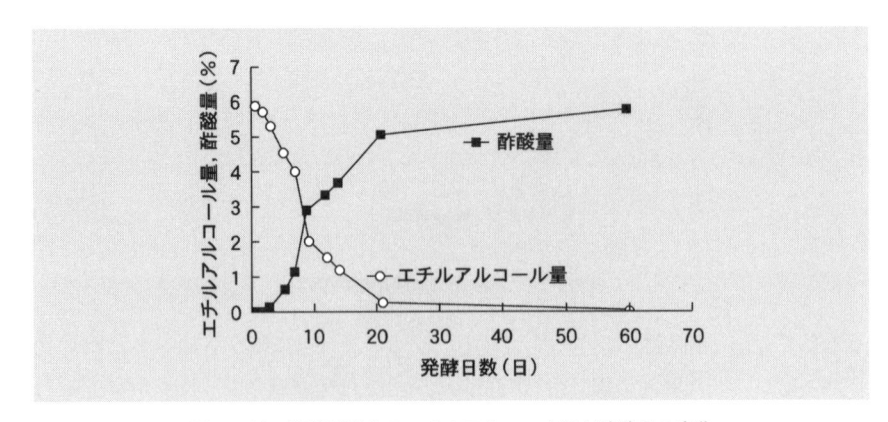

図Ⅲ－14　酢酸発酵中のエチルアルコール量と酢酸量の変化

表Ⅲ-4 野菜，果実アントシアニンのHPLC主要ピーク面積に及ぼす酢酸発酵の影響

アントシアニン類	ピーク数	全ピーク面積 (%)			主要ピーク面積 (%)			RP (%)			No.	指定構造
		0日	21日	60日	0日	21日	60日	0日	21日	60日		
エルダーベリー	4	100	85	75	72	61	52		85	72	E-1	Cy 3-sam
ブドウ果汁	10	100	74	63	75	59	51		79	67	G-1	Dp 3-glc
イチゴ	5	100	87	60	89	77	57		87	64	S-1	Pg 3-glc
シソ	10	100	56	29	20	16	11		80	56	P-1	Shisonin (trans)
					48	20	8		42	17	P-2	Malonylshisonin (trans)
紫サツマイモ	16	100	100	84	8	6	5		75	60	A	Cy 3-caf・sop-5-glc
					5	5	4		100	89	B	Cy 3-di・caf sop-5-glc
					8	8	6		100	74	C	Cy 3-caf・p-HB sop-5-glc
					17	14	11		82	64	D	Pn 3-caf・sop-5-glc
					8	9	8		113	95	E	Cy 3-caf・fer sop-5-glc
					12	12	11		100	92	F	Pn 3-di・caf sop-5-glc
					10	11	9		110	92	G	Pn 3-caf・p-HB sop-5-glc
					23	25	23		109	103	H	Cy 3-caf・fer・sop-5-glc

Cy：シアニジン，Dp：デルフィニジン，Pg：ペラルゴニジン，Pn：ペオニジン，shisonin：Cy 3-pc-glc-5-glc，Malonylshisonin：Cy 3-pc-glc-5-Ma-glc，sam：サンブビオース，glc：グルコース，caf：コーヒー酸，sop：ソホロース，*p*-HB：*p*-ヒドロキシ安息香酸，fer：フェルラ酸
RP (%)：各アントシアニンの相対的残存率＝{(21日または60日後の主要ピーク面積)/(0日の主要ピーク面積)}×100
HPLC条件：カラム：Inertsil ODS-3 (4.6id×250mm, 5μm)，カラム温度：30℃，移動相：アセトニトリル：0.05%トリフルオロ酢酸＝1：4 (v/v) 流速：1.0mL/min，測定波長：525nm。

とした場合，紫サツマイモアントシアニンは21日後100％，60日後84％で，エルダーベリー，イチゴ，ブドウ果汁，シソのアントシアニンに比べて非常に安定であることがわかる。

紫サツマイモアントシアニンを構成する主要な8種類のアントシアニンは，シアニジン系とペオニジン系に分けられることは既説したが，アヤムラサキアントシアニンでは，その組成比がシアニジン系：ペオニジン系＝29％：62％であり，ペオニジン系である。シアニジン系アントシアニンがアグリコンのB環に水酸基（-OH）が2個結合しているのに対して，ペオニジン系アントシアニンはシアニジンの水酸基1個がメトキシル基（-OCH$_3$）に置き換わっていて，より疎水性となり安定性を高めている。また，サツマイモアントシアニンに含まれる主要な8種類のアントシアニンのうちでは，アシル基が1個結合したものより2個結合したアシル化アントシアニンの方が安定であり，さらに結合する有機酸の種類によっても安定性が異なり，フェルラ酸＞p-オキシ安息香酸＞コーヒー酸＞p-クマル酸＞マロン酸の順に安定性が低下した。

分光光度計による吸光度の分析では，アントシアニンが安定であるように見えるが，実際は発酵により生成する酢酸の影響を受けている。しかし，HPLC分析では発酵生成した酢酸の影響が少なくなるため，実際の安定性を確認することができる。

4. 赤キャベツ

（1）概　要

学名：*Brassica oleracea* L. var. *capitata* L.
英名：Red cabbege

1）来　歴

キャベツは人類の歴史が始まった頃にはすでにあったとされる古い植物で，その原種型の一つである *B. oleracea* var. *sylvestris* は，現在でもヨーロッパの大西洋沿岸地域に自生している。紀元前6世紀頃に地中海に土着したケルト人により栽培が始められたとされるが，初めは不結球性のキャベツで現在のケールの

ようなものであったと推測されている。結球性のキャベツが記録に現れるのは13世紀以降である。日本には江戸時代中期の宝永〜正徳年間（1704〜1715）頃にオランダから長崎に伝わったとされ，貝原益軒の「大和本草」（1709）に紅夷菘（オランダナ）として記載されている。「オランダナ」は今日のケールのようなもので，これが花物として改良されて葉ボタンとなった。この葉ボタンは江戸時代末期の「重修本草綱目啓蒙」（1844）に，鑑賞用として記載されているが，食用の結球性キャベツが伝えられたのは幕末の安政年間（1854〜60）とされている。しかし，実用野菜としては1874（明治7）年に勧業寮が外国から種子を取り寄せて，北海道開拓使に栽培させたのが始まりである。

アントシアニンを含有し赤紫色をした赤キャベツは，16世紀前後に結球性のキャベツから変異して出現したとされる。現在では，改良された多くの品種が栽培されている。通常，スーパーや八百屋の店頭に並んでいる赤キャベツは結球した部分で，結球の外部の葉や結球を包む外葉（非結球葉）はやや紫色の入った暗緑色，または緑色をしている。これは，日光の当たる外葉部で光合成を行うためである。

2）品　　種

アブラナ科の *B. oleracea* に属するキャベツの仲間は多くキャベツの他に，ブロッコリー（学名：*B. oleracea* L. var. *itarica* Plen., 英名：Broccoli），カリフラワー（学名：*B. oleracea* L. var. *otrytis* gr., 英名：Cauliflower），メキャベツ（学名：*B. oleracea* L. var. *gemmifera* Zenher, 英名：Brussels sprouts），コールラビー（学名：*B. oleracea* L. var. *caulorapa* DC., 英名：Kohlrabi），ケール（学名：*B. oleracea* L. var. *acephala* gr., 英名：Kale）がある。また，観賞用の葉ボタン（*B. oleracea* L. var. *acephala* DC.）もこの一種である。

葉が赤紫色をした赤キャベツは品種が多く，代表的な生食用品種に「レッドルーキー」，「ルビーボール」などがある。キャベツ類は冷涼な気候を好むので，夏秋キャベツは高冷地で主に栽培される。また，春物や冬物は都市近郊の低地で作られることが多い。

3）構造と安定性

赤キャベツ中に含まれているアントシアニンは12種類[5]ほどある。そのうち4種類ほどが有機酸によってアシル化しており[23,24]，主にシアニジンをアグリコ

ンとした色素で構成されている。その主要色素はルブロブラシン A（Cy 3-pC-sop-5-glc）や，そのシナピン酸誘導体である[23)〜28)]。その他には Cy 3, 5-diglc やフェルラ酸や p-クマル酸が 1〜2 個結合したアシル化アントシアニンを含有する[23), 24)]。構造中に p-クマル酸を含むアシル化アントシアニンがあるため，紫外線照射によってシス：トランス光変異体を生じる[29), 30)]。

赤キャベツアントシアニンの色調は緩衝液中（pH 3.16）で赤紫色を示し，その時の可視部の極大吸収波長は530nm 付近であり，加熱による色素残存率は60％であり，光照射では色素残存率43％である[5)]。

（2）加工利用

赤キャベツは主に生食用としてサラダなどに用いられている。ドイツなどでは酢漬けにして色鮮やかなザウエルクラウトがつくられている。また天然着色料として，耐熱，耐光性がよいためアントシアニン中で使用量が最も多い。色素製剤の主な使用先は飲料，冷菓，菓子，ゼリー，漬物などである。

5. 有色ジャガイモ

（1）概　要

　　学名：*Solanum* spp.
　　英名：Potato

1）来歴・歴史

ナス科ナス属に属するジャガイモは，南米の標高3,000〜4,000ｍの中央アンデス高地が原産とされる。その栽培の起源は古く，原産地のアンデスでは，黄金で栄えたインカ文明より1,000年以上も前のティワナコ文明期の土器にもジャガイモのモチーフが見られる。16世紀末にスペイン人のフランシスコ・ピサロがインカ帝国を侵略し，インカ文明は滅亡した。インカの人々に栽培されていたジャガイモは，黄金とともにヨーロッパに持ち帰られた。当初は花を観賞するために栽培され，マリー・アントワネットの髪をも飾っていたと言われる。しかし，冷涼な気候でも丈夫に育ち地中に産することから，しだいに救荒作物として用いら

れ，18世紀後半には麦，イネ，大豆と並ぶ主要作物となった。

　日本には，伏見城で豊臣秀吉が没し，関ヶ原の戦いへと時代が動き出す1598（慶長3）年に，インドネシア（ジャカルタ）からオランダ人によって長崎にもたらされたとされる。また，平戸のオランダ商館が長崎の出島に移転した1641年以降に伝わったとする説もある。当初はジャワ島のジャガタラ港から伝わったため「ジャガタライモ」と呼ばれたが，後にジャガイモと呼ばれるようになった。江戸幕府が栽培を奨励したサツマイモに比べ広く普及しなかったが，蘭学者・高野長英は，1836（天保7）年に記述した「救荒二物考」のなかで，飢饉に対する救荒作物としてジャガイモの栽培を奨励している。ジャガイモが広く一般に栽培されるようになるのは明治以降になってからで，明治末期に函館ドックの専務理事川田竜吉男爵が，イギリスのサットン商会からアイリッシュ・コブラーを導入して栽培し，これが男爵いもとして普及して今日に至っている。

　世界に広く栽培されているジャガイモは $S.\ tuberosum$ ssp. $tuberosum$ L.で4倍体種である。しかし，原産地のアンデス高原では2倍体から5倍体の近縁栽培種が栽培されている。これらは1,700種以上にもおよび，サツマイモのような形や複雑にねじれたような形をしたものなどさまざまである。また，これらのジャガイモのなかには表皮の色が赤や紫，黒などの鮮やかな色をもち，肉色が赤～紫色や濃黄色に着色した品種も存在している[30), 31)]。これらアンデスのジャガイモは現在栽培されている普通種の祖先型であり，4倍体の $S.\ tuberosum$ ssp. $andigena$ L. や2倍体の $S.\ phureja$ Juz. et Buk. などがある。また，カロテンやアントシアニンのような色素を含有するとともに，病虫害抵抗性因子などの有用形質を有しているものが多い。

2）品　　種

　アメリカなどの北米では，肉色が紫～青色のジャガイモをブルーポテトと呼び，「オールブルー」，「デルタブルー」，「ベルビアンブルー」などの品種が販売されている。また表皮のみに赤く色が付いたレッドポテト，ピンクポテトなどと呼ばれているものもある。日本では表皮が赤く着色している品種に「紅丸」，「アンデス赤」，「ベニアカリ」，「アイノアカ」や「ジャガキッズ」，「レッドムーン」などがある。また，肉部も着色した品種が $S.\ tuberosum$ ssp. $andigena$ L. を母体として(独)農業技術研究機構・北海道農業研究センター・ばれいしょ育種研究

室で育種され，表皮，肉色とも紫色の紫ジャガイモ「インカパープル」，表皮，肉色が赤色のアカジャガイモ「インカレッド」が1997（平成9）年に品種登録申請されている[33]。さらに，紫や赤の両方の色素をもち赤紫色をした品種や色素濃度，耐病性，収量性などの実用形質改良を進めた品種も開発されている[31]。日本でのジャガイモの育種は(独)農業技術研究機構・北海道農業研究センター・畑作研究センター，北海道立北見農業試験場および長崎県総合農林試験場愛野馬鈴薯支場の3カ所で主に行われているが，現在では，それぞれの育種場の特色を生かした有色ジャガイモが育成されている。

3）構造と安定性

紫ジャガイモ「インカパープル」中に含まれているアントシアニンは約7種類[34]ほどある。そのうち4種類ほどが有機酸によってアシル化している。主要色素はペタニン（pt 3-pC・rut-5-glc）である[34), 35)]。赤ジャガイモ「インカレッド」中に含まれるアントシアニンは約8種類[34]であり，そのうちの4～6種類ほどが有機酸によってアシル化している。主要色素はペラニン（Pg 3-pC・rut-5-glc）である[34), 35)]。

ジャガイモにはその他，シアニジン，ペチュニジン，マルビジンにグルコースなどの糖のついたアントシアニンが含まれ，それらのアシル化アントシアニンも存在する[36)〜40)]。シソと同様に，p-クマル酸の結合したアシル化アントシアニンがあるため，紫外線照射によってシス：トランス光変異体を生じる[29), 30)]。

紫ジャガイモアントシアニンの色調は緩衝液中（pH3.16）で紫色を示し，そのときの可視部の極大吸収波長は525nm付近である。赤ジャガイモアントシアニンでは，オレンジ〜赤色を示し，極大吸収波長は506nm付近である[34]。

紫ジャガイモアントシアニンは，加熱による色素残存率が47％であり，光照射では色素残存率27％である。赤ジャガイモアントシアニンでは，加熱で色素残存率が66％であり，光照射では色素残存率53％である[34]。

（2）加工利用

新しい食材のため，まだ利用度は低い。生食用として，極わずかに市場に出ているほか，生産地のレストランで料理に出されているにすぎない。また，加工品ではカラフルなポテトチップスが販売がされはじめている。赤ジャガイモアント

シアニンは，酸性域でオレンジ色から赤色を示し，中性域でも赤い色調で臭いがないため，天然着色料としての利用も検討されている。

6. 赤ダイコン

(1) 概　　要

　　学名：*Raphanus sativus* L.
　　英名：Red radish

1) 来歴・歴史

　ダイコンはアブラナ科のダイコン属に属し，中央アジアからヨーロッパ地中海東部が原産とされる。紀元前5世紀のギリシャの歴史家ヘロドトスの記録にダイコンが登場し，エジプトのピラミッド建設に使役された労働者に給したことが記されている。日本では「古事記」のなかに仁徳天皇が詠まれた詩として於朋泥(おおね)（ダイコンの旧名）の記載がみられることから，古くから食されていたと思われる。平安時代には公家社会でダイコンの白さが尊ばれ，正月の鏡餅にダイコンを供える風習があった。今日でも恵比須・大黒天や田の神にダイコンを供える風習が残っているところもある。また，スズシロとして七草粥に用いるなど，なじみの深い野菜である。ダイコンはデンプン消化酵素のジアスターゼを含み食物の消化を助け，食あたりがないことから「あたったためしがない」ことにかけて，下手な役者のことを「大根役者」と呼ぶようになったとされる。

　ダイコンは，根の最上部が茎であり，そこから葉が群生している。根と茎の境界は判然としないが，細かい側根の生えている部分が根である。

2) 品　　種

　ダイコンの伝播，普及の方向でいくつかのグループに分けられる。すなわち，二十日ダイコン（*R. sativus* var. *radicula*）や西洋ダイコン（*R. sativus* var. *major*），クロダイコン（*R. sativus* var. *niger*）を含むヨーロッパ系や，華北，華南ダイコンなどの中国ダイコン，華北系に近い朝鮮ダイコンなどにわけられる。日本には野生種のハマダイコン（*R. sativus* var. *raphanistroides*）があり，これから「時無」や「桜島ダイコン」，「秦野ダイコン」などの品種がつくられ

た．また，中国ダイコンから改良した品種も各地でつくられ，「練馬ダイコン」や「宮重ダイコン」など独特な品種として残っているものが多い．アントシアニンを含有するダイコンも品種が多い．主なものでは，皮部が着色する二十日ダイコン系の品種「ロングスカーレット」，「フレンチブレックファスト」，「レッドチャイム」，「コメット」などがある．また，二十日ダイコン以外にも「赤丸ダイコン」や「紅総ぶとりダイコン」，「春京赤長ダイコン」，「女山三日月ダイコン」のように皮部がやや赤〜赤紫に染まる品種もある．また，中国には「紅心ダイコン」のように内部のみが赤くなる品種，皮部および内部にアントシアニンを含む品種もある．また，表皮の色が紫色の品種もある．

3）構造と安定性

赤ダイコン中に含まれているアントシアニンは約10種類ほどある[5]．主にペラルゴニジンをアグリコンとした色素で構成され，そのうち数種ほどが有機酸によってアシル化している[5],[42]．その主要アントシアニンはラファヌシン：Pg 3, 5-diglc に p-クマル酸，フェルラ酸，コーヒー酸などの有機酸が結合したアシル化アントシアニンである[21],[41],[42]．また，表皮が紫色をした品種は，シアニジンをアグリコンとするアントシアニンで構成されている[43],[44]．構造中に p-クマル酸を含むアシル化アントシアニンがあるため，紫外線照射によってシス：トランス光変異体を生じる[29],[30]．

アカダイコンアントシアニンの色調は緩衝液中（pH 3.16）でオレンジ色を示し，その時の極大吸収波長は513nm 付近である．

アカダイコンアントシアニンは，加熱による色素残存率は54％であり，光照射では69％である[5]．

（2）加工利用

赤ダイコンは，主に生食用としてサラダなどに用いられる．色素製剤としては，比較的新しい色素で，酸性域でオレンジから赤，中性域でも赤い色調を示すため使用量が増えてきている．しかし，硫化アリルなどのダイコン特有の臭気を除去することが難しく，天然着色料として利用する上で問題となっている[45]．

7. ブドウ

(1) 概　要
　学名：*Vitis* spp.
　英名：Grape

1) 来歴・歴史
　ブドウはブドウ科（Vitaceae）・ブドウ属（Vitis）に属する落葉性のつる性植物である。世界で最も生産量のある果実であり，ブドウ酒の原料として利用される。

　人類によるブドウの利用の歴史は古く，スイスやイタリアの新石器時代の遺跡からは野生ブドウの種子が出土している。その後の青銅器時代に西アジアにおいてアーリア人により，ブドウの栽培が始められたと考えられている。文字では紀元前3,000年頃，エジプト第6王朝のピラミッドの中からブドウを用いた発酵酒・ワインのことを記載した記録が見つかっている。ワインは紀元前からつくられ，「旧約聖書」にはワインに関する記述が多い。日本においては青森県の三内丸山遺跡（縄文前～中期）から山ブドウの種子が出土し，長野県井土尻遺跡や山梨県釈迦堂遺跡からは発酵に用いたとされる有孔鍔付土器の中に山ブドウの種子が残っていたことから，この頃にはワイン様の発酵酒を飲んでいたと考えられている。わが国でのブドウの栽培は，壇ノ浦で平氏が滅んだ翌年の1186（文治2）年に雨宮勘解由が甲斐国（山梨県）で栽培したのが始めとされ，これが今日の甲州種といわれる。また，平城京（奈良）に遷都されてから8年後の718（養老2）年に，行基が中国から種子を持ち込み，山梨県の勝沼で播種したのが始まりとする説もある。今日，われわれが飲用しているものと基本的に同じ製法のワインは，戦国時代に来日したイエズス会宣教師・フランシスコ・ザビエルが1549（天文18）年に西国7カ国の守護・大内義隆に献上したのが最初とされ，のちに宣教師ルイス・フロイスが織田信長にも献上している。

2) 品　種
　ブドウにはヨーロッパ・カスピ海沿岸を原産地とするヨーロッパ系種（学名：*Vitis vinifera* L. 英名：Wine grape, European grape）と北アメリカを原産地

とするアメリカ系種（学名：*V. labrusca* L. 英名：Fox grape, 学名：*V. rotuundifolia* 英名：Muscadine）とがある。ヨーロッパ系種は広がっていった方向によって西洋系と東洋系に分けられている。ヨーロッパ系西洋品種には，白ワイン用のシャルドネ，ソーヴィニヨン・ブラン，リースニング，赤ワイン用のカベルネ・ソーヴィニヨン，カベルネ・フラン，ピノ・ノワール，メルロなどがあり，東洋系品種には甲州やマスカット・オブ・アレキサンドリアなどがある。アメリカ系種にはコンコード，キャンベル，デラウェアなどの *V. labrusca* 品種と，ブドウネアブラムシ・フィロキセラ抵抗性を示すため接ぎ木に使われる台木品種 *V. riparia, V. rupestris* がある。また，これら欧州系と米国系の交配品種としては巨峰，甲斐路，ネオマスカットなどがある。

東アジアには雌雄異株であるアジア系種の野生ブドウ種が自生し，このなかには中国北東部の満州山ブドウ（*V. amurensis*），日本に産する山ブドウ（*V. coignetiae*），エビヅル（*V. ficifolia* var. *lobata*），サンカクヅル（*V. flexuosa*）などがある。

ブドウは世界各地で栽培され，栽培の適地は水はけのよい，肥沃でない土壌である。産地は，フランスが最も多く，次にイタリア，スペインなどがあげられる。主に谷や盆地で栽培されることが多く，日本では山梨県甲府盆地，山形県上山盆地，北海道の富良野や池田などが産地として知られる。

3）構造と安定性

赤ブドウ中のアントシアニジンは，シアニジン，マルビジン，ペオニジン，デルフェニジン，ペチュニジンであり，アントシアニンは，Cy 3-glc, Cy 3-Ac・glc, Cy 3-pC・glc などの糖や有機酸がついた構造を示す[46), 47)]。交配品種の巨峰では約7種のアントシアニンを含み，そのうち2種ほどがアシル化アントシアニンである。また，甲斐路では約3種のアントシアニンが検出されるが，アシル化アントシアニンは認められない[5)]。野生の山ブドウは Mv 3, 5-diglc を主要なアントシアニンとしている[48)]。ヨーロッパ系種，アメリカ系種，アジア系種とブドウの品種によって，含有するアントシアニンの種類に違いが見られる[51)]。

ブドウアントシアニンの色調は緩衝液中（pH 3.16）で赤紫〜紫色を示し，その時の極大吸収波長は530nm 付近である。安定性は，アシル化アントシアニンを含んだ巨峰の場合，加熱で色素残存率32％，光照射で44％である[5)]。アシル化ア

ントシアニンを含まない甲斐路では,加熱で色素残存率17％,光照射で色素残存率22％である[5]。このようにアシル化アントシアニンを含んでいる方が温度,光とも安定性が高い。

(2) 加工利用

ブドウは生食の他,ジュース,ジャム,ゼリーなどに加工されるが,全生産量の半分以上がワイン醸造に用いられる。

1) 果汁飲料

熱に対する安定性の低いアントシアニンとしては,加熱殺菌工程中に色素の減少が起こりやすいことが挙げられるが,ブドウ果汁特有の現象としては,酒石酸水素カリウムによるアントシアニンの沈殿がある。太田[49]らは,赤ブドウ透明果汁が8℃以下のチルド流通温度帯で,濃色化し濁度を与える現象を見いだし,この現象が,温度変化に伴う水のアントシアニンに対する求核的置換反応と酒石酸カリウムの析出による濁度付与の複合効果であることを明らかにしている。この様にブドウ果汁中に含まれる酒石酸水素カリウムは,アントシアニンなどのポリフェノールを吸着沈殿させるため製品の劣化が起こる。酒石酸カリウムの析出要因は温度やアルコール濃度,pH,ペクチンの存在などが挙げられ,電気透析法による酒石酸カリウムの除去などの解決法が検討されている[50]。

2) ワイン

赤ワイン中のポリフェノールは白ワインに比較してかなり多い。これは,果皮組織や種子ごと発酵させることに起因する[50]。赤ワインの色調は果皮のアントシアニンに由来し,アントシアニン量や種類は品種によって異なる[50),51](表Ⅲ-5)。

赤ワイン中のアントシアニンは熟成中に酸化による変化を起こし,アントシアニンの吸収波長域である520nm付近の吸光度が減少し,420nm付近の吸光度が増加して褐変度が高くなる[50]。赤ワインの熟成中,アントシアニンはプロアントシアニンやタンニンなどと重合を起こし,アントシアニン-タンニン重合体を形成する[52)～54]。さらに,アントシアニンの構造の一部が変化した新規な構造の色素も生成される[52](図Ⅲ-15)。その結果,アントシアニン濃度自体は減少するが,色調は赤色から深紅色へと変化し,落ち着いた深みのあるワインレッドをもつようになる。

表Ⅲ—5 ワイン中の全フェノール量[49]

	試料数	全フェノール量 (mg/ℓ)
国産マスカット・ベリーA	15	1,038
国産カベルネ・ソービニヨン	115	1,145
国産白ワイン	129	303
国産赤ワイン	85	1,338
市販フランス白ワイン	24	270
市販フランス赤ワイン	23	1,953

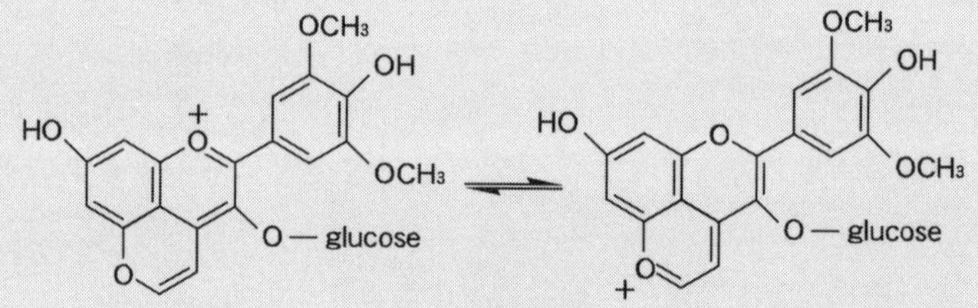

図Ⅲ—15 赤ワイン中のアントシアニン・Vitisinの構造[52]

8. ベリー類

(1) 概　要

　ベリー類とは一般に，キイチゴ・スノキ・スグリ属などの小果類を指す。これらは非常に多くの種類があり，その多くが野生品種であるが，ラズベリーやブルーベリーのように改良され栽培しているものもある。産業として広く利用されるものではなかったが，ブルーベリーのアントシアニンに生理機能性[55]～[58]が報告されてからは，健康志向の高まりで注目されるようになってきている。

　日本では生食として利用するほか，ジャム，ゼリー，果汁，発酵酒，リキュールなどに加工されている。また天然着色料として飲料，氷菓，菓子類，ジャム，錠菓，チューインガム，果実酒などの着色に用いられる。最近では健康食品や機能性食品としての利用が増加している[59]。

1) キイチゴ属（バラ科）

　学名：*Rubus* spp.

　英名：Bramble fruits, Berry

　キイチゴ類はバラ科キイチゴ属に属する落葉低木である。このなかにはラズベリーがあり、果実が赤いレッドラズベリー（学名：*Rubus idaeus* L.，英名：Raspberry，和名：セイヨウキイチゴ）と黒いブラックベリー（学名：*R.fruticosus* L.，英名：Blackberry）にわけられる。それぞれに改良品種があり、レッドラズベリーとブラックベリーの交雑種ローガンベリー（学名：*R.loganobaccus* Bailey，英名：Loganberry）もある。他にサーモンベリー（学名：*R.spectabilis* Pursh，英名：Salmonberry），スィムブルベリー（学名：*R.occidentaliss* L.，英名：Thimbleberry，和名：クロミキイチゴ），デュベリー（学名：*R.caesius* L.，英名：European dewberry，和名：オオナワシロイチゴ），ボイセンベリー（学名：*R.strigoosus* Michx.，英名：Boysenberry, American red raspberry，和名：エゾイチゴ）などがある。

　日本には、フユイチゴ（*R.buergeri* Miq.），ゴショイチゴ（*R.chingii* Hu），カジイチゴ（*R.trifidus* Thunb.）などの野生種が自生している。

2) スノキ属（ツツジ科）

　学名：*Vaccinium* spp.

　英名：Cranberry, Bilberry, Blueberry, Huckleberry

　ツツジ科スノキ属の常緑低木。世界に約130種以上があり、ブルーベリー，クランベリー，コケモモなどが含まれる。

ブルーベリー：北アメリカ原産で、酸性の泥炭地で栽培される。藍黒～青色小果を多く付ける。性状の異なる7種があり、主なものにハイブッシュブルーベリー（学名：*V. corymbosum* L.，*V. australe*，英名：High bush blueberry），ラビットアイブルーベリー（学名：*V. ashei* Reade，英名：Rabit eye blueberry），ローブッシュブルーベリー（学名：*V. angstifolium* Michaux.，*V. myrtilloides*，英名：Low bush blueberry），ホワートルベリー（別名：ビルベリー，学名：*V.myrtillus* L.，英名：Whortleberry, Bilberry）があり、それぞれに多くの品種がある。和名は西洋クロマメノキである。ブルーベリーには眼や血管系障害に対する生理機能性が見いだされ、アントシアニンとの関連が示唆されている[55)~58)]。欧州では、北欧で

収穫されるワイルド・ローブッシュブルーベリー（ホワートルベリー）に含まれる生理機能性配糖体（Vaccinum Myrtillus Anthocyanosides；VMA）が医薬品として承認されており，その生理機能性のメカニズムが研究されている[55),58)]。日本には，主にニュージーランド（12～3月），アメリカ（6～8月）から輸入されている。また，乾燥品やシロップ漬けなどの製品の輸入も多い。

クランベリー（学名：*V. macrocarpon* Ait.=*Oxycoccus macrocapus* Pers.，英名：Cranberry）：北アメリカ北東部の湿地帯が原産で，淡紅色～濃紅色の小果を付ける。蕾が付いている様子が鶴の首と頭に見えることから Crane - Berry とよばれる。和名をオオミノツルコケモモという。自生種を改良した栽培種が，アメリカ，カナダで大規模に栽培されている。酸味が強く生食には向かないため，ジュース，ジャム，ゼリー，パイなどの菓子の材料に加工される。

カウベリー（学名：*V. vitis-idaea* L.，英名：Cowberry）：コケモモと呼ばれ，北半球の寒帯に自生する。日本にはコケモモの他，クロマメノキ（学名：*V. uliginosum* L.，別名：浅間ブドウ）が高山に自生し，他にスノキ（コウメ），クロウスコ，ナツハゼ（ヤロッコノキ），ツルコケモモなどがあるが，登山者を楽しませるか，高原土産のジャムなどにしか利用されていない。

また，近縁種にはハクルベリー（学名：*Gaylussacia baccata* C. Koch.，英名：Black Huckleberry）がある。

3）スグリ属（ユキノシタ科）

　　学名：*Ribes* spp.

　　英名：Gooseberry, Currant

ユキノシタ科スグリ属の落葉低木で，主に北半球の温帯から亜寒帯に分布する。品種は大きく2品種あり，果実の単生するセイヨウスグリ系（英名：Gooseberry）と房になって実るフサスグリ系（英名：Currant）に分けられる。

ヨーロッパ（セイヨウ）スグリ（学名：*R. grossulara* L.）：ヨーロッパ，北アフリカ原産で，2 cm ほどの実をつける。別にアメリカスグリ（学名：*R. missouriensis* Maxim）があり，ヨーロッパスグリの半分ほどの大きさの実を付ける。

フサスグリ：レッドカーラント（学名：*R. rubrum* L.，英名：Red currant，和名：赤房スグリ），ブラックカーラント（学名：*R. nigrum* L.，英名：Black currant，

和名：黒房スグリ, 黒カリン）があり, 1 cm内外の小果をつける。日本にも野生種が自生し, 北海道や東北地方に分布しているエゾスグリや北海道や関西以北の高山に自生するコマガタケスグリなどがある。

ジャム, ゼリー, パイなどに利用されるが, 酸味が強いため生食ではあまり利用されない。ブラックカーラントはリキュールのカシスの原料として利用される。

4）その他のベリー類

スイカズラ科スイカズラ属のハスカップ（学名：*Lonicera caerulea* L. 英名：Haskaap 別名：クロミノウグイスカグラ）は北海道やシベリアに自生し, ジャムなどに加工される。スイカズラ科ニワトコ属のエルダーベリー（学名：*Sambucus caerulea* Rafin., *S. canadensis* L., *S. nigra* L., 英名：Elderberry, European Elder, 和名：西洋ニワトコ）はニワトコ（学名：*L. sieboldiana* Blume ex Graebn., 別名：タズノキ）の一種で, ジャムやワインに加工される。また, 天然着色料の原料にもなっている。他にクワ科クワ属のマルベリー（学名：*Morus alba* L., 英名：White Mulberry, 和名：マクワ）やブラックマルベリー（学名：*M. nigra* L., 英名：Black Mulberry, 和名：クロミクワ）などもある。

（2）構造と安定性

ベリー類に含まれるアントシアニンの種類はブルーベリーを除いて, ほとんどが数種類で, 主色素が2, 3種であり, アシル化しているものは少ない[5), 24), 47), 60)]。

ラズベリーは6〜7種類のアントシアニンを含み, 主に Cy 3-sop, Cy 3-glc, Cy 3-gal などのシアニジン配糖体である。また, ペラルゴニジン配糖体をも含む品種もある[61)〜64)]。キイチゴ属のベリーのほとんどがシアニジンやペラルゴニジンに糖のついたアントシアニンである[24), 47)]。

ブルーベリーは約15〜21種ほどのアントシアニンを含み, ベリー類の中では多くのアントシアニンを含む。これらはシアニジン, デルフィニジン, ペオニジン, マルビジンにガラクトースやグルコース, アラビノースのついた構造をしている[24), 47), 55), 58)]。クランベリーは Dp 3-glc, Pt 3-glc, Cy 3-glc を主要アントシアニンとしている[65)]。エルダーベリーは約3〜4種類のアントシアニンを含み, シアニジンにグルコースやサンブビオースがついた構造を示す[66)]。

ハスカップは約5種類のアントシアニンを含み,主色素はCy 3-glcとCy 3, 5-diglcである[67]。

ベリー類のアントシアニンの色調は緩衝液中(pH 3.16)で赤〜赤紫色を示す。また,安定性においては弱いものが多い。これは,ほとんどのベリー類でアントシアニン構成比率の80%以上を1〜3種類の主要なアントシアニンで占めていることや,アシル化アントシアニンを含むものが少ないことによる[5),68]。

9. その他

(1) ナ ス

学名:*Solanum melongena* L.

英名:Egg plant

ナスは,インドを原産地とするナス科の一年草である。日本語のナス(茄子)はナスビの略で,これは梵語のマールッタ・ナーシンに由来する説がある。日本へは7世紀後半から8世紀のはじめに中国から伝わったとされ,927年に編纂された「延喜式」のなかに記述が見られる。

ナスは日本の代表的野菜の一つで,古くから栽培され,各地に多くの品種が生まれてきた。果皮の色は,大部分は紫紺色をしているが,緑,黄白,緑の斑入りなどもある。形は小丸,丸,卵,長卵,中長,長,大長形と多様である。

ナスは煮物,てんぷら,汁の具,焼き茄子,みそ炒め,はさみ揚げなどに調理され,特に油で調理したものは味がよい。またナスの鮮やかな色を利用した漬物も多い。

ナス果皮の紫紺色には約4種類のアントシアニンが含まれている。そのうちナスニンは約90%の割合を占め主要なモノアシル化アントシアニンである。ナスアントシアニンの色素残存率は加熱の場合22%,紫外線照射の場合18%と低く不安定であり[5)],単一に近い色素構成であることに起因する。また,ナスを薄い塩漬けにすると容易に変色するが,この理由はナスニンのアグリコンがポリフェノールオキシダーゼによって酸化され,生成したキノンが重合して褐色に変化するためである。さらに,ナスに多く含まれるクロロゲン酸は,容易にポリフェ

ノールオキシダーゼで酸化されキノンを生じ，このキノン型クロロゲン酸がアントシアニンを酸化させること[69]や，ナスニンがキノン型クロロゲン酸と電荷移動錯体を形成して暗褐色に変化すること[70]が報告されている。昔からナス漬に古釘や焼ミョーバンを添加して，ナス漬を鮮やかな青色に安定させること行われている。この変化はマグネシウムイオンや鉄イオンがナスニンと結合して安定なメタロアントシアニンを生成するためである。

（2）イ チ ゴ

学名：*Fragaria X ananassa* Duchesne
英名：Garden strawberry

イチゴはオランダイチゴの名称で，約145年前の「草木図説」(1856) に初めて紹介されている。明治初期には種々の品種が導入され，本格的に栽培，改良が始まった。国内の主要品種は「女峰」,「とよのか」,「ダナー」,「アイベリー」などが有名である。イチゴは生食のほか，ジャム，イチゴ酒などの加工品に用いられている。

イチゴのアントシアニンは約3種類含まれており，すべて非アシル化アントシアニンである。主要アントシアニンはカリステフィン（Pg 3-glc）[27]で約91％の構成比率を示しており，他は Cy 3-glc と Pg 3-gal[71] であり，ほとんど単一に近い。

イチゴアントシアニンの色素残存率は加熱の場合24％，紫外線照射の場合6％と低くなり不安定である[5]。これはカリステフィンが非アシル化アントシアニンであることに起因している。Markakis[72]は酸素，アスコルビン酸の存在下でカリステフィンの安定性について研究した。その結果，酸素のみ，アスコルビン酸のみの場合より，酸素の存在下でアスコルビン酸を添加した場合の方がカリステフィンの分解が大きいことを認めている。また中林[73]はアスコルビン酸によるイチゴジャムの退色は，ジャム製造時に酸素の存在でアスコルビン酸のほとんどがデヒドロアスコルビン酸に変化し，さらに2, 3-ジケトグロン酸に分解されて，この分解物がカリステフィンを分解すると述べている。また，デヒドロアスコルビン酸は酸素がなくてもカリステフィンを分解し，ジャム製造時における退色防止には pH を低くし，高い糖度および低温保蔵が有効であるとしている。

Wesche-Ebeling ら[74]はイチゴに含まれるカテキンがポリフェノールオキシダーゼの作用で酸化されて生じるキノンによって，カリステフィンが24時間で50～60％分解されてしまうことを述べている。そのため生果や生ジュースはポリフェノールオキシダーゼが活性を示さない低温での保蔵が赤色保持に有効であると述べている。

（3）紫 ヤ ム

　　学名：*Dioscorea alata* L.

　　英名：Purple yam

　紫ヤムはヤマノイモ科に属し，赤ダイジョともいわれている。熱帯アジア地方で広く栽培されており，日本でも為薯（ためいも）といって栽培されていたが，温帯地方では生育が遅く寒さに弱いので，南西諸島以南以外ではあまり栽培されていない。塊根は巨大で1個2～3kgになり，形は紡錘形，細長い棒状分枝した掌状，扇形など種々の変異がみられる。フィリピンではUBE（ウベ）と呼ばれ，乾燥粉末やジャムに加工されている。また，ウベに練乳，砂糖，バニラエッセンスを加えて弱火で加熱して作った菓子「UBE HALAYA」は，フィリピンの代表的な菓子である。最近では紫色のアイスクリームやシャーベットなどにも加工されている[75]。

　紫ヤムアントシアニンは，赤キャベツ，ブドウ，紫トウモロコシのアントシアニンに比べて温度や紫外線照射に対して非常に安定である[1),4),76]。紫ヤムアントシアニンに含まれる主要アントシアニンはCy 3-gen，Cy 3-Si・gen，Cy 3, 3'-diSi・genであり，それらと紫ヤムアントシアニンについて80℃，8時間加熱および紫外線（1.225erg/cm²・min）照射を行うと，単離したアントシアニンに比較し，紫ヤムアントシアニンは安定であった[1]。これは紫ヤムアントシアニンでは，3種の主要アントシアニンも含めて多様なアントシアニンが存在しているために自己会合が起きていることや，アントシアニン以外のフラボン化合物とのコピグメンテーションによって安定になっていると考えられる。

（4）マ メ 類

　マメ科植物は寒帯から亜熱帯まで広く分布し，世界に600ほどの属と，12,000くらいの種類がある。この内で種子を食用に供する重要なマメ類に，大豆（学

名：*Glycine max* Merrill 英名：Soybeans），インゲン豆（学名：*Phaseolus vulgaris* L.，英名：Kidney beans），エンドウ豆（学名：*Pisum sativum* L.，英名：Peas），小豆（学名：*Vigna angularis* Ohwiet Ohashi，英名：Aduki beans, Small red beans），ササゲ（学名：*Vigna sinensis* Savi，英名：Cowpeas）などがある。

マメ類のなかには種皮が赤色〜黒色をしたものがあるが，これらの種皮の色は主にアントシアニンで構成されている。アントシアニンを含む品種としては黒大豆の「光黒」，「丹波黒」「十勝黒」，インゲン豆の「金時」，「大正金時」，「福勝」，小豆の「大納言」，「キタノオトメ」，「エリモショウズ」，ササゲの「河内ササゲ」，「三尺ササゲ」など多くの種類がある。小豆の優秀品種である「大納言」は，江戸時代の寛政年間に書かれた書物「毛吹草」に品種名が見られる。京周辺の丹波や近江辺りで栽培された小豆の優秀品種が，朝廷や公家に上納されて，いつの間にか「大納言」の名がついたといわれる[77]。

マメ類のアントシアニンの構造は，クリサンテミン（Cy 3-glc）の場合が多い[24),78),79)]。黒大豆などでは，含有しているアントシアニンの構成がほとんどクリサンテミン単独に近い。これらのマメ類は，アントシアニンのほかタンニンなども多く含み，ササゲでは全粒中で1〜1.03%，アズキでは0.29%である[80]。

アントシアニンを含むマメ類は，その色調を生かしてさまざまな食品に加工されている。赤飯は，煮た小豆やササゲとその煮汁とを混ぜて蒸し，赤く飯を着色する。赤飯は祝い事に使われるが，その理由は諸説あり，一説には赤い色が邪気を払い，厄除けの力をもつためとされる。赤飯の由来は古代の赤米から来ているとされ，吉事に赤飯，凶事には黒豆を用いる地方もある。平安時代末期に成立した宮中の料理を記した「厨事類記」の中に，節供には「赤飯」を用いることが記されている。また，小豆の入った赤飯の記述は，室町時代，1489（長享3）年の公家・山科家の記録「山科家礼記」に見られる。赤飯にはササゲを用いることが多いが，これは小豆に比べて，ササゲが胴割れしにくいことによる。武士階級にとって「胴割れ」は「切腹」に繋がり，忌み嫌ったためとされる。その他にも小豆は，餡の原料やぜんざい，羊羹などにも用いられる。黒大豆は煮豆にされ正月のおせち料理に「黒豆」として入れられる。マメは「まめ」で健康であることを意味し，一年の無病息災を願うものとされる。「黒豆」は古くは「座禅豆」と呼

ばれ,昔の料理書には「座禅豆」として記されていることがある。黒大豆の煮豆をつくるときに,鉄釘などを入れると黒色が鮮やかになるが,これは黒大豆のアントシアニンが鉄イオンと錯体をつくり,安定な暗紫色を呈するためである[81]。

(5) コ メ (有色米)

学名: *Oryza sativa* L.
英名: Rice

コメはイネの種子で,原産地は中国雲南付近とされる。大別して短粒の日本型 japonica 種と長粒のインド型 indica 種に分けられる。日本には琉球諸島を経て南九州に伝播する南方ルート,朝鮮半島を経て北部九州に伝わる北方ルート,長江河口地域から東シナ海を経て直接,北部九州へ伝わるシナ海ルートなどが考えられている。いずれにしても縄文時代晩期にはすでに稲作が行われていたことが明かになっている。最近ではハイテクを駆使した発掘や新しい分析法により,新たな事実が発見され,古代史が塗り替えられつつある。わが国における稲作発生の時期についても,籾殻圧痕土器の発見やプラントオパール,炭化米の検出など新たな遺物の発見で,稲作栽培時期が早まってきている。1999年4月には岡山県岡山市の縄文時代前期の地層からイネの化石が発見され,すでにこの頃には稲作が行われていた可能性が示唆されている。

コメには,玄米の種皮がアントシアニンで赤色〜黒色を示す有色米品種がある。古代のコメは,このように玄米の種皮が着色した有色米であったとされ,今日,小豆などで着色する赤飯は,この古代の赤米に由来しているとされる。有色米のアントシアニンは,クリサンテミンを主成分として,その他ケラシアニン (Cy 3-rut),ウリギノシン (Mv 3-gal),Pn 3-glc などで構成されている[54), 55)]。

現在では赤米などの有色米はあまり栽培されていないが,神社などでは神道儀式用などに用いるため栽培しているところがある。また,最近では赤米酒の醸造に用いたり,薬膳料理や健康食ブームから栽培量が増加している。

(6) その他の果実類

果実類の多くは果皮や果肉にアントシアニンを含む。ベリー類やブドウ類をのぞく果実類でアントシアニンを含むものは,仁果類ではリンゴ(学名:*Malus pumila* Miller var. *domestica* Schneider, 英名：Apple)，核果類ではサクランボ（学名：セイヨウミザクラ *Prunus avium* L.，カラミザクラ，シナミザクラ *P. pauciflora* Bunge，スノミザクラ *P. cerasus* L. var. *austera* L.，英名：セイヨウミザクラ Sweet cherry，カラミザクラ，シナミザクラ Chinese cherry，Cherry，スノミザクラ Morello cherry, Sour cherry)，スモモ（学名：東洋種 *P. salicine* L.，西洋種 *P. domestica* L.，アメリカ種 *P. americana* Marsch，英名：東洋種 Japanese plum，西洋種 Plum, Garden plum，アメリカ種 American plum)，プルーン（学名：*P. domestica* L.，英名：Plum)，桃（学名：ケモモ *P. persica* Sieb. et Zucc. var. *vulgaris* Maxim.，ユトウ *P. persica* Batsch var. *nucipersica* Schneider，英名：ケモモ Peach，ユトウ Nectarine) などがある。また，熱帯果実のマンゴスチン（学名：*Garcinia mangostana* L.，英名：Mangosteen)，パッションフルーツ（学名：*Passiflora edulis* Sims，英名：Passion fruit)，マンゴー（学名：*Mangifera indica* L.，英名：Mango) などの表皮にもアントシアニンが含まれている。

　大部分の果物類では，シアニジンやペラルゴニジンに糖のついた1～3種の主要なアントシアニンで単純に構成され，アシル化アントシアニンを含むものは少ない[5),47),83)]。このため，不安定アントシアニンが多い[5)]。マンゴスチンでは Cy 3-sop が主要アントシアニンである[84)]。

　果実類のシロップ漬けなどの缶詰をつくるときは，アントシアニンが錫イオンなどの金属イオンと結合して変色するので注意を要する[84)]。白桃のシロップ漬け缶詰を製造する場合，赤く着色した果肉部分を除くか，もしくはアントシアニンを分解させる。アントシアニンの分解にはβ-グルコシダーゼ処理をするか，アスコルビン酸類を添加する。アントシアニンはアスコルビン酸類と共存すると，非常に不安定となり退色する。これは，アスコルビン酸のフリーラジカルがアントシアニンの分解に強く関与しているからである[4),68),85)]。また，逆にアスコルビン酸を含む果実の果汁やジャムを製造するときには，アスコルビン酸によるアントシアニンの分解を防止する必要がある[85)]。

（7）その他の野菜類・穀類

　既説した野菜類，穀類以外で可食部にアントシアニンを含むものに，次の種類がある。穀類では大麦やライ麦，紫トウモロコシ，野菜類では，赤カブ，紫タマ

ネギなどがある。新しい野菜類としては赤キャベツに似たチコリ・トレビス（学名：*Chichorium intybus* L.，英名：Cicoria rossa），パープルコールラビ（学名：*Brassica olerancea* L. var. *gongylodes* L.，英名：Purple kohlrabi）などがある。

　紫トウモロコシなどの穀類は，Cy 3-glc が主要アントシアニンである[24),78)]。赤カブやチコリ，紫タマネギはシアニジンやペラルゴニジンにグルコースやソホロースなどの糖のついた，5～10種類のアントシアニンを含み，その内の3，4種がアシル化アントシアニンである[5),24),78)]。

　赤カブ漬は，日本の代表的な漬物である。赤カブ漬は，その鮮やかな赤い色調と酸味のある匂いで食欲を誘うが，この色調と匂いは乳酸菌の発酵によって生じる乳酸の影響でもたらされる。この乳酸は，発酵漬物中でアントシアニンの安定性を高める効果を示している[13)]。日本の各地には，それぞれ特色のある赤カブ漬があり特産品として扱われている。有名なものに，飛騨カブを用いる岐阜県高山の飛騨の赤カブ漬，津田カブを用いる島根県松江の糠漬，日野菜を用いる滋賀県蒲生の日野菜漬と愛媛県松山の緋のカブラ漬，温海カブを用いる山形県庄内の赤カブ漬などがある。これらのほとんどが江戸時代につくられるようになったもので，その地方を治める領主の転封によっていくつかの土地でつくられるようになったものや，徳川幕府による大名の改易で悲劇的な伝説などが伝えられているものもある。

（8）ハイビスカス

　ハーブティーなどに利用されているハイビスカスは *Hibiscus sabdariffa* L. var.*sabdariffa* の萼顎を乾燥させたものである。本種は通常の観賞用のハイビスカス（*H. rosa-sinensis* L.）とは異なる。2～3種のアントシアニンを含み，その主要なアントシアニンはシアニジンにサンブビオース（キシロシルグルコシド）のついた構造を示す[86)~88)]。ハイビスカス乾燥顎は，マロン酸を含み梅干のような味をもつため，代用梅干として用いられたこともある。

■文　　献■

1) 津久井亜紀夫：家政誌, **39**, 209, 1988
2) 守　康則・粟屋節子・大倉和子：家政誌, **17**, 137, 1966
3) 太田英明・筬島豊：日食工誌, **25**, 22, 1978
4) 津久井亜紀夫：家政誌, **40**, 15, 1989
5) Hayashi, K., Ohara,N. and Tsukui, A. : *Food Sci Technol., Int.*, **2**, 30, 1996
6) 近藤忠雄・後藤俊夫：香料, **169**, 71, 1991
7) 津久井亜紀夫：日本農芸化学会1999年度大会（福岡）講演集, 1999
8) 京都大学薬学部製薬学講座, 昭和57年度　農林水産業特別試験研究費補助金による研究報告書, 新天然食品色素源としてのシソの研究開発, p. 1, 1982
9) Tsukui, A., Suzuki, A., Nagayama, S. and Terahara, N. : *Nippon Shokuhinkagaku Kogaku Kaishi*, **43**, 113, 1996
10) 津久井亜紀夫・鈴木敦子・品川弘子・林　一也：日本食品科学工学会第44回大会講演集, p. 168, 1997
11) 鈴木敦子・林　一也・品川弘子・津久井亜紀夫：日本家政学会第49回大会研究発表要旨集, p. 142, 1997
12) 吉田久美・亀田　清：日本家政学会第51回大会講演集, p. 136, 1999
13) Shinagawa, H., Nishiyama, R., Kurimoto, K., Hayashi, K., Tsukui, A. and Kozaki, M. : *J. Home Econ. Jpn.*, **48**, 1071, 1997
14) Shinagawa, H., Nishiyama, R, and Okada, S. : *Nippon ShokuhinKagaku Kogaku Kaishi*, **43**, 582, 1996
15) 官報：第1725号官庁事項, 平成7年度農林水産省新品種登録
16) 宮崎丈史・都築和香子・鈴木建夫：園学誌, **60**, 217, 1991
17) 宮崎丈史：園学誌, **61**, 197, 1992
18) 津久井亜紀夫・鈴木敦子・小巻克己・寺原典彦・山川　理・林　一也：日食科工誌, **46**, 148, 1999
19) Odake, K., Terahara, N., Saito, N., Toki, K. and Honda, T. : *Phythochemistry*, **31**, 2127, 1992
20) 小竹欣之輔・畑中顕和・梶原忠彦・室井てる予・西山浩司・山川　理・寺原典彦・山口雅篤：日食科工誌, **41**, 287, 1994
21) 津久井亜紀夫・鈴木敦子・椎名隆次郎・林　一也：日本食品科学工学会第46回大会講演集, p.113, 1999
22) 津久井亜紀夫・鈴木敦子・椎名隆次郎・林　一也：日食科工誌, **47**, 311, 2000
23) 岩科　司, 食品工業, **37**, 68, 1994
24) 木村進・中林敏郎・加藤博通：食品の変色の化学, p. 20, 光琳, 1995

25) Nakatani, N., Ikeda, K., Nakamura, M.and Kikuzaki, H. : *Chemistry Express*, **2**, 555, 1987
26) Ikeda, K., Kikuzaki, H., Nakamura, M. and Nakatani, N. : *Chemistry Express*, **2**, 563, 1987
27) 清水孝重・川原章弘・中村幹雄・加藤喜昭・合田幸広・米谷民雄：日食化誌, **3**, 10, 1996
28) 藤井正美・清水孝重・中村幹雄：食用天然色素, p. 73, 光琳, 1993
29) Hayashi, K., Shinagawa, H,. Suzuki, A. and Tsukui, A. : *Food Sci. Technol. Int. Tokyo*, **4**, 25, 1998
30) Yoshida, K., Kondou, T. and Gotou, T. : *Agric. Biol. Chem.*, **54**, 1745, 1990
31) 森　元幸：ブレインテクノニュース, **66**, 19, 1998
32) 森　元幸・梅村芳樹・草野　尚・隅田隆男：育種学雑誌, **482**, 1992
33) 農林水産省公示第469号, 1999
34) 林　一也・鈴木敦子・津久井亜紀夫・内藤功一・岡田　亨・森　元幸・梅村芳樹：家政誌, **48**, 589, 1997
35) 石井現相・森　元幸・梅村芳樹・瀧川重信・田原哲士：日食科工誌, **43**, 887, 1996
36) Harborne, J.B. : *Plant Polyphenols.*, **1**, 74, 262, 1960
37) Dodds, K.S. and Long, D.H. : *J. Genetics*, **53**, 136, 1955
38) Howard, H.W., Kukimura, H. and Whitmore, E.T. : *Potato Res.*, **13**, 142, 1970
39) De Jong, H. : *American potato journal*, **68**, 585, 1991
40) Rodriguz-Saona, L.E., Giusti, M.M. and Wrolstad, R.E. : *Jornal of Food Science*, **63**, 458. 1998
41) Ishikura, N. and HayashiK., : *Bot. Mag. Tokyo*, **76**, 6, 1963
42) 清水孝重・市　隆人・岩淵久克・加藤喜昭・合田幸広：日食化誌, **3**, 5, 1996
43) Ishikura, N., Hoshi, T. and Hayashi, K. : *Bot. Mag. Tokyo*, **78**, 8, 1965
44) Ishikura, N. and Hayashi, K. : *Bot. Mag. Tokyo*, **78**, 91, 1965
45) Li, H. : *China Food Additive.*, **2**, 33 (chinese), 1999
46) Bakker, J. and Timberlake, C.F. : *J. Sci. Food Agric.*, **36**,1325, 1985
47) 岩科　司：食品工業, **37**(12), 52, 1994
48) Igarashi, K., Takanashi, K., Makino, M. and Yasui, T. : *Nippon Shokuhin Kougyo Gakkaishi*, **36**, 852, 1989
49) 太田英明：日食工誌, **36**, 71, 1989
50) 横塚弘毅：日食科工誌, **42**, 288, 1995
51) 木村　進・中林敏郎・加藤博通：p. 23, 光琳, 1995
52) Bakker, J. and Timberlake, C., F. : *J. Agric. Food Chem.*, **45**, 35, 1997
53) Fulcrand, H., Cameira dos Santos, P.J., Manchado, P.S., Cheynier, V. and

Favre-Bonvin, Jean. : *J. chem. Soc. Perkin Trans.*, **1**, 735, 1996
54) Brouillard, R. and Dangles, O. : *Food Chemistry*, **51**, 365, 1994
55) 津志田藤二郎 : 食品と開発, **31**, 5, 1993
56) 中山交市・草野 尚 : 食品工業, **33** (10), 67, 1990
57) 中山交市・草野 尚 : 食品工業, **33** (12), 60, 1990
58) 伊藤三郎 : *Food Style* 21, **2**, 43, 1998
59) 竹内徹也 : 食品と開発, **41**, 77, 1999
60) Goiffon, J.-P., Brun, M. and Bourrier, M.-P. : *Journal of Chromatography*, **537**, 101, 1991
61) Rommel, A., Wrolstad, R.E. and Heatherbell, D.A. : *Journal of Food Science*, **57**, 385, 1992
62) Boyles, M.J. and Wrolstad, R.E. : *Journal of Food Science*, **58**, 1135, 1993
63) Whithy, L.M., Nguyen, T.T., Wrolstad, R.E. and Heatherbell, D.A. : *Journal of Food Science*, **58**, 190, 1992
64) Spanos, G.A. and Wrolstad, R. E. : *J. Assoc. Off. Anal. Chem.*, **70**, 1036, 1987
65) Hale, M.L., Francis, F.J. and Fagerson, I.S. : *Journal of Food Science*, **51**, 1511, 1986
66) Johansen, O-P., Andersen, O.M., Nerdal, W. and Asknes, D.W. : *Phtochemistry*, **30**, 4137, 1991
67) Terahara, N., Sakanashi, T. and Tsukui, A. : *J. Home Econ. Jpn.*, **44**, 197, 1993
68) 津久井亜紀夫・林 一也 : *New Food Industry*, **39**, 33, 1997
69) Sakamura, S. *et al.* : *Agric Biol. Chem.*, **25**, 750, 1961 ; **27**, 121, 633, 1963 ; **29**, 181, 1965
70) 中林敏郎・並木満夫・松下雪郎編 : 食品の品質と成分間反応, 31, 講談社サイエンティフィック, 1990
71) 梶穀 豊・福原公昭・斉藤 勲・太田英明 : 日食科工誌, **42**, 118, 1995
72) Markakis, P., Livingstone, C.E. and Fellers, C.R. : *Food Res.*, **22**, 117, 1957
73) 中林敏郎 : 日食工誌, **11**, 469, 1964
74) Wesche-Ebeling, P. and Montogomery, M.W. : *J. Food Sci.*, **55**, 731, 1990
75) 津久井亜紀夫 : 東京家政学院大学図書館報, 紫ヤム塊根粉末(ウベ)とアントシアニン色素から, 1980
76) 津久井亜紀夫・小林恵子・斉藤規夫 : 家政誌, **40**, 115, 1989
77) 川上行蔵 : つれづれ日本食物史, 第三巻, p. 106, 東京美術, 1995
78) 岩科司 : 食品工業, **37** (16), 67, 1994
79) Tsuda, T., Ohshima, K., Kawakishi, S. and Osawa, T. : *J. Agric. Food. Chem.*, **42**,

245, 1994
80) 中林敏郎:日食工誌, **35**, 790, 1988
81) 木村　進・中林敏郎・加藤博通:食品の変色の化学, pp. 58～59, 光琳, 1995
82) Terahara, N., Saigusa, N., Ohba, R. and Ueda, S. : *Nippon Shokuhin Kogyo Gakkaishi*, **41**, 519, 1994
83) 名和義彦・大谷敏郎: **34** (22), 22, 1991
84) Du, C.T. and Francis, F.J. : *Journal of Food Science*, **42**, 1667, 1997
85) 木村　進・中林敏郎・加藤博通:食品の変色の化学, p. 97, 光琳, 1995
86) Saito, K., Goda, Y., Yoshihara, K. and Noguchi, H. : *J. Food Hyg. Coc. Japan*, **32**, 301, 1990
87) Poouget, M.P., Vennat, B., Lejeune, B. and Pourrat, A. : *Lebensm. -Wiss. u.- Technol.*, **23**, 101, 1990
88) Poouget, M.P., Lejeune, B., Vennat, B. and Pourrat, A. : *Lebensm. -Wiss. u.- Technol.*, **23**, 103, 1990

アントシアニンの生体調節機能　IV

1. 概要

(1) 生体調節機能食品素材・成分としてのアントシアニン

　飽和脂肪酸とコレステロールの摂取量が多い欧米諸国にありながら，フランス人は他の欧米諸国の人たちよりも心臓疾患罹病率が低く，この現象はフレンチパラドックスとして知られている。フレンチパラドックスの要因の一つはフランス人にみられる赤ワインの高い摂取量によることが指摘されるようになり，その成分の探索が精力的に行われるようになった。動脈硬化と密接に関連する LDL の酸化が赤ワインに含まれるポリフェノールによって抑制されることが見い出され，白ワインに比べて，赤ワインの高いポリフェノール含量が LDL の過酸化抑制と密接に関連していることが指摘されるようになった。さらにはポリフェノールとしてのアントシアニン，中でもマルビン，デルフィニジン，シアニジン，ペラルゴニジンなどが，銅触媒による LDL の酸化を抑制することが見い出され，これまでほとんど詳細な研究が行われていないアントシアニンの *in vivo*（生体内）での生理機能に多くの注目が集まるようになった。*in vitro*（試験管内）および *in vivo* におけるアントシアニンの抗酸化機能に関する本格的な研究開始時期は，同じポリフェノールに属するフラボノイドや他のポリフェノールの抗酸化機能に関する研究開始時期よりも遅れている。その要因の一つは複雑な化学構造を有するアントシアニンではその単一成分が得にくいことや，機器分析手段が今日ほど容易でなかったこと，さらには，アントシアニンの化学構造が pH に依存して変化し，抗酸化機能の比較条件の設定が容易でなかったことなどをあげることができる。

（2）脂質改善作用と生体過酸化防御機能

　アントシアニンの生理機能に関する初期の研究としては抗酸化能を有するルブロブラシンやナスニンの動脈硬化指数低下作用，マルビンの血清中性脂肪低下作用などをあげることができる。その後，インゲンマメ種皮に含まれる Cy 3-glc のウサギ赤血球膜，肝臓ミクロソーム系における抗酸化機能，さらにはブドウおよびナスの皮から単離したアシル化アントシアニンによる肝臓ミクロソームの過酸化抑制作用，などが報告されるようになった。

　アントシアニンの in vivo における酸化防御機能については，アントシアニンを含むサツマイモ「アヤムラサキ」ジュースによるラットでの四塩化炭素肝障害の防御および肝臓チオバルビツール酸反応物質（TBARS）の上昇の抑制，ナスニンによるパラコート酸化障害の抑制などが明らかにされている。

（3）抗変異原・抗腫瘍作用

　Cy 3-gal および Cy 3-glc を多く含む粗アントシアニンがエームステストにおいてベンゾ〔a〕ピレン，2-アミノフルオレインの変異活性を抑制することが知られている。また，その機構の一つとしてはアントシアニンが変異原前駆体の活性化にかかわる酵素を阻害すること，あるいは究極発ガン物質の生成に関与する酵素の阻害などがあげられている。赤色モチ米，ブドウ果皮に含まれるアントシアニンによる HCT-15 細胞における腫瘍の抑制などについても明らかにされ，アントシアニンが発がんの予防面においても有用な可能性が推察されるようになった。

（4）抗潰瘍，血漿板凝集抑制および視機能改善作用

　塩酸/エタノールによって誘発したマウス胃潰瘍が果実（Aronia melanocarpa）アントシアニンによって用量依存的に抑制されること，また肺，肝臓，小腸における過酸化反応も抑制されることなどが明らかにされ，アントシアニンの胃保護食品素材としての臨床上での効果にも期待が寄せられている。赤ワインのアントシアニン画分による血漿板凝集抑制についても明らかにされるようになり，その効果はアントシアニン画分によるペルオキシラジカルの効果的な消去による可能性が指摘されている。

ブルーベリーによる視覚機能の向上については古くから話題にされ，最近では科学的な視点からの研究も進められている。シアニジン，デルフィニジン，ペツニジン，あるいはマルビジンの配糖体を静脈注射したウサギでは暗黒下適応の初期にロドプシンの再合成が円滑に行われることが推察されており，このことが視覚向上機能と密接にかかわっていることが推察されている。ブルーベリーにはその他，微小循環系の改善機能，ガンの予防にかかわる第2相の酵素の活性化作用のあることなどが報告されている。

（5）生体内吸収

　アントシアニンの化学構造はpHに依存して変化すること，また，水和反応を受けやすいことなどから，経口投与後に血液に移行したアントシアニンを同定・定量することは容易でない。Cy 3-glc, Cy 3, 5-diglcは経口投与15分後に血中濃度が最大に達し，また，配糖体の形で血中に移行していること，さらにはまた，血中への移行量は投与量に比べて極めて少ないことなどが報告されている。一方，Cy 3-glcが腸管腔内において，あるいは吸収後分解を受けて生成したプロトカテキュ酸が各種生理機能を発揮している可能性についても報告されており，生体内で機能を発揮するために必要なアントシアニン，あるいはその分解物の化学構造の特定とそれらの作用機構についてはいっそうの研究が進められている。

2. 赤ワインと健康

　1997年頃から，ワインの消費が急拡大した。1998年には国民一人当りのワイン消費量は2.7ℓに達した。この急拡大は，ワイン，特に赤ワインに含まれるポリフェノールが健康に良いとの認識が普及したためと考えられる。

　本項では，赤ワインの健康効果について解説するが，赤ワイン消費急拡大の契機となった「フレンチパラドックス」の紹介を始め，赤ワインの動脈硬化症に対する作用，活性酸素消去活性，赤ワインアントシアニンの重要性，痴呆症やアルツハイマー症に対する作用，赤ワインの血流増加作用，さらに，ブルーベリーアントシアニンを配合した赤ワインの眼に対する作用など，筆者らの研究を中心に，世界の最新情報を含め説明したい。

（1）フレンチパラドックスと動脈硬化に対する作用
1）フレンチパラドックス

　赤ワインが健康に良いという話題が沸騰したきっかけは，フランス人は喫煙率が高く，バター，肉などの動物性脂肪の摂取量が多いのに，心疾患による死亡率が低いという，いわゆる"フレンチパラドックス"にある。動物性脂肪の摂取量と虚血性心疾患（CHD）による死亡率には正の相関関係がある。動物性脂肪の過剰摂取は，心臓に血液を送る冠動脈に動脈硬化を起こし，心筋梗塞や狭心症などいわゆるCHDを引き起こす。ところが，フランスやスイス人のデータが相関から大きくはずれていることが，WHOによる調査結果などから知られていた。フランス・リヨンのルノー博士らは，乳脂肪（動物性脂肪）の摂取量からワインの消費量にある係数を掛けて差し引き，再び関係を調べたところ，極めて高い相関関係になった（図Ⅳ−1）[1]。すなわち，動物性脂肪を多量に摂取しても，ワインを飲んでいればCHDのリスクが上がらないことを示した。これは1991年11月に米国CBSテレビの人気ニュースショー「60 minutes」で放映され，店頭からアメリカ中の赤ワインがなくなり，それまで停滞していた米国のワインの売り上げが，急増するという現象となった。

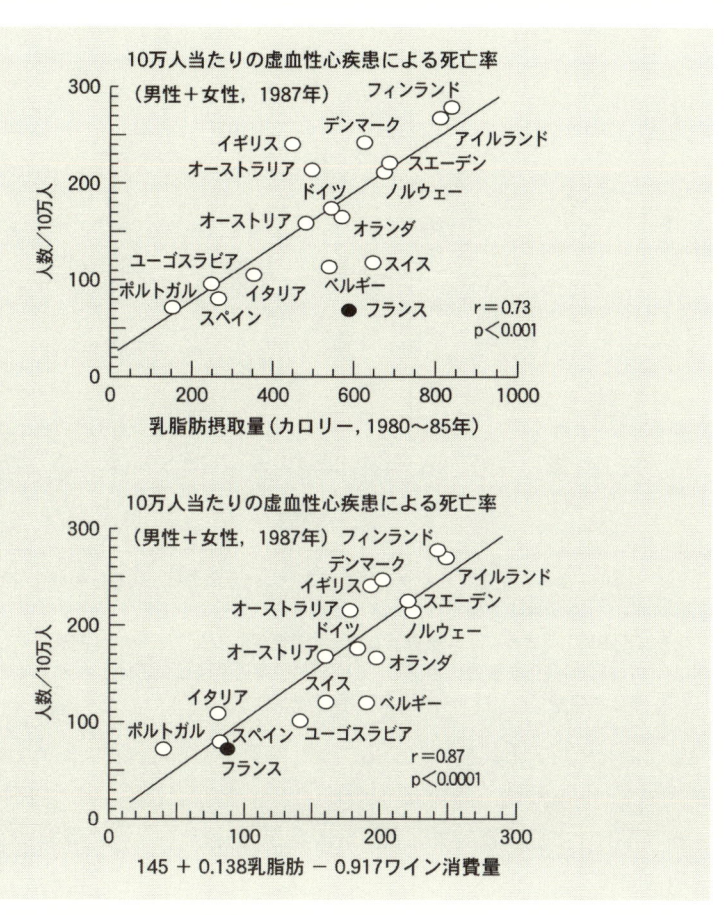

図Ⅳ—1 乳脂肪の摂取量と虚血性心疾患（CHD）による死亡率（上図）と乳脂肪摂取量をワイン消費量で補正した値とCHDによる死亡率（下図）
　上図ではフランスの値は相関から大きく外れている（French paradox）が，ワイン摂取量で補正すると非常に良い相関を示している（Renaud & de Lorgeril[1]）より引用・改変）。

2）ワインの動脈硬化症に対する作用

　フレンチパラドックスに関するルノー博士らの報告後，赤ワインの動脈硬化症に対する作用について論文発表が相次いだ。例えば，カリフォルニア大デービス校のフランケル博士はカリフォルニア産赤ワインを濃縮し，アルコールを飛ばした濃縮物をポリフェノールとし，ヒト LDL（低密度リポタンパク）に対する抗酸

2．赤ワインと健康

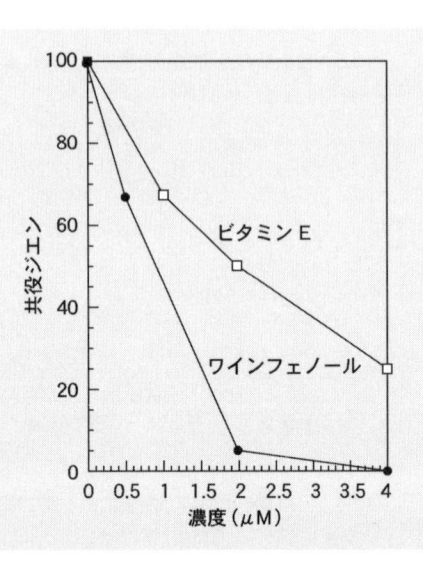

図Ⅳ-2　ビタミンEとワインフェノール化合物のヒトLDLの酸化抑制作用
縦軸はLDLを銅触媒で酸化したときに生成する二重結合量を示す。ワインフェノールは赤ワインを減圧濃縮し，アルコールを飛ばしたものを使用。カリフォルニア産赤ワインのポリフェノールはヒトLDLの酸化を強力に阻害し，その50％阻害濃度はビタミンEの半分であり，2倍強力にLDL酸化を阻害した（Frankelら[2]より引用・改変）。

化能をビタミンEと比較した。赤ワインのポリフェノールはビタミンEの半分の濃度でLDLの酸化を防いだ（図Ⅳ-2）[2]。他に，ワインやブドウのポリフェノールが有する血小板凝集抑制作用による，血栓症のリスク減少についても報告されている。

動脈硬化症については，最近10年ほどの研究の結果，悪玉コレステロールであるLDLは，そのままでは動脈硬化の原因とはならず，LDLが活性酸素などで酸化され，変性LDLになると，これがマクロファージに貪食され泡状細胞となることが，動脈硬化の最初のイベントであることが明らかとなった。したがって，LDLの酸化を抑制すれば，動脈硬化の予防となる。

それでは，実際にヒトが赤ワインを飲用して効果が出るのだろうか，Maxwellら[3]は世界で初めて，赤ワインのヒトでの試験を行った。健康な学生10名に約350 mLのボルドー赤ワインを昼食と共に与え，食後4時間にわたり血清の抗酸化活性を調べた。その結果（図Ⅳ-3），赤ワイン摂取直後から活性が上昇し始め，

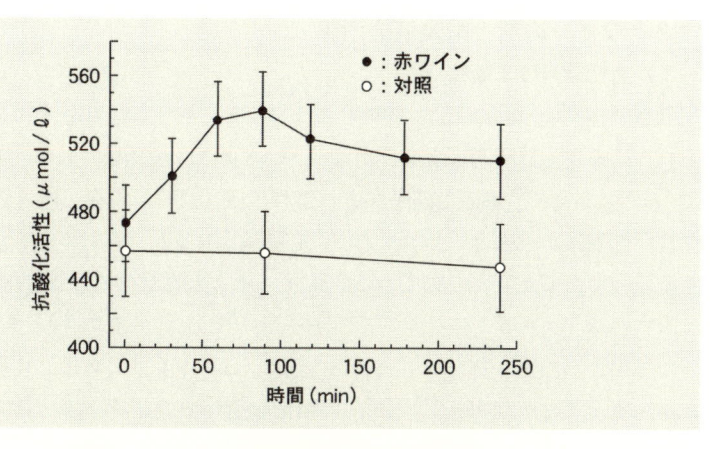

図Ⅳ-3 赤ワイン摂取後の血清の抗酸化活性

健康な学生10名（♂5名，♀5名，平均年齢22歳，平均体重67.3kg）に昼食時，30分の間にボルドーの赤ワインを5.7ml/kg（67.3kgであれば383.6ml）摂取させ，30分おきに採血し，血清の抗酸化活性を測定した。活性はビタミンEの水溶性アナログであるtroloxの量（trolox当量，μmol/ℓ）で示す。（Maxwellら[3]より引用・改変）。

90分後には最大となり，平均で血清の抗酸化活性が約15％有意に上昇した。

その後，国立健康・栄養研究所の近藤ら[4]は，ボランティアに赤ワイン約500mlを毎日食事中に2週間摂取させ，血中LDLが酸化されるまでの時間を測定した。その結果，赤ワインを飲用した人はワインを飲まなかった人に比べ，LDLが酸化されるまでの時間が有意に長く，赤ワインを飲用した人のLDLは酸化され難くなっていることを報告した。最近，東大医学部の飯島ら[5]は，赤ワインポリフェノールが培養平滑筋細胞の増殖を抑制することを，1999年の日本ワイン・ブドウ学会で報告した。動脈硬化の初期原因はLDLの酸化であるが，動脈硬化症の進行には動脈硬化部位への血管平滑筋細胞の遊走が関与している。今回の結果は試験管内で細胞を使用したもので，ヒトでの実際の効果を確認するには，さらに研究が必要であるが，赤ワインポリフェノールは，動脈硬化症を予防すると共に，動脈硬化症の進行も防止する可能性が示唆された。

（2）ワインの活性酸素消去活性

1）活性酸素の二面性

　動脈硬化症の原因が LDL の酸化であり，この酸化が活性酸素によることが知られている。活性酸素は虚血－再灌流，ストレス，紫外線，大気汚染，薬物，過食，喫煙，放射線，過激な運動などにより生成される。現在，種々の病気の約80％は活性酸素が原因といわれており，心臓病，脳溢血，老化なども活性酸素が主たる原因であると考えられている。最近，DNA が活性酸素により壊れた残骸，8-ヒドロキシデオキシグアノシン (8-OHdG)，チミジングリコール，チミングリコールが尿中から検出され[6)～8)]，特に 8-OHdG はストレスに呼応して尿中の排泄量が増加することが判明した。DNA の損傷場所が悪いと，癌の原因にもなりかねないわけで，ストレスは生体にとって非常に好ましくないものであることがわかる。

　活性酸素は悪いことばかりはしない。白血球は活性酸素を造り癌細胞と戦い，細菌を殺し，感染から生体を保護する。一酸化窒素ラジカル（NO・）には血小板凝集を抑制する作用があるばかりでなく，血管の平滑筋を弛緩させ血圧を下げる作

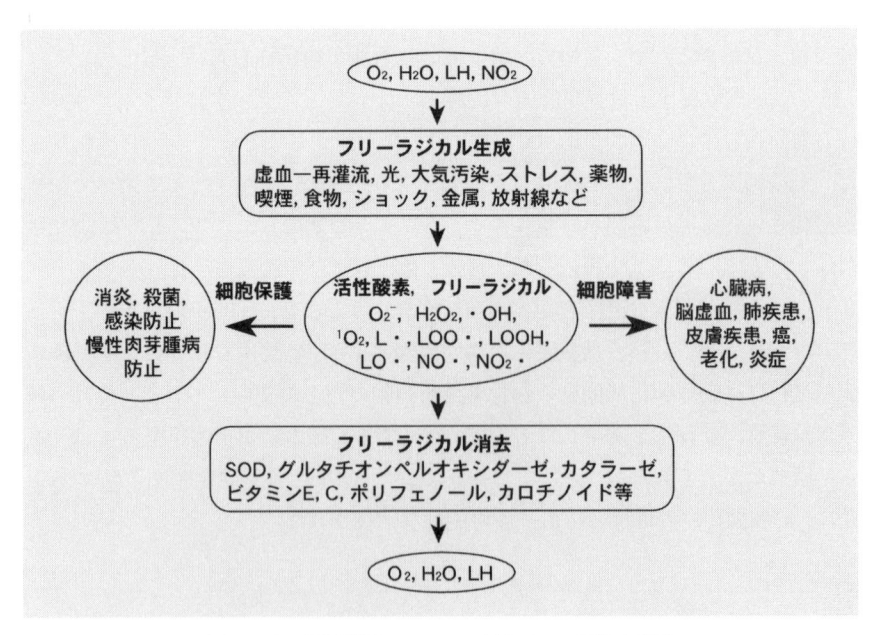

```
                    ┌─────────────────────┐
                    │  O₂, H₂O, LH, NO₂   │
                    └──────────┬──────────┘
                               ↓
                    ┌─────────────────────┐
                    │    フリーラジカル生成    │
                    │ 虚血―再灌流,光,大気汚染, │
                    │ ストレス,薬物,          │
                    │ 喫煙,食物,ショック,金属,  │
                    │ 放射線など             │
                    └──────────┬──────────┘
                               ↓
  ┌─────────┐  細胞保護 ┌─────────────────┐ 細胞障害 ┌──────────┐
  │消炎,殺菌,│ ←─────── │活性酸素,フリーラジカル│ ───────→│心臓病,   │
  │感染防止  │          │ O₂⁻, H₂O₂, ・OH,  │         │脳虚血,肺疾患,│
  │慢性肉芽腫病│          │ ¹O₂, L・, LOO・, LOOH, │         │皮膚疾患,癌, │
  │防止     │          │ LO・, NO・, NO₂・    │         │老化,炎症  │
  └─────────┘          └────────┬────────┘         └──────────┘
                                ↓
                    ┌─────────────────────┐
                    │     フリーラジカル消去    │
                    │ SOD,グルタチオンペルオキシダーゼ,カタラーゼ,│
                    │ ビタミンE, C, ポリフェノール, カロチノイド等 │
                    └──────────┬──────────┘
                               ↓
                      ┌───────────────┐
                      │ O₂, H₂O, LH  │
                      └───────────────┘
```

図Ⅳ－4　活性酸素・フリーラジカルの二面性と病態

用もある。遺伝性疾患である慢性肉芽腫病という病気があり，この患者はNADPH オキシダーゼが欠損していて，活性酸素が造れないため，重篤な感染症を繰り返すことが知られている。活性酸素は生体にとって非常に有用なものでもあり（図Ⅳ-4）[9]，過剰な活性酸素を生体でうまく消去することが重要である。

2）赤ワインの活性酸素消去能

活性酸素消去能（SOSA）測定はヒトの消化器系細胞で働く，キサンチンオキシダーゼを用い，スピントラップ剤として DMPO を使用した ESR（電子スピン

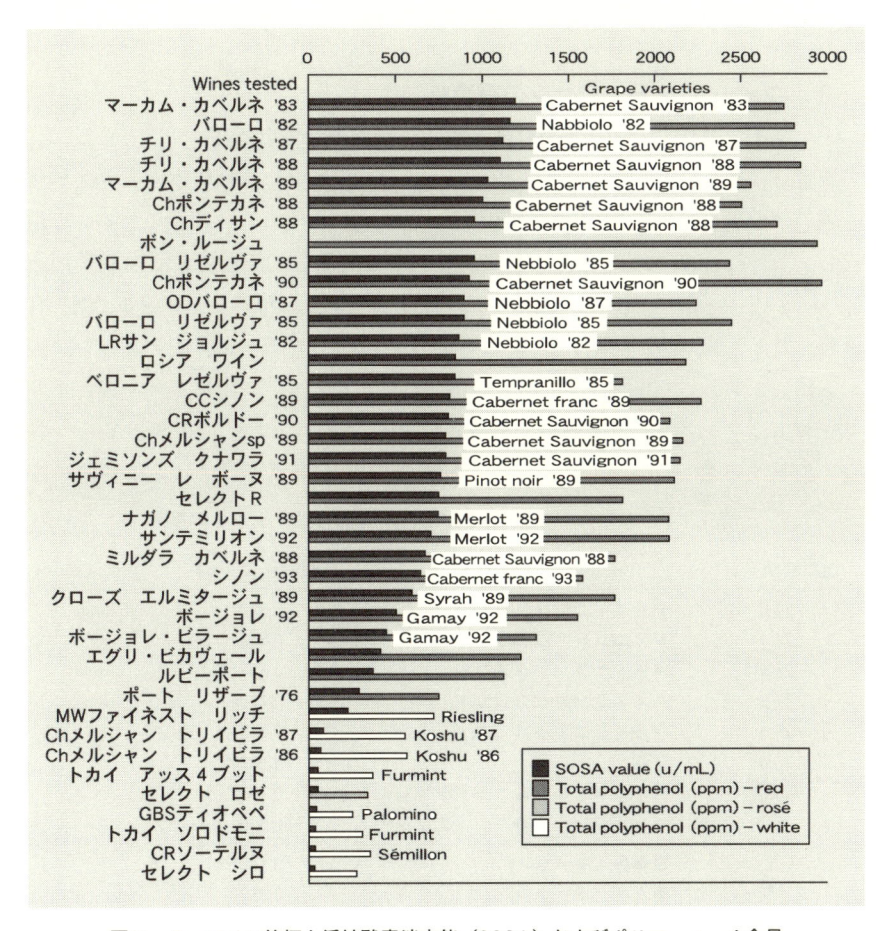

図Ⅳ-5　ワイン銘柄と活性酸素消去能（SOSA）およびポリフェノール含量

共鳴測定装置）による直接系で行なった。結果[10),11)]を図Ⅳ-5に示すが、SOSAが最も高かったのは、マーカム・カベルネ'83（カリフォルニア産），次いでバローロ'82（イタリア産）であった。チリ産のカベルネも非常に高かった。同じ銘柄で製造年の違いを見ると，少し古いほうが活性が高い傾向が認められた。次に，SOSAとワインに含まれる成分との相関を調べた。その結果、ワインのポリフェノール含量とSOSAの相関係数は0.9686（$n=43$, $p<0.001$）と極めて高いことが判明した。したがって，ワインの活性酸素消去能は，含まれるポリフェノールによることが明らかになった。

（3）ワインアントシアニンの重要性
1）ワインポリフェノールの分画と活性酸素消去活性の所在

筆者らはさらに，ワインのポリフェノールのどの画分に活性酸素消去活性が最も強いかを調べた[12)]。先の研究で使用したワインから代表的な12種のワインを選択し，C_{18} Sep-pakカートリッジにてワインを3分画し，各画分と活性酸素消去能（SOSA）の相関を調べた（図Ⅳ-6）。図中，Fr. Aは単純フェノール，糖，有機酸，アミノ酸，無機塩類など，非吸着画分であり，Fr. Bはプロアントシアニジン類，フラボノール類を含む画分で，Fr. Cはアントシアニンモノマー，ポリマーおよびタンニンを含む画分である。図Ⅳ-6より，ワインのSOSAを一番良く説明するのはFr. Cであることがわかった。筆者らは，さらに各画分を

表Ⅳ-1 アントシアニン画分（Fr. C）の各物質とSOSAの相関

溶出時間（分）	物　質　名	相関係数（r）	検出波長
22.5	デルフィニジン3-グルコシド	0.5301	525nm
24.1	シアニジン3-グルコシド	0.5334	〃
25.4	ペチュニジン3-グルコシド	0.3311	〃
27.3	ペオニジン3-グルコシド	0.1705	〃
28.6	マルビジン3-グルコシド	0.5154	〃
30.0	不明	0.8021	〃
45.0	ペオニジン3-グルコシドクマレート	0.1982	〃
45.2	マルビジン3-グルコシドクマレート	0.3009	〃
	単量体（モノマー）	0.5351	〃
	重合体（ポリマー）	0.8582	〃

アントシアニン画分中，SOSAの高いのはアントシアニンポリマーであった。

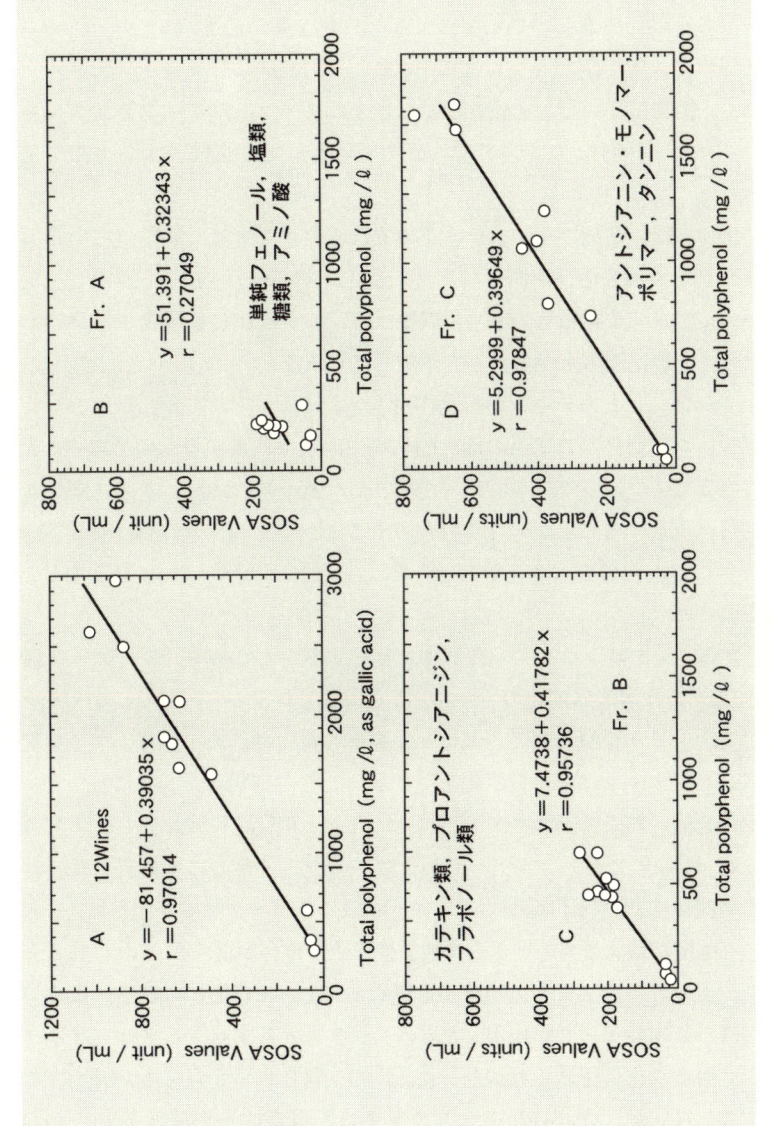

図IV-6 ワインの各画分のポリフェノール含量とSOSAの関係

2. 赤ワインと健康　113

HPLCに掛け，含まれる成分とSOSAの相関を調べた。その結果，プロアントシアニジン類に活性の高い成分を認めたが，赤ワインの活性酸素ラジカル消去活性の半分以下しか説明できないことがわかった。寄与率の最も高いFr. Cの各成分と活性酸素消去能の相関を見たところ（表IV-1），アントシアニンモノマーは相関が低く，相関の高いのは比較的多量に含まれるアントシアニンオリゴマーあるいはポリマー（重合体）であり，これがワインのSOSAを代表するものであると考えられた。

以上の結果は，同じ銘柄でヴィンテージの異なるワインでは，年代の古いほうが活性酸素ラジカル消去活性が例外なく高いこと（図IV-5）を良く説明している。したがって，赤ワインは若いうちに飲むより，多少なりとも熟成したほうが味も良くなり，抗酸化能も上がることを示唆している。

2）アントシアニンとカテキンの相互作用

アントシアニン重合体がワインの活性酸素消去活性を代表するものであることがわかったので，ワイン中で，アントシアニンモノマーがアントシアニン同士または他の物質と重合することが考えられた。そこで，モデルワイン系（エタノール12％，酒石酸0.5％，pH3.2）に，Mv 3-glcおよび(-)-エピカテキンを添加し，その挙動を調べた[13]。

最初に，アントシアニンがワイン発酵中に変化するかどうかを，スクロース20％，酒石酸0.5％の水溶液に前記のMv 3-glc 0.3mMおよび(-)-エピカテキン2mMを添加し，ワイン酵母にてアルコール発酵を行った。その結果，ワイン発酵中にはアントシアニンはなんら変化を受けないことが判明した。次に，ワイン熟成中の変化を調べた。モデルワイン系にMv 3-glc 0.3mMおよび(-)-エピカテキン2mM，さらにアセトアルデヒド35mMを添加し，常温にて放置した。経時的HPLC分析の結果，4日目からMv 3-glc以外のピーク2本が出現し，9日目にはピーク強度が最大となり，さらに放置すると，重合が進んだと思われる多数のピークが現われた。アセトアルデヒド無添加でも，40日後には非常に微小ではあるが同様の2本のピークが出現した。一方，アントシアニンとアセトアルデヒドだけでは何ら変化は認められなかった。即ち，同じアントシアニン同士では重合体を生成しないが，Mv 3-glcはエピカテキンと重合体を形成することが示唆された。

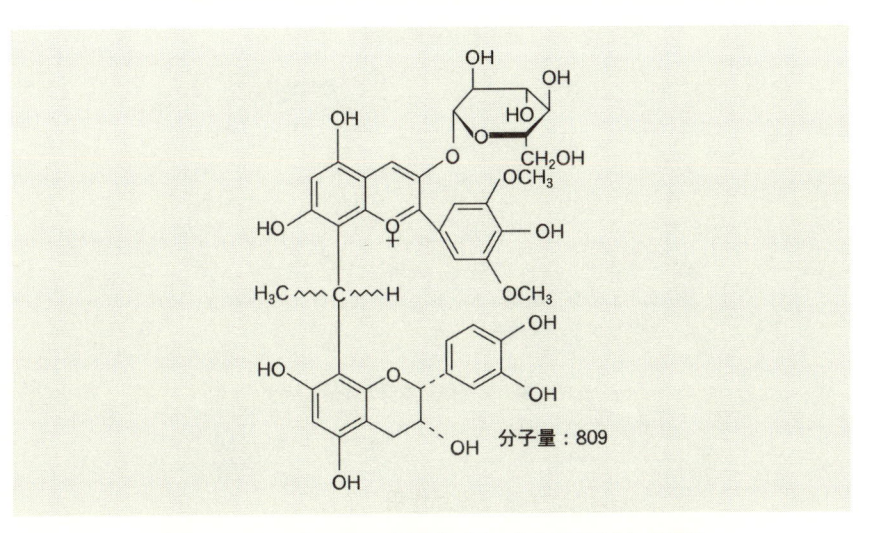

図Ⅳ—7　アントシアニン重合体（ピーク1およびピーク2）の構造

そこで，新たに出現した2物質をHPLCにて分取し，各種機器分析にて構造を検討した。主としてNMRとMS分析にて，図Ⅳ-7に示す構造であることがわかった。本物質の存在は示唆されていたが，物質を単離し，構造を決定したのは筆者らが初めてであると思われる。ピーク1およびピーク2は立体異性体である。市販ワインの分析を行ったところ，本ピークはワイン中からも検出され，実際にワイン中で熟成中に生成することが確かめられた。

3）アントシアニン-カテキン重合体の生理活性

分取して得られたピーク1およびピーク2について，血小板凝集阻害活性および活性酸素ラジカル消去活性を調べた[13]。

ヒト血液を使用しアラキドン酸およびADPにて血小板凝集を誘導する系に，種々の濃度のピーク1およびピーク2物質を添加し，その50%凝集阻害濃度（IC_{50}）を求めた。同時に原料として使用したMv 3-glcおよびエピカテキンも測定した。結果を表Ⅳ-2に示す。その結果，エピカテキンにはほとんど血小板凝集阻害活性が無く，ピーク1およびピーク2は原料のMv 3-glcより3～4倍高い活性が認められた。

次に，ヒポキサンチン-キサンチンオキシダーゼ系でO_2^-を発生させ，定法通り

表IV—2　血小板凝集阻害活性（IC$_{50}$, μM）

	凝集誘導剤	
	アラキドン酸	ADP
Mv 3-glc	330	411
エピカテキン	>1,000	>1,000
ピーク1	105	109
ピーク2	170	138

ピーク1および2物質はMv 3-glc（マルビジン-3-グルコシド）よりも活性が3〜4倍高かった。

表IV—3　活性酸素ラジカル消去活性

	SOSA（IC$_{50}$, μM）
Mv 3-glc	78
エピカテキン	13
ピーク1	20
ピーク2	16

ピーク1および2物質は原料のエピカテキンと同程度で，Mv 3-glcよりも活性が4〜5倍高かった。

ESRにて各物質の活性酸素消去活性（SOSA）を測定した。結果を50％消去濃度（IC$_{50}$）にて表IV－3に示す。表から明らかなように，エピカテキンが最も高い活性を示したが，ピーク1およびピーク2はほとんどエピカテキンと同レベルの活性を示した。この活性はMv 3-glcと比較すると，4〜5倍高かった。

　アントシアニンモノマーであるMv 3-glcは，ワインの熟成中に，ワイン中に存在するエピカテキンと重合体を形成し，その重合体の活性はモノマーよりはるかに高いことが判明した。筆者らはワインアントシアニンの重合と熟成の関係をさらに詳細に調べた[14]。その結果，赤ワインはヌーボーのように醸造直後には，多量のアントシアニン・モノマーを含むが，2〜3年熟成するとモノマーはほとんど検出できなくなった。ワインアントシアニン画分のゲル濾過クロマトグラフィーによる分子量分画により，熟成と共に分子量の大きいアントシアニン重合体が増加することを確認した。

（4）赤ワインのヘリコバクターピロリに対する作用

　欧米では，赤ワインを飲んでいるヒトに胃癌が少ないと言われている。また，胃潰瘍や胃炎の原因の一つとして，ヘリコバクターピロリ（*Helicobacter pylori*，いわゆるピロリ菌）の感染が知られており，萎縮性胃炎から胃癌へと移行する場合の多いことも報告されている。カリフォルニア州立大学フレズノ校の Fugelsang と Muller[15] は，市販の赤ワイン，バーガンディや自家醸造のシラーワインが，15分以内にピロリ菌の増殖を阻害することを報告した。彼らは，ワインを多く飲むフランスやイタリアで胃癌が少ないのは，この赤ワインのピロリ菌の殺菌作用も，その一因と考えられるとしている。

（5）赤ワインポリフェノールの脳神経系に対する作用
1）リスベラトロールの神経系に対する作用

　リスベラトロール[16] は赤ワインに含まれるポリフェノールの一種であるが，アントシアニンではない。しかし，最近非常に話題が多いので，若干触れる。

　1999年1月，ミラノ大学の Bertelli らは英国の科学誌「New Scientist」に，「毎日グラス1杯半のワインを飲み続けると，記憶力の回復や，アルツハイマー病，パーキンソン氏病など神経細胞の変性が原因とされる病気にかかりにくくなる可能性がある」ことを発表した。これはリスベラトロールが MAP kinase を7倍も活性化し，脳の細胞同士を結び付ける作用をするためだと報告[17, 18]した。MAP kinase のなかで ERK 2 のリン酸化は，記憶や学習のプロセスにおけるシナプスの変化に関与している。リスベラトロールは非常に低濃度で ERK 2 のリン酸化を誘導した。これは，リスベラトロールの脳神経系への作用についての初めての報告であるが，フランスからは，赤ワインが痴呆症やアルツハイマー症のリスクを下げるとの疫学研究が既に報告されている。

2）赤ワインの痴呆症，アルツハイマー症に対する効果

　ボルドー大学中央病院の Orgogozo ら[19] は，ボルドーのジロンドおよびドルドーニュ在住の65歳以上の3,777名について，飲酒量と死亡率，痴呆症，アルツハイマー症のリスクとの関係を3年間にわたり調べた。その結果を図Ⅳ-8に示す。ボルドーの調査対照地域では，飲酒する対照は95％がワインということで，これは赤ワインの調査結果と考えることができる。図Ⅳ-8よりワインを毎日3

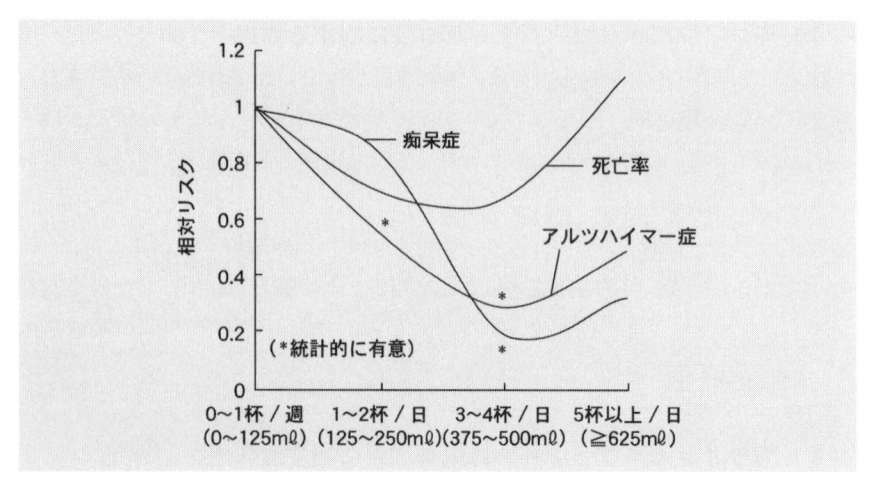

図Ⅳ－8　ワイン飲酒量
Gironde, Dordogne 在住の65歳以上の3,777名につき3年間にわたり調査。著者の一人，J.-M. Orgogozo よりデータ入手し改変。Rev. Neurol. (Paris)：153(3), 185〜192 (1997) に発表

〜4杯（375〜500 ml）飲んでいる群では，痴呆症の発症リスクが非飲酒群に比べ約1/5，アルツハイマー症の発症リスクが1/4で，死亡率も約30％低下していた。従来，アルコールはアルコール性痴呆症の原因となると考えられており，Orgogozo は，この結果は意外なものであったと述べている。このデータのワイン飲酒量は若干多いようにも思われるが，適量のワイン飲酒（グラス1〜3杯，100〜300 ml）は，心臓病に良いばかりでなく，脳神経疾患にも良いことが示唆された。

最近の Bertelli[18]の報告では，この Orgogozo[19] らの疫学データは赤ワインに含まれるリスベラトロールのためであろうとしている。しかし，Bertelli らの研究報告は培養細胞レベルの知見であり，実際にヒトでリスベラトロールが脳神経系の保護に作用するかどうかを明らかにするには，さらに試験が必要である。

（6）赤ワインの血流増加作用

健康な若いヒトでは，血液の柔軟性が高く，毛細血管を通る血流はスムースである。毛細血管の直径は約6ミクロンであるが，赤血球の直径は毛細血管の10倍以上もあり，血球は変形し，狭い毛細血管内を流動する。加齢と共に血流は遅く

なる傾向があるが，血管にも柔軟性があり，ヒトで血流を測定すると，血管の柔軟性が悪くなるのか，血液の柔軟性が損なわれるのか判定できない。農水省食品総合研究所の菊地博士は，シリコンの単結晶を使用し，毛細血管と同程度の流路をつくり，そこに血液を流すことにより，血液の柔軟性を測定する装置，Microchannel Array Flow Analyzer (MC-FAN) を考案した。この装置で血流の程度を測定すると，血液の健康度が測定できる。

1) ボランティアによる血流増加試験

筆者らは，赤ワインに血流増加作用があるものと考え，MC-FAN を使用し，ヒトにワインを飲用させ，試験を行った[20]。

ボランティアに赤ワイン，白ワイン，焼酎を各300mℓ飲用させ，1.5および3時間後に採血し，毛細血管と同程度の流路を有する MC-FAN にて，血流の通過速度および通過容量を測定した。赤ワイン飲用1.5時間後に，血流通過速度が平均4.7％，3時間後には6.6％短縮され，通過血液量は1.5時間後に6.4μℓ，3時間後に9.2μℓ増加した（図Ⅳ-9）。赤ワインを飲むと，血液の柔軟性が増し，毛細血管の血流が良くなることが示された。しかし，白ワイン，焼酎には効果がなかった。この試験では，個人差も大きいことが判明した。

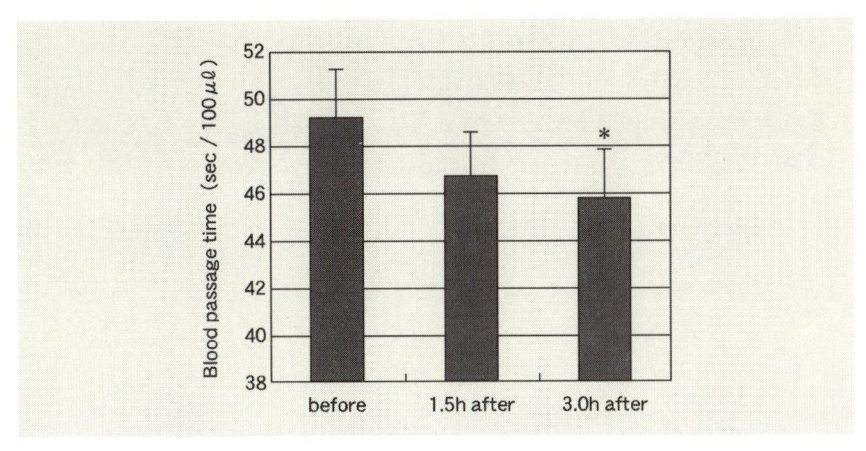

図Ⅳ-9　赤ワイン300mℓ飲用後の血液サンプルの通過時間
（n = 9，*P = 0.026 vs 飲用前）

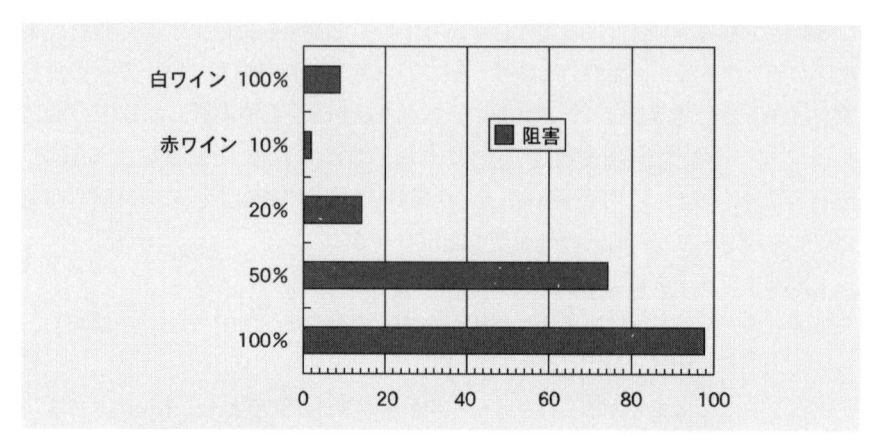

図Ⅳ-10　各段階希釈赤ワインおよび白ワインの血小板凝集阻害活性

2）赤ワインの血小板凝集阻害効果

赤ワインの血流増加作用は，その流動状態の観察から，含まれるポリフェノールによる血小板の凝集阻害効果によるものと考えた。これを検証するため，in vitro で血液に赤ワインあるいは白ワインを添加し，コラーゲンで血小板凝集を誘導し，ワインの血小板凝集阻害効果を調べた[20]。その結果を図Ⅳ-10に示すが，赤ワインの血小板凝集阻害活性は白ワインの10倍も高いことが判明した。

本研究にて，赤ワインの血流増加作用が初めて明らかとなり，その作用は含まれるポリフェノールの血小板凝集阻害効果による可能性が示唆された。また，その効果は即効的でかつ持続性のあることが判明した。これは「フレンチパラドックス」の一つの説明になりうると考えられた。

（7）ブルーベリー赤ワインの眼に対する効果

ブルーベリーは眼性疲労に良いことが古くから報告されている。活性の本体は，アントシアニンであり，筆者らは赤ワインにブルーベリー果汁を配合した，ブルーベリー赤ワインを調製し，ボランティアに投与し，生体に及ぼす効果を調べた。アントシアニンの視力改善作用については，Ⅳ-7章に詳しい解説があるので，参照されたい。ここでは，ブルーベリーの品種，アントシアニン組成など基本的なことも解説する。

1）ブルーベリーアントシアニンについて

ブルーベリーの代表的な品種としては，ビルベリー（Bilberry）ともいわれる北欧産野生種 *Vaccinium myrtillus* L.，カナダ東南部や米国メイン州で栽培され，ジャムなど加工用に使用される *V. augustiforium* Michaux，日本でも栽培されている寒冷地向きの品種，*V. corymbosum* および *V. australe*，さらに暖地向けの品種でラビットアイブルーベリーと呼ばれる *V. ashei* Reade などが知られている。このうち，北欧産野生種は他の品種より小粒であり，アントシアニン含量が他の品種より2〜3倍多い。そのアントシアニン抽出物は VMA と称

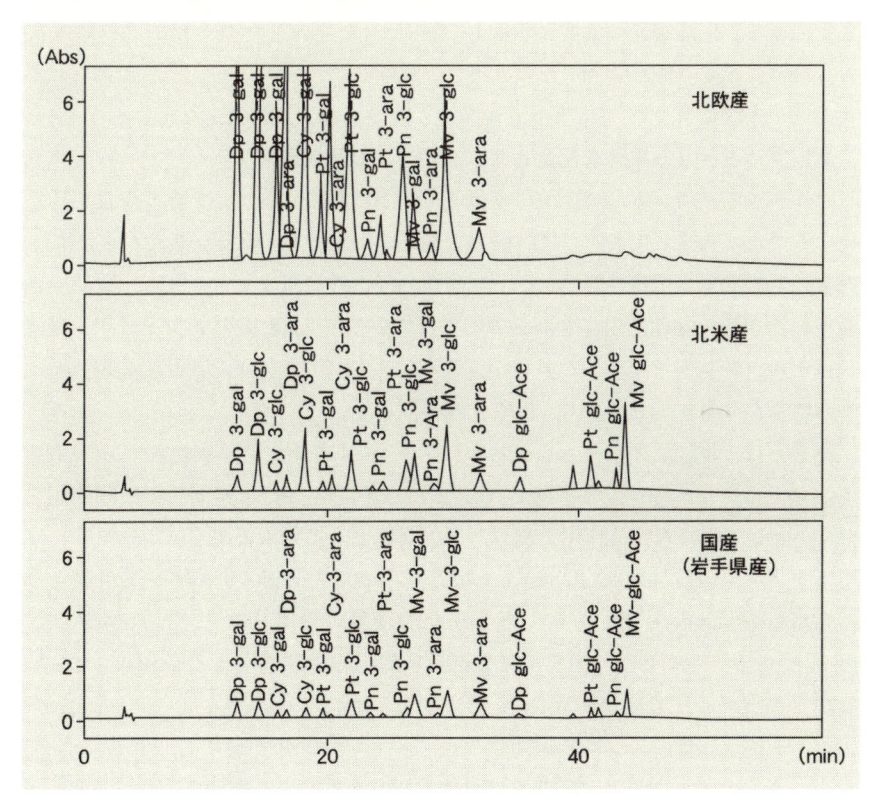

図Ⅳ—11 ブルーベリー果汁のHPLCプロファイル
HPLC はカラムとして Capcellpac C_{18}（資生堂）を用い，溶離液は0.4％リン酸（A）と80％AcCNに20％の0.4％リン酸を加えた液（B）を用い，（A）→（B）のグラジエント溶出を行った。カラム温度は40℃，検出は525nm にて行った。

され，イタリア，フランス，ニュージーランドでは，眼性疲労などに対する医薬品として認可・販売されている。

　ブルーベリーアントシアニンの特徴は，アグリコン（アントシアニジン）の種類はブドウと同じであるが，ブドウでは3位に付加する糖がグルコースだけであるのに対し，グルコース，ガラクトース，アラビノースの3種であることが挙げられる。アグリコンはブドウと同じで，マルビジン，シアニジン，デルフィニジン，ペオニジン，ペチュニジンの5種がある。したがって，これだけでも15種のアントシアニンが含まれることになる。日本では，北欧産，北米産，国産濃縮果汁が入手できる。果汁を元の濃度に希釈し，HPLCで分析したクロマトグラムを図IV-11[21]に示す。図から明らかなように，北欧産ブルーベリー果汁にはアントシアニンが多量に含まれ，Dp 3-glcが多く，他の品種とは組成比も異なる。

2）ブルーベリー果汁を配合した赤ワインの飲用試験

　ブルーベリーアントシアニンの薬効としては，網膜ロドプシンの再合成を活性化することが知られており，暗所視力の適応力が増強し，視野が拡大する。また，網膜の毛細血管の抵抗性を増し，毛細血管の浸透性を減少する。他に，抗潰瘍活性や結合組織の強化作用などがあるとされている[22]。北欧産のブルーベリー果汁にはデルフィニジン配糖体が多いが，このアントシアニジンのB環にフェノール性水酸基が3コ付加しており，抗酸化能が高い。

　筆者らは，北欧産ブルーベリー果汁を赤ワインに配合し，年齢が40から50歳のボランティア（n=39，男性20名，女性19名）に夕食時，毎日180mlを1週間飲用させ，主として眼に対する作用を調べた[21]。薬用として効果のあるブルーベリーアントシアニンの投与量は約60mg/dayであるので，ブルーベリーアントシアニンの含有量を350mg/lとし，かつガリック酸換算の総ポリフェノールが約3,000mg/lであるブルーベリー赤ワインを調製した。180mlのワインを飲用すると，63mgのブルーベリーアントシアニンを摂取することになる。

　ブルーベリー赤ワインを1週間飲むと，26％の被検者で眼に対し非常に有効，44％がやや有効と回答した。非常に有効とやや有効を合計すると，70％の被検者で有効であり，極めて優秀な成績であった。被検者のコメントとして，眼が疲れない，眼性疲労に効果がある，眼のしょぼつきが改善した，夜ふかししてもテレビがよく見える，コンピューターを長時間使用しても眼が疲れない，熟睡でき，

朝の目覚めが良いなどが得られた。また，肩こりや腰のこりがなくなったという被検者も複数認められた。以上から，ブルーベリー果汁を含む赤ワインは，眼性疲労に効果のあることが示唆された。

■文　　献■

1) Renaud, S. and de Lorgeril, M. : *Lancet*, **339**, 1523〜1526, 1992
2) Frankel, E.N., Waterhouse, A.L. and Kinsella, J.E. : *Lancet*, **341**, 1103〜1104, 1993
3) Maxwell, S.R.J., Cruickshank A. and Thorpe, G. : *Lancet*, **344**, 193〜194, 1994
4) Kondo, K., Itakura, H. *et al.* : *Lancet*, **344**, 1152, 1994
5) 飯島勝矢ら : *J. ASEV. Jpn.*, **10**, 118〜119, 1999
6) Kasai, H. *et al.* : *Carcinogenesis*, **7**, 1849〜1985, 1986
7) Shigenaga, M.K. *et al.* : *Proc. Natl. Acad. Sci., USA*, **66**, 9697〜9701, 1989
8) Chung, M.H. *et al.* : *Mutation Res.*, **154**, 254〜266, 1991
9) 佐藤充克 : 醸協, **92**, 96〜107, 1997
10) 佐藤充克・越智宏倫ら : 日本農芸化学会1995年度大会, 講演要旨集p.366, 1995
11) Sato, M., Ramarathnam, N. and Ochi, H. *et al.* : *J. Agric. Food Chem.*, **44**, 37〜41, 1996
12) Sato, M. *et al.* : "Food Factors for Cancer Prevention," Ohigashi, H. Osawa T. *et al.* (Eds.), Springer-Verlag Tokyo, pp.359〜364, 1997
13) 森光康次郎ら : 日本農芸化学会1997年大会, 講演要旨集, p.58, 1997
14) 鈴木由美子・佐藤充克 : *J ASEV Jpn.*, **10**, 112〜113, 1999
15) Fugelsang, K.C. and Muller, C.J. : Proceedings of the Symposium on Wine and Health, A.L. Waterhouse *et al.* ed., published by Am. Soc. Enol. Vitic., pp. 43〜45, 1996
16) Sato, M., Yokotsuka, K. *et al.* : *Biosci. Biotech. Biochem.*, **61**, 1800〜1805, 1997
17) Miloso, M., Bertelli, A.A.E. *et al.* : *Neurosci. Lett.*, **264**, 141〜144, 1999
18) Tredici, G., Bertelli, A. *et al.* : *Drug Exp. Clin. Res.*, **25**, 99〜103, 1999
19) Orgogozo, J.-M., Renaud, S. *et al.* : *Rev. Neurol.* (Paris), **153**, 185〜192, 1997
20) Sato, M. and Namiki, K. : Proceedings of the symposium, "Polyphenols, Wine and Health," Bordeaux, France, pp. 7〜8, 1999
21) 佐藤充克・鈴木由美子ら : *J. ASEV Jpn.*, **9**, 181〜182, 1998
22) 伊藤三郎 : *Food Style*, 21, **2**, 43〜49, 1998

3. 抗酸化性

（1）酸素の性質と活性酸素

　酸素分子が地球上の大気中に増え始めたのは，光合成の能力を備えた藻類などの原核生物が発生してからであり，約30億年前からと推定されている。酸素分子は生態系の最終酸化剤として理想的な性質をもっている。すなわち高い酸化能，酸化反応に対する速度論的障壁，そして無害な産物の生成などである。このように優れた電子受容体（酸化剤）のため，活性酸素の生成抑制能と消去機能をもち，酸素呼吸をするように進化した好気性生物にとっては効率的に生化学エネルギーを得るためになくてはならない物質になった。

　大気中の酸素分子そのものは，基底状態で3重項（$^3O_2$）になっており比較的安定なビラジカルである。しかし，活性化を受けた酸素分子は，図Ⅳ—12のように1電子ずつ還元されて最終的には4電子還元されて水になる。酸素が1電子還元されると，スーパーオキシドアニオンラジカル（O_2^-），2電子還元の過酸化水素（H_2O_2），3電子還元のヒドロキシラジカル（・OH），4電子還元の水分子（H_2O）となる。さらに，物理的（光増感反応）に励起されて1重項の状態になった酸素分子（$^1O_2$）も高活性である。H_2O以外は元の$^3O_2$と比べると活性が高く，各種の生体内物質と反応することから，活性酸素と呼ばれている。

　基底状態の酸素分子が還元される場合をエネルギー的に眺めると，図Ⅳ—12に示すようになる。$^3O_2 \rightarrow O_2^-$の反応が上り勾配で起こりにくいだけで，$^1O_2 \rightarrow O_2^-$

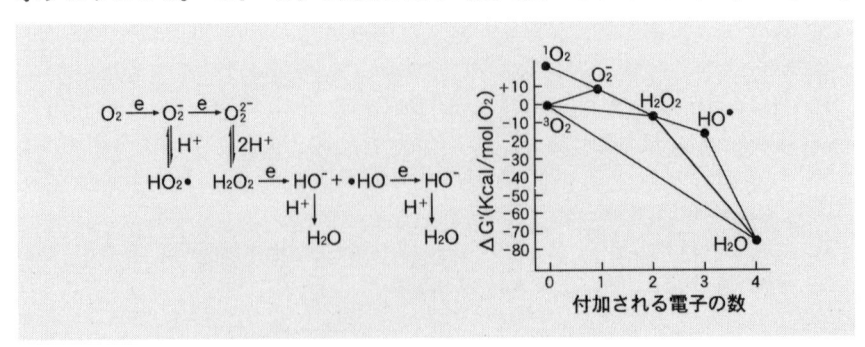

図Ⅳ—12　酸素分子の4電子還元反応とエネルギー

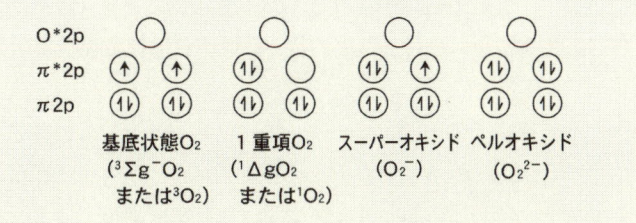

図Ⅳ—13　2原子酸素における電子状態

→H_2O_2（O_2^{2-}）→・OH→OH^-（H_2O）の還元反応は，下り勾配で起こりやすい（発熱反応）ことがわかる。特に・OH＋e→OH^-（H_2O）の反応はエネルギー落差が大きいため容易に起こる。

$^3O_2$をはじめとする2原子酸素におけるπ2P以上の分子軌道の電子状態は図Ⅳ—13のようである。いずれの分子種もπ2P分子軌道までは同じように電子が詰まっており，2つの反結合性軌道π*2Pの電子状態のみがそれぞれ異なっている。基底状態の酸素分子（$^3\Sigma_g^- O_2$）では，反結合性の最高被占軌道（π*2P）に平行スピンの2個の不対電子（ビラジカル）をもっているため，3重項で常磁性を示す。このため，基底状態の酸素分子は非ラジカル性物質に対しては，スピン禁制のため緩慢にしか反応できず比較的安定な性質を表すが，ラジカルや酸化電位の低い化合物に対しては高い反応性を示す。

1重項酸素分子（$^1O_2$）はπ*2P軌道の片方に逆平行のスピンの電子をもつ。通常の反応に関与する$^1O_2$は$^1\Delta_g$であり，基底状態の酸素より約23 kcal/mol 高いエネルギーをもつため，反応性が高い。O_2^-は酸素分子にπ*2P軌道に1電子が加わったものである。生体内物質への反応性は比較的乏しいものの，酸化・還元など多彩な反応を行い，生体における酸素毒性の中心的な役割を担うと考えられている。ペルオキシドイオン（O_2^{2-}）またはH_2O_2は過剰の電子が反結合性軌道に入っているので，電子同士の反発が起こり酸素—酸素間の結合が弱くなっている。そのため，酸素—酸素間で解裂が起こりやすい。実際，金属イオン（M^{n+}）が存在すると高活性の・OH を生じる（フェントン反応）。

$H_2O_2 + M^{n+} \rightarrow HO\cdot + M^{(n+1)+} + OH^-$　（$M^{n+} = Fe^{2+}, Cu^+$）

・OH は極めて反応性の高い2重項のラジカルであり，1電子を受け取ってOH^-

になりやすいので，求電子的な性質をもつ強い酸化剤である（図IV－12）。また，水素引き抜き，2重結合への付加なども行い，いずれも拡散律速に近い速度で反応する。

上に述べた活性酸素の他に，広義には一酸化窒素（NO），二酸化窒素（NO$_2$），オゾン（O$_3$），NO と O$_2^-$ から生じたパーオキシ亜硝酸（ONOOH），脂質が活性酸素と反応してできた脂質ヒドロペルオキシド（LOOH），脂質ペルオキシラジカル（LOO・），脂質アルコキシラジカル（LO・），Cl$^-$ と H$_2$O$_2$ からミエロペルオキシダーゼにより生じる次亜塩素酸（HClO），鉄酸素錯体（Fe^{3+}O$_2^-$）なども活性酸素に含めることがある。活性酸素のなかでも O$_2^-$ や HO・あるいは NO, NO$_2$, LOO・, LO・などは不対電子をもち，フリーラジカルと呼ばれる。また，全部をまとめて活性酸素・フリーラジカルということもある。

（2）活性酸素・フリーラジカルの発生

活性酸素・フリーラジカルは我々の周りに常に存在する。NO や NO$_2$ などの窒素酸化物は大気汚染の元になっている。紫外線，X 線，γ 線などの放射線は高いエネルギーをもっており，水分子に当たると・OH を発生させる。また，パラコートなどの農薬やアドリアマイシン，ブレオマイシン，マイトマイシン C，シスプラチンなどの医薬品は，フリーラジカルを発生させることで，それぞれ除草や殺癌を行っている。また，喫煙により多数のラジカル物質が発生している。その他，ウイルス感染，金属イオン，食事，ストレスなどによって活性酸素がもたらされる場合もある。

一方，生体内でも活性酸素が絶えず発生している。好気性生物は活性酸素をエネルギーを得るための呼吸に，また動物の食細胞（好中球やマクロファージ）は活性酸素を殺菌などの生体防御に積極的に利用している。また，生体の組織が虚血状態になったり，虚血後に再び血流が回復すると（虚血－再灌流），活性酸素が大量に発生する。

（3）活性酸素・フリーラジカルの消去と抗酸化性物質

生体の恒常性が崩れ，活性酸素の生成抑制能と消去機能が低下し活性酸素・フリーラジカルが過剰になると，これらは酸素毒として生体成分を傷害する。その

ため，組織や細胞の内外で様々な抗酸化性物質を中心とする抗酸化的防御システムが働き活性酸素・フリーラジカルを抑制・消去しようとする。

まず，グルタチオンペルオキシダーゼ，カタラーゼ，ペルオキシダーゼなどの酵素によるヒドロペルオキシドや過酸化水素の還元，トランスフェリン，フェリチン，セルロプラスミン，ラクトフェリン，アルブミンなどのタンパク質による金属イオンのキレート化による不活性化，カロチノイド（β-カロテン，リコピン）などによる $^1O_2$ の消去など，活性酸素・フリーラジカルの消去とその生成を抑制する機構（予防的抗酸化機構）がある。次に，生成した活性酸素・フリーラジカルのスーパオキシドジスムターゼ（SOD）による消去や，ビタミンE（主にα-トコフェロール），ビタミンC（アスコルビン酸），カロチノイド，ビリルビン，グルタチオンなどの低分子物質によって速やかにラジカルを捕捉し，ラジカル連鎖開始反応や連鎖反応を抑制する機構（ラジカル捕捉型抗酸化機構）がある。しかし，なんらかの原因で活性酸素が消去しきれなくなると，近傍のタンパク質，脂質，核酸などを無差別に攻撃し，酸化的損傷（酸化的ストレス）をもたらす。この場合，傷害を受けたタンパク質，脂質，核酸，酵素などをホスフォリパーゼA_2，プロテアーゼ，エンドヌクレアーゼなどの酵素により修復・再生する機能（修復・再生機能）が働く。

修復・再生が不可能なほど損傷が激しい場合は細胞や組織が自ら死んでしまうアポトーシスが起こるため，アポトーシスも酸化的ストレス防御の最終手段であるとも考えられている。

（4）活性酸素・フリーラジカルと生活習慣病

我々は常に活性酸素・フリーラジカルにさらされているが，健康な状態では過剰の活性酸素・フリーラジカルは何重もの防御システムによりほぼ消去されている。しかし，なんらかの理由で活性酸素・フリーラジカルが過剰になると，生体のタンパク質，脂質，核酸，酵素などが酸化的損傷を受けるようになる。このような酸化的損傷や酸化生成物の蓄積が原因となり，極めて多くの疾病・病態をもたらす。200以上の病気と関係あるともいわれており，まさに万病の元である。特に"フリーラジカル病"と呼ばれるものは脳神経疾患，眼疾患，心疾患，動脈硬化，呼吸器疾患，消化器疾患，腎疾患，がん，炎症・アレルギー疾患，糖尿病，

ショック，多臓器不全，高血圧などがある。これらの疾病・病態は食事などの長年の生活習慣が原因であることが多いため，"生活習慣病"（Life-style related diseases）とも呼ばれる。

（5）食品素材中の抗酸化性物質

このように活性酸素・フリーラジカルが深くかかわった生活習慣病などの疾患を予防し，健康を維持するためには，本来生体が備えている活性酸素の生成抑制能や消去機能を補い，生体の恒常性を保たせることが必要である。そのため，適切な生活習慣を設定し，抗酸化性を有する化合物を日常的に摂取することが重要になってくる。抗酸化性物質を薬剤として摂取するよりも，抗酸化性成分を含む食品から食事として摂取することのほうが自然であり，生活の質を落とさずに健康を維持できることから，第一義的に考えるべきことである。したがって，各種

表Ⅳ─4　植物性食品素材中の抗酸化性物質

植物性食品素材	抗酸化性物質
種子類，野菜類，果実類	各種ポリフェノール類（フラボノイド，タンニンなど）
緑茶	カテキン類
紅茶	テアフラビン類
カカオマス	各種ポリフェノール類
（香辛料）	
コショウ	ピペリン類縁体
トウガラシ	カプサイシン類
ショウガ	ジンゲロール類，ジアリールヘプタノイド類
ウコン	クルクミノイド
ゴマ	リグナン類縁体
シソ科ハーブ	ロスマリン酸
ローズマリー，セージ	カルノソール，ロスマノール，フラボン類
オレガノ	チモール，カルバクロール，ロスマリン類縁体
マジョラム	アルブチン
タイム	ビフェニル類
ヨモギ	ジカフェオイルキナ酸類
（海藻類）	
ショウジョウケノリ	ブロモフェノール類
アオノリ	フェオフィチン a
アラメ	ピロフェオフィチン a，フロロタンニン，カロチノイド

の食品素材の抗酸化能を把握したり，食品素材中に含まれる天然抗酸化性物質を検索・精査することが重要になってくる。

このような観点からの検索の結果，ビタミンA，C，Eのような栄養成分はもちろんのこと，従来あまり目を向けられていなかった非栄養成分のなかにも多くの抗酸化性物質が見いだされつつある。特に植物性食品素材で多く（表IV—4），その他，発酵生産物，タンパク質加水分解物，アミノ―カルボニル反応生成物，動物性食品素材などでも見いだされている。

普通に食品として摂取する植物の種子類，野菜，果実類などのなかには抗酸化性をもつ各種のポリフェノール類がたいてい含まれる。また，緑茶にはカテキン類が，紅茶にはテアフラビン類が，カカオマスには各種ポリフェノール類が含まれている。香辛料としては，トウガラシ中のカプサイシン類，ショウガ中のジンゲロール類，ウコン中のクルクミノイド，ゴマ中のリグナン類縁体などがある。また，シソ科ハーブにも多くの抗酸化性成分が含まれており，ロスマリン酸は代表的なものである。これらの多くは（ポリ）フェノール類で，ロスマノールのようにビタミンEや合成抗酸化剤であるBHTやBHA以上の抗酸化作用を示す化合物もある。また，海藻類からも抗酸化物質が見いだされている。

食品素材中の抗酸化性成分についてはフラボノイドを中心として多くの（ポリ）フェノール類が作用本体であることが報告されている。フラボノイドは高等植物のほとんどに含まれており，アグリコンとしても配糖体としても存在し，現在4,000種ほど知られている大物質群である。フラボノイドはフェノール性水酸基を複数もつため，潜在的に電子や水素の供与性が高く，活性酸素・フリーラジカルを消去できる。また，フラボノールが $^1O_2$ と反応した場合は，図IV—14のように酸素が2位炭素に結合してヒドロペルオキシドを生じ，デプシドを経て，さらに安息香酸誘導体にまで分解することによって，抗酸化性を示す。

フラボノイドのラジカル捕捉能はB-環にオルトジヒドロキシ（カテコール）構造をもつこと，4-位にカルボニル基をもち，かつ2, 3-位に二重結合をもつこと（不対電子の共鳴による非局在化が可能），また3, 5-位に水酸基をもつこと（いずれかが酸化されても不対電子の共鳴による非局在化が可能）により強化される。これら全ての要請を満たしているケルセチンやミリセチン（図IV—14）は強い抗酸化性をもつことになる。フラボノイドにはまた脂質過酸化の抑制作用もある。*in vivo*

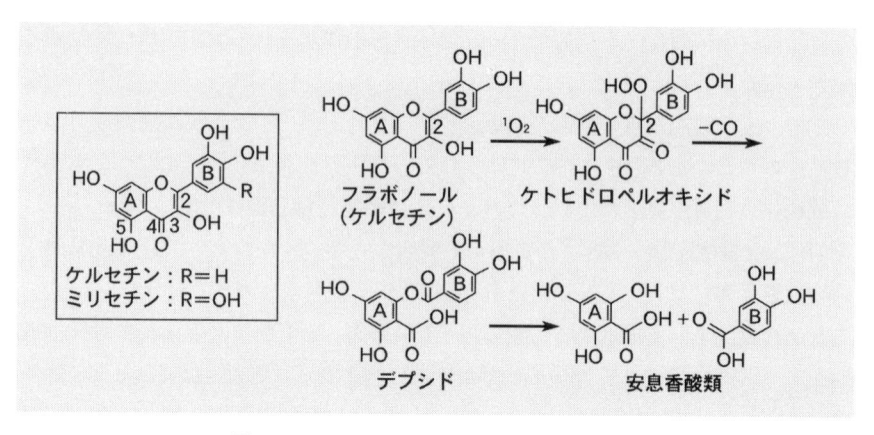

図Ⅳ-14 $^1O_2$ によるフラボノールの酸化反応

での脂質過酸化の開始には活性酸素や金属イオン，リポキシゲナーゼなどが必要とされているので，過酸化の抑制作用にはラジカル捕捉作用のほかに，キレート生成による金属イオン封鎖も関与するものと考えられている。しかし，金属イオンの相対的濃度が高い場合は酸化（プロオキシダント）作用を示す場合もあるため注意が必要である。

フラボノイドは多くの植物性食品素材中に含まれるため，ヒトは食事を通じて，1日当たり最大約1gを経口摂取しているが，わずかしか吸収されないといわれている。したがって摂取したフラボノイドがどれだけ有効かは未知であり，その評価のための吸収や体内動態の検討は最近始められたばかりである。

（6）アントシアニンの抗酸化性

フラボノイドの一種であるアントシアニンは多くの食用植物に含まれている（第Ⅰ章，表Ⅰ-3参照）。また，赤ワイン，ベリー類のジャム，梅漬などの食品にも含まれている。したがって，食事として他のフラボノイドと共に日常的に摂取する可能性は高い。また，高齢化による健康志向，着色料の天然物志向も手伝って，アントシアニンの機能性に重点をおいた研究が行われ始めている。現在わかっているだけでも，抗酸化性，抗変異原性，血圧上昇抑制作用，肝機能障害軽減効果，視覚改善作用，抗糖尿病活性など多くの機能性をもつことが判明している。

抗酸化性については山ブドウ，アツミカブ，ナス，ブドウ，紫サツマイモ中の

アントシアニンや，赤インゲン中の Cy 3-glc などで確認されている。また，ナスやブドウのアントシアニンは p-クマル酸でアシル化されたものもあり，それらのデアシル体より強い抗酸化性を示した。このことより，pC は分子内で活性を増強（分子内シネルギスト作用）していることが示唆された。また，Cy 3-glc は，そのもの以外にその酸化分解物（プロトカテキュ酸）もまた抗酸化性をもち，2段構えで抗酸化活性を表すことが判明した。

現在，$in\ vitro$ で発現されたアントシアニンの機能性が $in\ vivo$ でも平衡性があるかどうかを確認するため，吸収・体内動態の解明が試みられている。Cy 3-glc とシアニン（Cy 3, 5-diglc）について，ラットに経口摂取させた実験結果では，両色素とも配糖体のままで吸収され，その一部はメチル化されるという興味ある結果が得られている。

（7）ポリアシル化アントシアニンの抗酸化性

筆者らもアントシアニンの新規な機能性の検索とその有効利用をめざし，その構造と安定性および抗酸化性について検討した。対象としては，安定性が高いこと，伝統的に食用色素として用いられているため安全性が高いこと，比較的収量が高いことなどの特徴を備えているチョウマメの花色素および紫ヤム塊茎の色素を選んだ。この際，すでに実用化が進んでいる紫サツマイモ塊根の色素と比較した。安定性試験は中性水溶液中（pH7.0, 30℃），可視部極大吸収強度の経時変化の半減期（$h_{1/2}$）で評価した。また抗酸化性はリノール酸過酸化阻止能（カロテン退色法）と DPPH ラジカル消去能で評価したが，いずれの色素試料の脂質過酸化阻止率（IR%）とラジカル消去率（RS%）とは平行性がみられた。

単離アントシアニンの構造決定の結果，図Ⅳ-16のようにチョウマメ花および紫ヤム塊茎はそれぞれユニークな構造のテルナチン（T）類およびアラタニン（Alt）類を，また紫サツマイモ塊根は YGM 類を含んでいた。いずれも芳香族有機酸（AR）を複数もつポリアシル化アントシアニンであった。粗色素試料の安定性は，チョウマメ色素（$h_{1/2}$=67日）＞紫ヤム色素（$h_{1/2}$=10日）＞紫サツマイモ色素（$h_{1/2}$=230分）の順であり，チョウマメ色素は用いた色素中でも最も安定であった。一方，抗酸化性の強さは，紫サツマイモ色素＞紫ヤム色素＞チョウマメ色素の順であった。

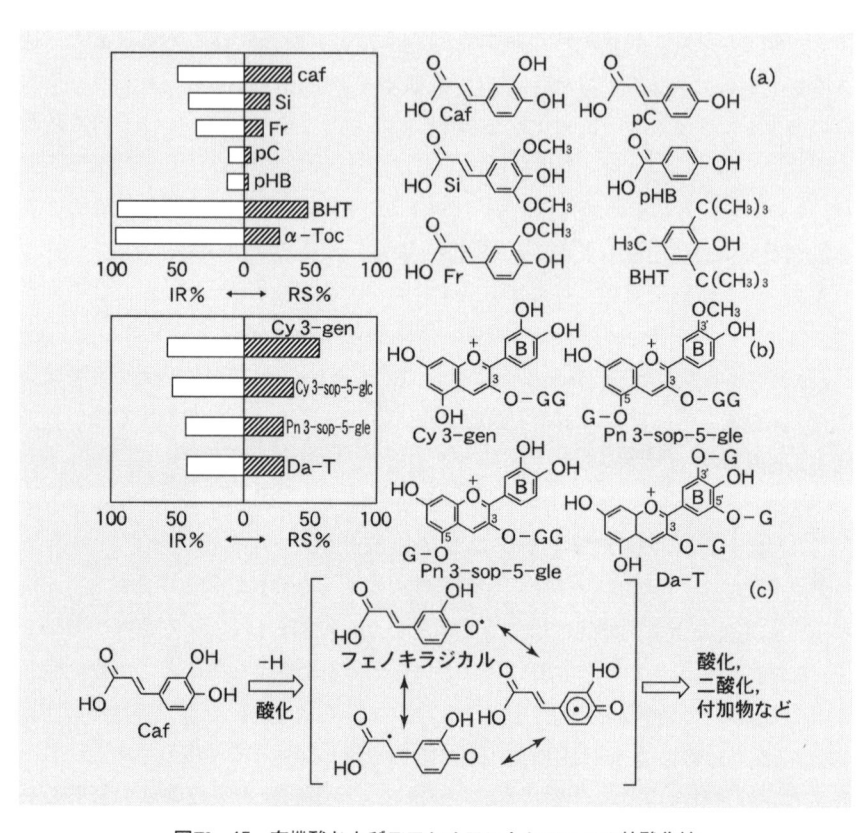

図Ⅳ—15 有機酸およびデアシルアントシアニンの抗酸化性

　まず，各単離色素の関連 AR について，抗酸化性を検討した結果は，図Ⅳ—15 (a) のように，(コーヒー酸: Caf)＞(シナピン酸: Si)＞(フェルラ酸: Fr)＞(p-クマル酸: pC)＞(p-ヒドロキシ安息香酸: pHB) の順であった。ヒドロキシケイ皮酸類のほうが pHB より高く，芳香環にカテコール構造をもつ Caf が最も高かった。Caf に代表される構造は，酸化生成したフェノキシラジカルを共鳴安定化するのに有効であると考えられた (図Ⅳ—15 (c))。

　また，各脱アシル体 (デアシルアントシアニン: DA) の抗酸化性試験の結果，図Ⅳ—15 (b) のように，(Alt-C の DA: Cy 3-gen)＞(YGM-3 の DA: Cy 3-sop-5-glc)＞(YGM-5a, 5b, 6 の DA: Pn 3-sop-5-glc)＞(テルナチンのDA: Da-T)

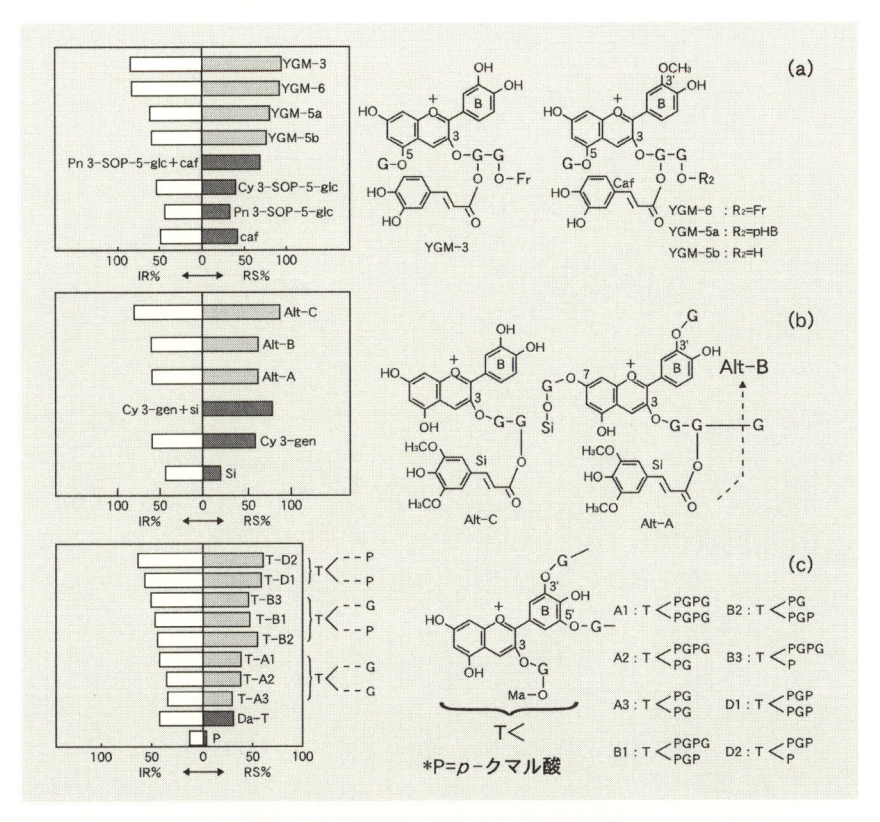

図Ⅳ-16 単離アントシアニンの抗酸化性

の順であった。これらは AR と同様に，B-環にオルトジヒドロキシ構造をもつ Cy 系が高く，また，3-置換体＞3,5-ジ置換体であった。この結果もまた，フェノキシラジカルの共鳴安定化に寄与しやすい構造であるほど高活性であることを支持した。

次に，各単離色素の抗酸化性の強さ（図Ⅳ-16）はいずれも，相当する脱アシル Pn 3-sop-5-glc 体および遊離の AR より高い活性（YGM-6＞Pn 3-sop-5-glc+Caf および Alt-C＞Cy 3-gen+Si）を示したこと，かつ，単に脱アシル体と等モルの AR の混合物より高活性であったことなどより，結合 AR の分子内での活性増強作用が示された。紫サツマイモ単離色素 YGM 類の抗酸化性は図Ⅳ-

3. 抗酸化性　133

16（a）のように YGM-3＞YGM-6＞YGM-5 a ≒ YGM-5 b の順であり，B-環にカテコール構造をもつ Cy タイプの YGM-3 のほうが，Pn タイプの YGM-5 b，-5 a，-6 より活性が高いことが確認できた。また，YGM-6＞YGM-5 a であることから結合 AR の活性増強効果は Fr＞pHB の順であり，遊離の AR と同順序であった。紫ヤム単離色素の抗酸化性は図Ⅳ—16（b）のように Alt-C＞Alt-A ≒ Alt-B の順であった。Alt-C は Si を 1 分子しかもたないにもかかわらず，Si を 2 分子もつ Alt-A や Alt-B より活性が高かった。Alt-A や Alt-B は Cy の B-環の 3'-OH が糖でふさがっているため，B-環にカテコール構造をもつ Alt-C のラジカル安定化効果が，Si の分子内増強効果より大きな寄与をするためと考えられた。チョウマメ花単離色素の抗酸化性は図Ⅳ—16（c）のようにテルナチン D（T-D）類＞T-B 類＞T-A 類の順であった。この結果より，3'，5'-側鎖の内側の pC（図Ⅳ—16（c）では P と表示）は分子内会合のため側鎖中に埋もれているため，側鎖末端に位置する（分子内会合の外側に露出している）pC 数が多い T-D 類ほど活性が高いものと説明できた。実際，テルナチン類は溶液中でアグリコン部と側鎖部の pC がサンドイッチ型スタッキングにより，強く分子内会合を起こしていることが NMR 測定で確認されている。

　まとめると，チョウマメ，紫ヤムおよび紫サツマイモ色素などのポリアシル化アントシアニン類においては分子内の AR がアグリコンと分子内会合をおこし，アグリコン部の色調の安定化ばかりでなく，抗酸化活性の増強（分子内シネルギスト）に大きく関与していることが判明した．また，色素の抗酸化性の強さはアグリコンや AR が生じたフェノキシラジカルを共鳴安定化する構造であるほど大きいことが判明した。テルナチン類は，強い分子内会合のため高い安定性を示すが，抗酸化活性に有効に作用するのは，側鎖末端に位置する AR のみである。これらの事実より色素分子の安定性と抗酸化性に対する結合 AR の寄与はやや異なり，安定性と抗酸化性が必ずしも比例するわけではないことがわかる。また，これらの知見は他のアシル化アントシアニン類にも適応できるものと考えられる。

　このようにチョウマメ花色素および紫ヤム塊茎色素は適度な抗酸化性をもち，高安定であり，かつ伝統的に利用されていることより安全性の問題は少ないものと考えられることから高安定多機能性色素の素材として期待される。

■参考文献■

- 中野　稔・浅田浩二・大柳善彦編：活性酸素—生物での生成・消去・作用の分子機構—，共立出版，1988
- 日本化学会編：活性酸素種の化学（化学総説 No.7），学会出版センター，1990
- Ingraham, L.L. and Meyer, D.L.（松尾光芳　訳）：酸素の生化学—二原子酸素反応の機構—，学会出版センター，1991
- Halliwell, R. and Gutterrige, J.M.C.（松尾光芳，嵯峨井勝，吉川敏一訳）：フリーラジカルと生体，学会出版センター，1988
- 奥田拓男・吉川敏一：フリーラジカルと和漢薬，国際医書出版，1990
- 吉川敏一編：フラボノイドの医学，講談社サイエンティフィク，1998
- 吉川敏一編：抗酸化性物質のすべて，先端医学社，1996
- 二木鋭雄・島崎弘幸・美濃　真：抗酸化性物質—フリーラジカルと生体防衛—，学会出版センター，1994
- 吉川敏一編：老化病予防食品の開発，シーエムシー，1999
- Igarashi, K., Abe, S. and Satoh, J. : *Agric. Biol. Chem.*, **54**, 171〜175, 1990
- 寺原典彦：アシル化アントシアニンの構造と機能性（食品の色と健康，アントシアニン），日本農芸化学会1999年度大会，1999

4. 生体内抗酸化性と体内動態

　活性酸素，フリーラジカルと老年病との関係が明らかになるにつれ，食品因子によるがんなどの疾病の予防効果が大いに注目されるようになった。そのため，これまで生理機能の点から注目されなかったアントシアニンについても，多くの期待が寄せられるようになった。ここ数年にわたり，筆者らの抗酸化性の研究の他，ブルーベリー由来のアントシアニンの抗潰瘍効果[1]，がん細胞に対する増殖抑制効果[2]が報告されるようになり，植物性食品成分としてアントシアニンが大いに注目されている。特に近年，興味がもたれているのは，実際に生体内においても抗酸化性を示すのか，また摂取後の吸収，代謝がどのように行われ，その機能を発現するのかという点である。

　ここでは，アントシアニンの生理機能について，生体内抗酸化性の観点から検討した筆者らの結果を述べ，これに関連してアントシアニンの体内動態についてのこれまでの動向と筆者らの得た知見について概説する。

(1) アントシアニンの試験管レベルでの機能

　アントシアニンは，他のフラボノイド類に比べると機能性に関するデータは乏しい。筆者らがアントシアニンの生理機能に注目したのは，食用豆類の機能性を明らかにしたいという目的から，35種の豆類の抗酸化性のスクリーニングを行ったことからであった。スクリーニングの結果，強い抗酸化性を有する豆類の一つとしてインゲンマメを見いだしたが[3]，インゲンマメは，多くの品種があり，その大きさ，形はさまざまである。なかでも種皮の色は，白，赤，黒などバラエティに富んでいる。ここで興味がもたれるのは，種皮に含まれる色素が酸化ストレスに対して大きな役割をもつのではないかということである。これは豆に限らず，植物種子が次世代に子孫を残すため，貯蔵中は将来の発芽に備えて過酷な酸化的傷害から身を守るための抗酸化的防御機構を有していると思われるからである。そこで種皮の色が白，赤，黒の3種類のインゲンマメについて種皮および胚乳部分に分け，それぞれより調製した抽出物の抗酸化性を比較した。その結果，抗酸化性は，種皮の部分のみに認められ，種皮の色については，赤，黒の有色の

ものに強い抗酸化性が認められた[4]（図Ⅳ—17）。このことより，種皮色素の抗酸化性への関与が考えられた。そこでこれらの種皮に含まれる色素の単離を行い，その構造を検討した結果，これらの色素はいずれもアントシアニンである Cy 3-glc, Pg 3-glc, Dp 3-glc と同定された[5]。

つぎにこれらのアントシアニンおよびそのアグリコンについて，抗酸化性と関連の生理活性を in vitro 系で構造活性相関も含め検討した。その結果，リポソーム系では，いずれのアントシアニンも α-トコフェロールを上回る抗酸化性を示した[5)~8)]。ラット肝ミクロソーム系では，糖の有無とB環の水酸基の数により，その効果が異なることが明らかになった[6]。また脂質過酸化を指標にした紫外線（UVB）傷害の抑制効果を調べたところ，配糖体，アグリコンいずれの場合もB環の水酸基の数に依存し，その数の増加と共に抑制活性は強くなった[6)~8)]。さらに活性酸素捕捉活性について検討した結果，ヒドロキシルラジカル捕捉活性は，配糖体の場合は，3位の糖の存在の有無が活性に影響を与えており，アグリコンの場合は，その強弱はB環の水酸基の数に依存することが明らかになった[6)~8)]。一方，スーパーオキシド捕捉活性は，配糖体，アグリコンいずれの場合もB環の水酸基の数に依存しており，水酸基の数が増加するに従い，捕捉活性は強くなった[6)~8)]。またチロシナーゼ活性の阻害効果と抗酸化性との関連について検討した結果，配糖体，アグリコンいずれの場合も，B環に水酸基を2

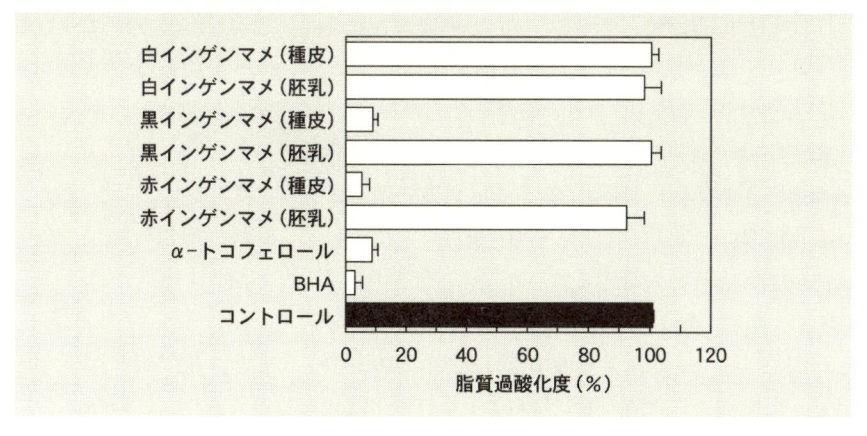

図Ⅳ—17　種皮の色の異なるインゲンマメの抽出物の抗酸化性の比較

個もつ Cy 3-glc, シアニジン (Cy) に最も強い阻害活性が認められた。また Cy 3-glc と Cy の間の比較では, 3位に糖をもたない Cy の方が阻害活性が強く, 他のアントシアニンでは, 糖の有無は阻害活性に影響を与えなかった[9]。さらに最近では, Cy 3-glc を初めとするアントシアニンは, 一酸化窒素由来のペルオキシナイトライトにより誘導される傷害マーカーとして考えられているタンパク質中の 3-ニトロチロシンの生成を抑制することも明らかにしており, 現在ペルオキシナイトライトと Cy 3-glc をはじめとするアントシアニンとの生成物についても検討を行っている。

(2) 個体レベルにおける Cy 3-glc の抗酸化性

　これまでの *in vitro* でのアントシアニンの抗酸化性やその機構についての結果を踏まえ, 動物個体（ラット）レベルでのアントシアニンの抗酸化性を検討した。アントシアニンのなかで Cy 3-glc は, 豆種子のみならず, 野菜, 果実など多くの食素材に含まれており, またこのシアニジンを母核とするものは天然に非常に多く存在している。そこで筆者らは, Cy 3-glc についてその抗酸化性を個体レベルで検討した。

　筆者らは個体レベルでの評価について2つの系を用いた。まず1つめは, 正常個体における Cy 3-glc の抗酸化性を血清の酸化抵抗性を指標に検討した。次に酸化ストレス負荷時の Cy 3-glc の効果として, ラット肝臓の虚血―再灌流を行い, 生じた傷害に対して Cy 3-glc の摂取がこれを抑制しうるかどうかについて評価した。実験動物としては, ラットを用い, コントロール食あるいはコントロール食に0.2％の Cy 3-glc を含んだ Cy 3-glc 食を2週間摂取させた。そして先ほど述べた評価系を用いて Cy 3-glc の抗酸化性を調べた。

　まず, 正常個体における Cy 3-glc 摂取の効果について検討したところ, Cy 3-glc 食摂取群では, コントロール食摂取群と比較して, 飼料摂取量の減少, 体重増加の抑制, 肝肥大を起こすことなく, 血清中の TBA 反応陽性物質 (TBARS) は, Cy 3-glc 摂取群で有意に低下した（図Ⅳ―18）[10]。

　そこで Cy 3-glc による血中脂質過酸化抑制についてさらに検討するため, Cy 3-glc 摂取による血清の酸化に対する抵抗性の変化について調べた。方法としては, 両グループの血清を水溶性のラジカル発生剤である AAPH や LDL の酸化

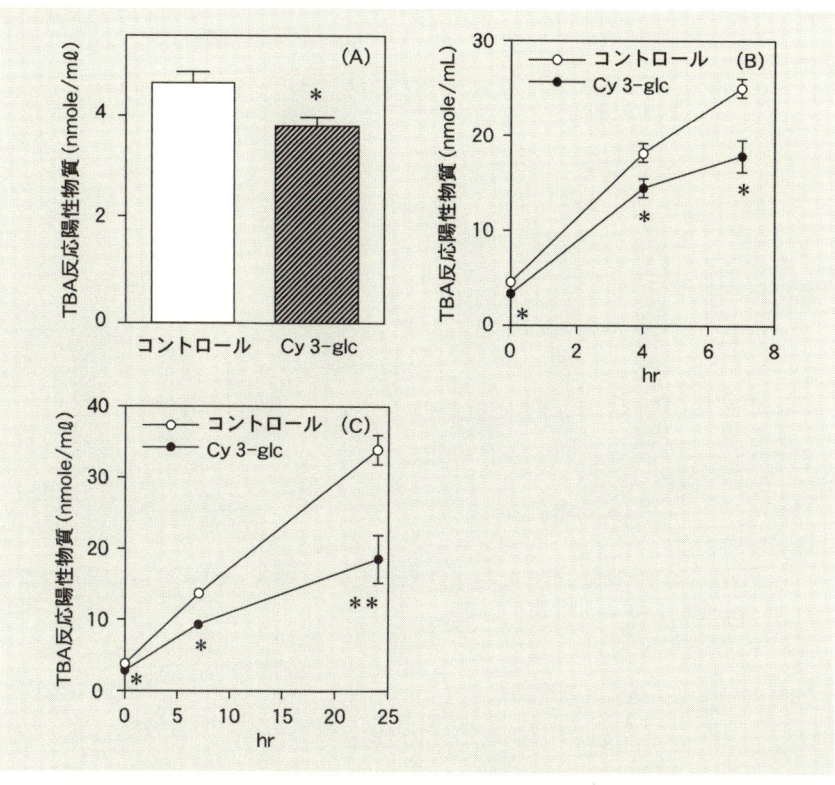

図Ⅳ—18　ラットにおける Cy 3-glc 摂取による抗酸化性
(A) Cy 3-glc 摂取による血清脂質過酸化度の低下，(B) ラジカル発生剤で酸化を誘導したときの血清の酸化抵抗性の変化，(C) 硫酸銅で酸化を誘導したときの血清の酸化抵抗性の変化 ＊P＜0.05 ＊＊P＜0.01

によく用いられる銅イオンで酸化を誘導し，酸化抵抗性の比較を行った。その結果，AAPH により酸化誘導した場合，Cy 3-glc 食摂取群では，いずれも有意に酸化が抑制されており，7時間後では，Cy 3-glc 食摂取群では，コントロール食摂取群と比較してその酸化は，約30％抑制された（図Ⅳ—18)[10]。また銅イオンによって誘導した場合も同様に Cy 3-glc 食摂取群で有意な酸化上昇の抑制が観察され，その上昇は，24時間後でも Cy 3-glc 食摂取群ではコントロール食摂取群の約半分であった（図Ⅳ—18)[10]。これらの結果より Cy 3-glc の摂取は，血清において脂質過酸化を抑制し，酸化に対する抵抗性を高めており，Cy 3-glc が生

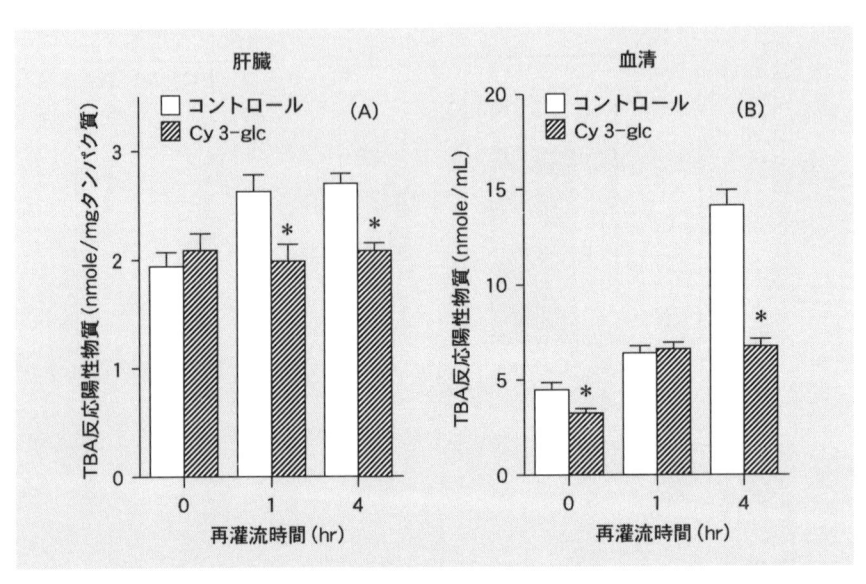

図Ⅳ—19 ラット肝臓の虚血—再灌流による肝臓（A）および血清（B）のTBA反応陽性物質の上昇と Cy 3-glc 摂取による抑制
＊P＜0.05

体内においても抗酸化性を発揮することが示唆された。なお，この機構については，Cy 3-glc の摂取が内因性抗酸化物質の濃度には影響を与えないことから，吸収された Cy 3-glc やその代謝物が抗酸化物質として生体内で機能しているのではないかと推測された。

次に酸化ストレス負荷により生じた障害に対する Cy 3-glc 摂取による抑制効果の検討を行った。酸化ストレスのモデル系としては，ラットの肝臓の虚血—再灌流傷害を用いた。組織中への血流を遮断した後（虚血），再開（再灌流）すると，好中球の浸潤など，種々の要因による活性酸素の生成により，組織に脂質過酸化を始めとする種々の障害が起こることが知られている[11]。筆者らは，対象臓器として肝臓を用い，門脈，総胆管，肝動脈を一括してクリップで止め，全肝虚血とした後，クリップをはずし，血流を再開させた。そしてその結果生じる酸化障害に対して，Cy 3-glc の摂取がこれを抑制しうるのかを検討した。

その結果，まず TBARS について検討したところ，肝臓では，血流の再開により，コントロール食摂取群では，すでに1時間後で TBARS の上昇が観察され，

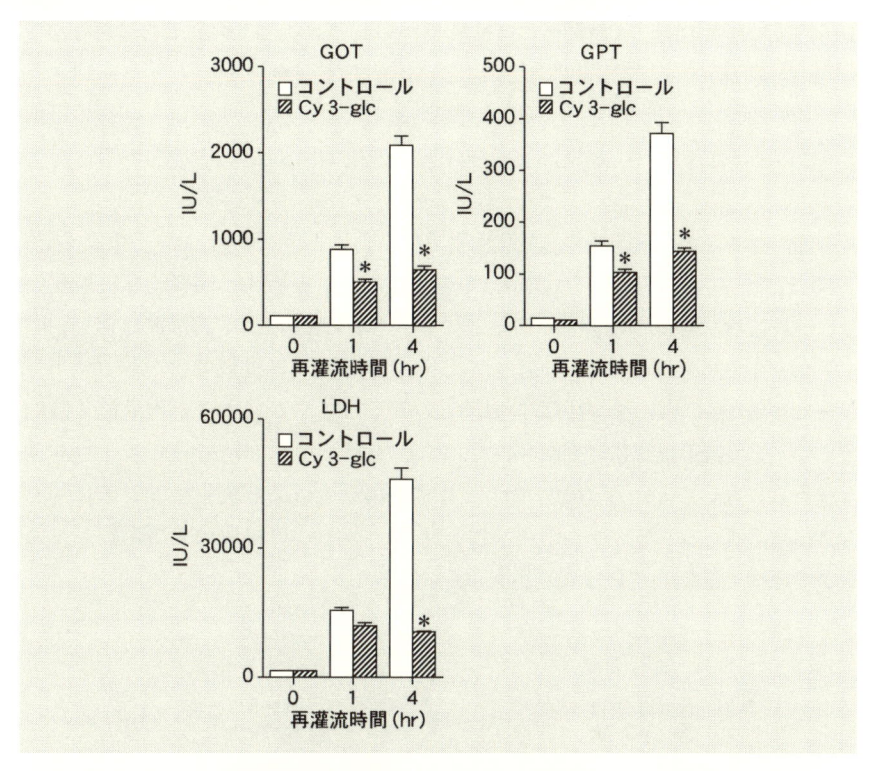

図Ⅳ—20 ラット肝臓の虚血—再灌流による血清の肝傷害マーカー酵素活性の上昇と Cy 3-glc 摂取による抑制
＊ P＜0.05

4時間後でも同様であるのに対し，Cy 3-glc 食摂取群では，いずれにおいても TBARS の上昇は完全に抑制された（図Ⅳ—19）[12]。また血清の場合もコントロール食摂取群においては，TBARS の上昇が認められるが，Cy 3-glc 食摂取群では，再灌流4時間後では，有意な低下が認められた（図Ⅳ—19）[12]。

次に血清中のトランスアミナーゼである GOT，GPT および乳酸脱水素酵素（LDH）の活性について検討を行った。これらの酵素は，通常血中にはわずかしか存在しないが，肝障害により血中への漏出が起こるため障害の指標として用いられているものであり，このような肝臓の虚血—再灌流により上昇することが知られている。GOT，GPT 活性は，コントロール食摂取群では，いずれも再灌流

4. 生体内抗酸化性と体内動態　　141

1時間後には約10倍，4時間後には約30倍から40倍に上昇した。これに対し，Cy 3-glc食摂取群では，その活性は，いずれにおいても有意にその上昇が抑制された（図Ⅳ—20）[12]。またLDHも同様の結果であり（図Ⅳ—20）[12]，Cy 3-glcの摂取は，このような虚血—再灌流による肝障害を効果的に抑制することが明らかになった。

さて，このときの内因性の抗酸化性物質の挙動はどうであろうか。筆者らは，Cy 3-glcとなんらかの相互作用があるのではないかと考え，代表的な抗酸化物質について検討を行った。まず還元型グルタチオンであるが，再灌流に伴い，コントロール食摂取群では，その濃度が低下し，再灌流4時間後では，もとの半分以下になるが，Cy 3-glc食摂取群ではその低下は緩やかであり，再灌流4時間後では，その低下は有意に抑制された（図Ⅳ—21）[12]。なお血清ではこのような差は認められないことから（図Ⅳ—21）[12]，虚血—再灌流による酸化ストレスに対しては，還元型グルタチオンが消費されるが，Cy 3-glcの摂取はその消費をなんらかの機構で抑制していることが明らかになった。

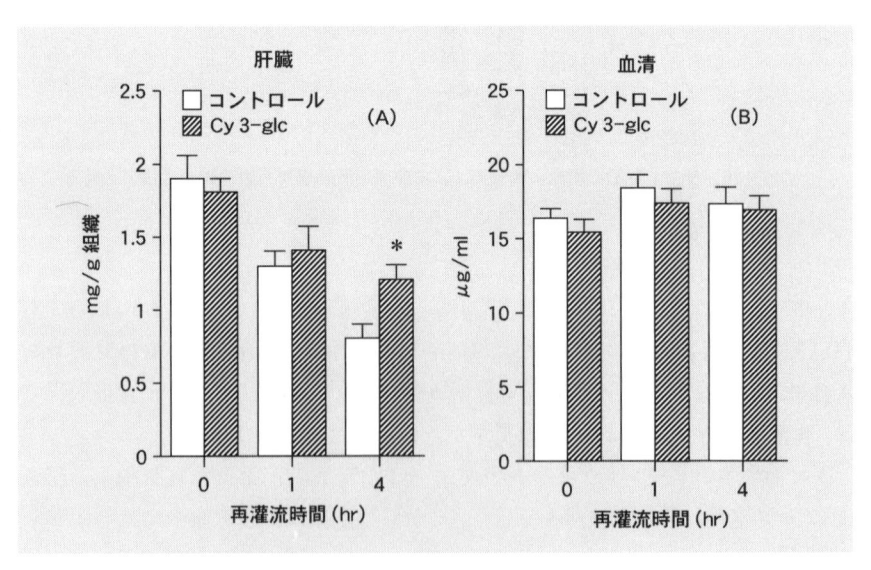

図Ⅳ—21　ラット肝臓の虚血—再灌流時における肝臓（A）および血清（B）の還元型グルタチオン濃度の変化
　　　　＊P＜0.05

次にアスコルビン酸濃度について同様に検討した。なお，今回用いたラットはアスコルビン酸を合成できるラットであり，このようなラットにおいてアスコルビン酸は，肝臓のみで合成されている。肝臓中のアスコルビン酸濃度は，コントロール食摂取群では，再灌流に伴って低下した。一方，Cy 3-glc 食摂取群では，再灌流1時間後では，コントロール食摂取群と同様な低下を示すものの，4時間後ではその濃度は速やかに虚血前のレベルにまで回復した（図Ⅳ—22）[12]。ところが，血清のアスコルビン酸濃度は，コントロール食摂取群では，肝障害に伴って，おそらく GOT, GPT や LDH と同様の機構で血中へ漏出するためと考えられるが，再灌流1時間後，4時間後でその濃度が上昇した。一方，Cy 3-glc 食摂取群では，1時間後ではコントロール食摂取群と同様な上昇が認められるが，4時間後では速やかにもとのレベルにまで低下した（図Ⅳ—22）[12]。なおこのときの肝臓における消費量は，その濃度から考えて血中への流出だけでは説明できなかった。したがって再灌流障害によりアスコルビン酸も消費されたものと考えられ，Cy 3-glc は，このアスコルビン酸の消費を抑制する，また Cy 3-glc により肝障

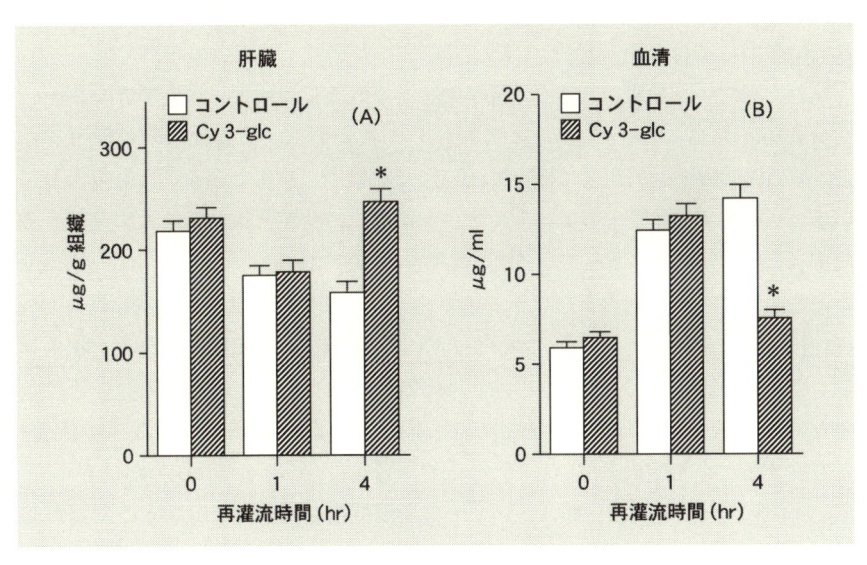

図Ⅳ—22　ラット肝臓の虚血—再灌流時における肝臓（A）および血清（B）のアスコルビン酸濃度の変化
＊ $P<0.05$

害が抑制されることから，消費されたアスコルビン酸を速やかに合成して，酸化ストレスに対応しているのではないかという2つの点を筆者らは推定している。なお，トコフェロールや抗酸化酵素の活性については，両群の間に差は認められず，現在，詳細な分子機構の解明を進めている。

以上の結果より，Cy 3-glc の摂取は，動物個体レベルにおいても，血清の脂質過酸化を抑制し，酸化抵抗性を上昇させるとともに，酸化ストレス負荷モデルである肝臓の虚血—再灌流障害時にも有効な抗酸化物質として機能することが明らかになった。

(3) アントシアニンの抗酸化性と体内動態

これまでに述べたように，アントシアニンは，*in vitro* のみならず，個体レベルでも有効な抗酸化物質として機能することが明らかになった。最近，茶カテキン類などを中心に，従来の栄養学においては見逃されてきたこれらの食品因子の機能に加えて，摂取後の吸収，代謝といった体内動態が重要視されている[13)~15)]。しかしアントシアニンについては，その機能の解析と同様，必ずしも明らかにされているわけではなかった。

アントシアニンの吸収，体内動態に関するこれまでの研究はどうであろうか。Morazzoni らは，ブルーベリーのアントシアニンをラットに経口的に投与すると，その組成の相対的比率に極めて近い形で血漿中に検出されることを報告している。このとき，血漿中のアントシアニン濃度は，投与後15分で最大に達し，吸収率は，約5％であるとしている[16)]。宮澤らは，Cy 3-glc あるいは Cy 3, 5-diglc を含むエルダーベリーおよびブラックカーラント抽出物をラットあるいはヒトへ経口投与した結果，アントシアニンが血漿中に配糖体の形で検出され，ラットにおいては，肝臓中に Cy 3-glc のメチル化体が存在することを報告している[17)]。また Cao と Prior もエルダーベリーを摂取したヒトの血漿において，Cy 3-glc が存在することを報告している[18)]。そこで筆者らは，これまでに明らかにした Cy 3-glc の生体内での抗酸化能についてその発現機構を明らかに出来るのではないかと考え，ラットにおける Cy 3-glc の体内動態を代謝を含め詳細に検討した。

すでに筆者らは，*in vitro* の系において，Cy 3-glc は，ラジカルと反応し，酸化生成物や，プロトカテキュ酸を生成し，これがさらにラジカルの捕捉に関与す

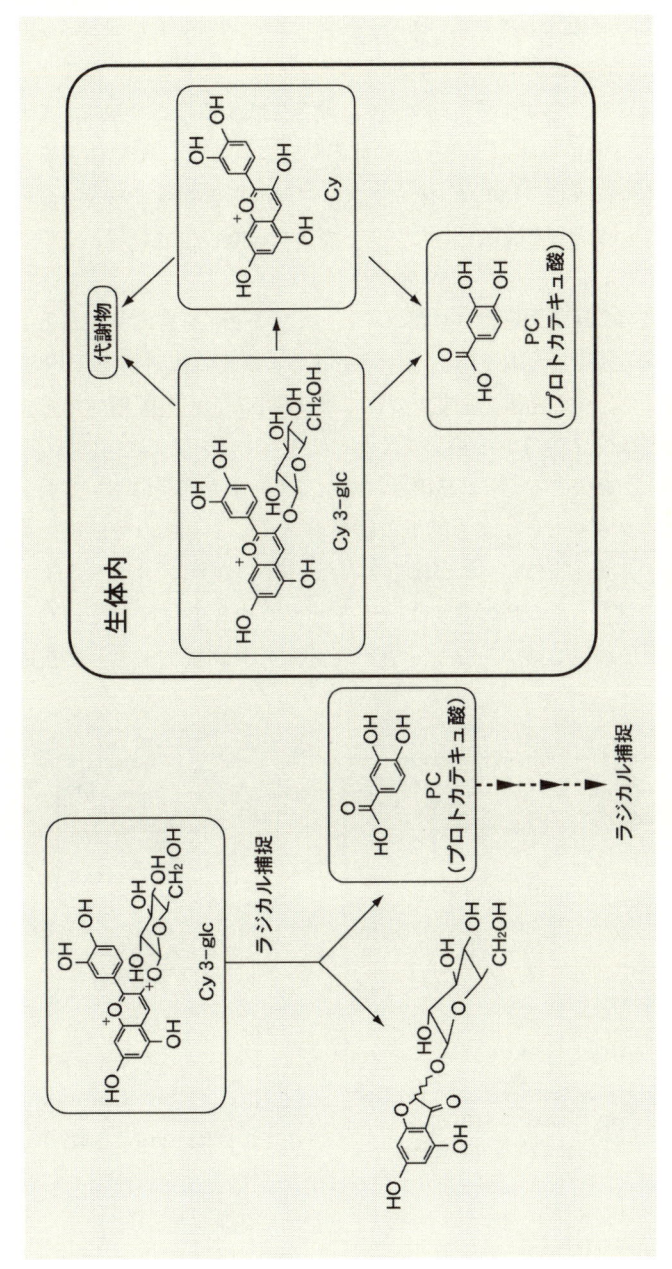

図Ⅳ-23 Cy 3-glc の抗酸化性発現機構と体内動態

4. 生体内抗酸化性と体内動態

る可能性について報告している（図Ⅳ—23)[19]。また，Cy 3-glc やアグリコンである Cy は，リン酸緩衝液中やラット血清とインキュベーションすることにより，化学変化を起こし，やはりプロトカテキュ酸を生成することを確認している（図Ⅳ—23)。そこで筆者らは，Cy 3-glc の体内動態に関して，配糖体のまま吸収され，抱合体は生成しないのか，またアグリコンの形で吸収されうるのか，また生体内でも *in vitro* で観察されたプロトカテキュ酸の生成が起きるのかなどについて検討した。

実験としては，24時間絶食させたラットへ Cy 3-glc を胃内へ投与した後，経時的に血漿，各種臓器を取り出し，Cy 3-glc およびその代謝物を HPLC により分析，検討した。その結果，血漿においては，Cy 3-glc が配糖体の形で検出され，その濃度は投与15分から30分で最大となり，60分を境に次第に減少した[20]。一方，アグリコンである Cy は検出されなかった。また血漿においては，紫外吸収やマススペクトルなどによる解析の結果から Cy 3-glc の分解物と考えられる，プロトカテキュ酸のピークが検出された（図Ⅳ—24)[20]。プロトカテキュ酸は60分で最大に達し，その時の濃度は，Cy 3-glc の約8倍に達していた。このことより，血中においては，Cy 3-glc やプロトカテキュ酸が主として抗酸化性に

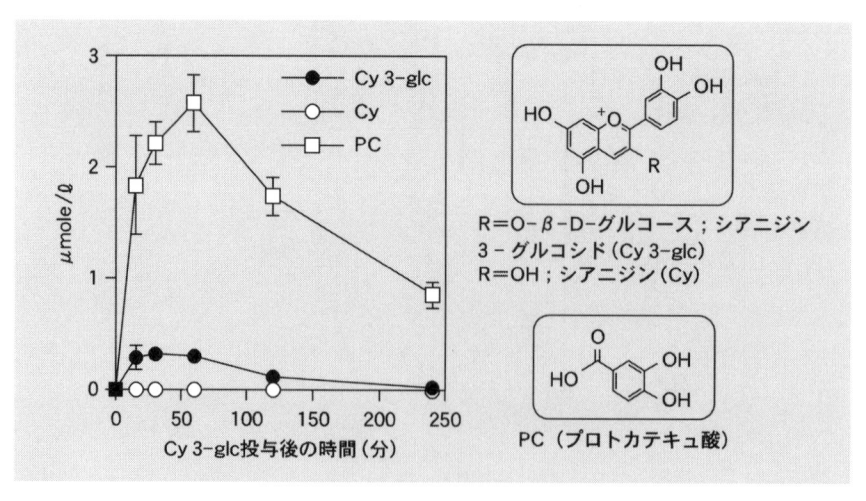

図Ⅳ—24　ラットにおける Cy 3-glc 投与時の血漿中の Cy 3-glc, Cy, PC（プロトカテキュ酸）濃度の経時変化

関与しているのではないかと考えられた。なお血漿をグルクロニダーゼやサルファターゼで処理してもこれらのピークの増加は認められないことから抱合体の形では存在しないのではないかと推定している。

　組織においては，胃では Cy 3-glc が検出されるが，Cy は検出されず，プロトカテキュ酸も検出されなかった。ところが空腸では，Cy 3-glc に加えて，興味深いことに，Cy が検出された。またプロトカテキュ酸も少量ながら空腸で生成されることが明らかになった（図IV—25）[20]。

　一方，肝臓においては，Cy 3-glc は検出されず，Cy も検出されなかった。しかしながら，肝臓においては，280, 530nm 付近に極大吸収波長をもつアントシアニンと考えられるピークが検出され，種々の比較検討の結果，B環の水酸基がメチル化された，Cy 3-glc のメチル化体（Pn 3-glc）と思われるピークの生成が明らかになった。このメチル化体は，肝臓においては投与後30分でその濃度は最大となり，その後減少した（図IV—26）[20]。

　腎臓においては，Cy 3-glc が検出されるが，Cy は肝臓と同様に検出されなかった。しかしながらメチル化体は，腎臓にも存在しており，最大時では，肝臓より高濃度で検出された（図IV—26）[20]。なお，血漿や他の臓器においてはこのよ

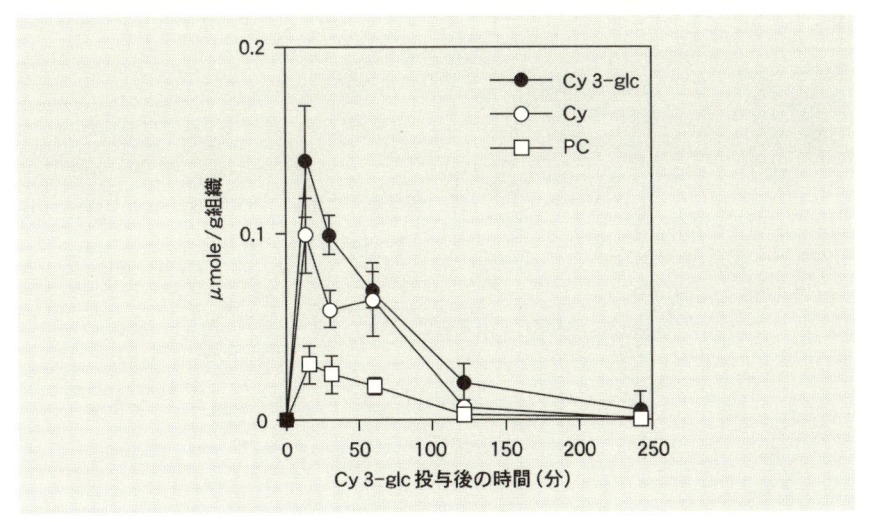

図IV—25　ラットにおける Cy 3-glc 投与時の空腸組織中の Cy 3-glc, Cy, PC（プロトカテキュ酸）濃度の経時変化

うなメチル化体は検出できなかった。Cy 3-glc とそのメチル化体は，いずれも投与後30分で最大となり，メチル化体の場合，その濃度は肝臓よりも高濃度であった(図IV—26)[20]。

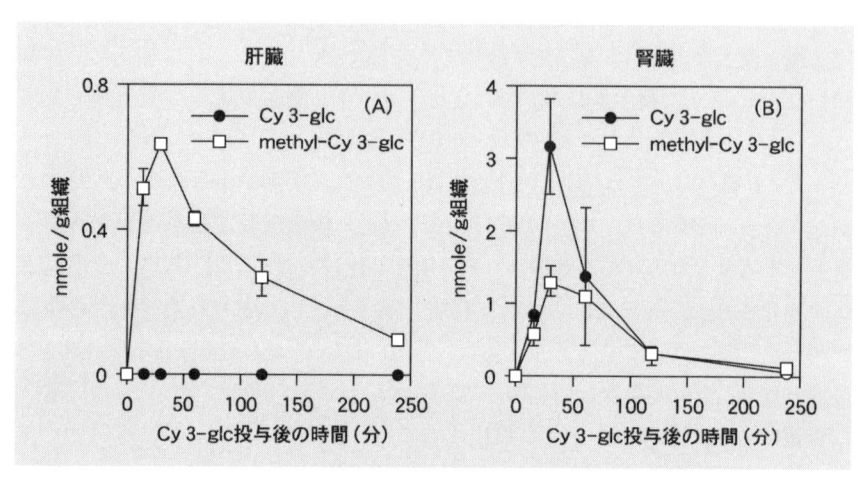

図IV—26 ラットにおける Cy 3-glc 投与時の肝臓（A），腎臓（B）組織中の Cy 3-glc および代謝物の濃度の経時変化　methyl-Cy 3-glc：メチル化 Cy 3-glc

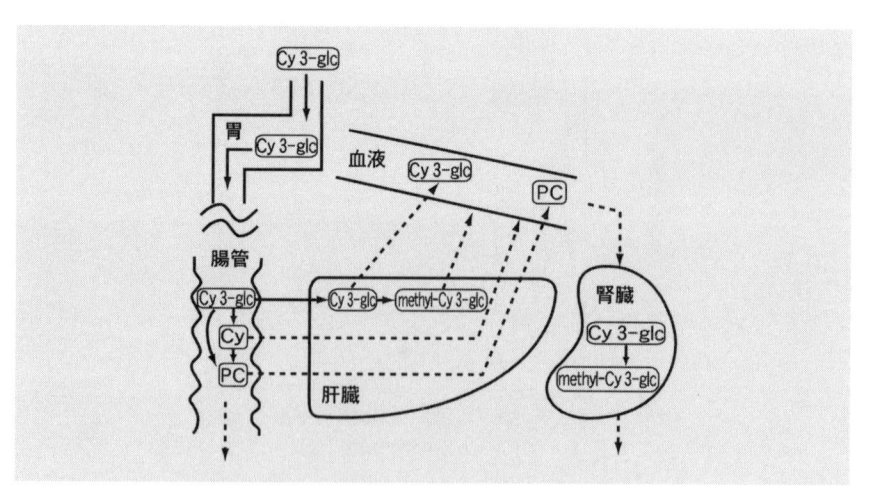

図IV—27 ラットにおける Cy 3-glc の体内動態の推定 Cy：シアニジン，PC：プロトカテキュ酸，methyl-Cy 3-glc：メチル化 Cy 3-glc

これらの知見を元に推定した Cy 3-glc の体内動態についての概略を図Ⅳ—27に示す。摂取された Cy 3-glc は，胃においてはほとんど変化を受けず，腸管へ移行し，ある部分は β-グルコシダーゼによる加水分解を受け，Cy を生成し，一部はプロトカテキュ酸を生成すると考えられる。その後，吸収され，Cy 3-glc は，肝臓においては，メチル基転移酵素による代謝を受け，このような代謝を受けなかった Cy 3-glc が血中へ移行するものと推定している。また腎臓においても，Cy 3-glc が移行し，同様に酵素作用を受けているのではないかと考えられる。一方，アグリコンである Cy は，腸管において生成するが，Cy 自体が，中性領域では Cy 3-glc と比較して不安定なため，血漿などではすでに分解し，プロトカテキュ酸を生成しているのではないかと考えられる。筆者らは，Cy をラット血清とインキュベートすることにより，短時間で不可逆的に分解し，プロトカテキュ酸が生成することを確認している。そしてこれらが，血漿や組織中で抗酸化性の発現に関与しているのではないかと推定している。これら以外にもまだ未同定のピークも認められるので，その関与や別の機構を介しての抗酸化性の発現の可能性について現在も検討を行っている。

　アントシアニンの吸収，体内動態に関しては，アントシアニンの構造に由来する化学的不安定さもあり，その分析方法も含めまだ課題は多い。今後ヒトでの詳細な検討も含め，機能の発現と結びついた研究が望まれる。

■文　献■

1) Magistretti, M.J., Conti, M. and Cristoni, A. : *Arzneim-Forsch/Drug Res.*, **38**, 686～690, 1988
2) Kamei, H., Kojima, T., Hasegawa, M., Koide, T., Umeda, T., Yukawa, T. and Terabe, K. : *Cancer Invest.*, **13**, 590～594, 1995
3) Tsuda, T., Makino, Y., Kato, H., Osawa, T. and Kawakishi, S. : *Agric. Biol. Chem.*, **57**, 1606～1608, 1993
4) Tsuda, T., Ohshima, K., Osawa, T. and Kawakishi, S. : *J. Agric. Food Chem.*, **42**, 248～251, 1994
5) Tsuda, T., Watanabe, M., Ohshima, K., Norinobu, S., Choi, S. W., Kawakishi, S. and Osawa, T. : *J. Agric. Food Chem.*, **42**, 2407～2410, 1994
6) Tsuda, T., Shiga, K., Ohshima, K., Kawakishi, S. and Osawa, T. : *Biochem.*

Pharmacol., **52**, 1033~1039, 1996
7) Tsuda, T., Ohsima, K., Kawakishi, S. and Osawa, T. : Inhibition of lipid peroxidation and radical scavenging effect of anthocyanin pigments isolated from the seeds of *Phaseolus vulgaris* L. in Food Factors for Cancer Prevention (Ohigashi, H., Osawa, T., Terao, J., Watanabe, S., Yoshikawa, T. eds.), 318~322, Springer-Verlag, Tokyo, 1997
8) 津田孝範：成人病予防食品の開発（二木鋭雄，吉川敏一，大澤俊彦編），pp. 246~253, シーエムシー, 1998
9) Tsuda, T. and Osawa, T. : *Food Sci. Technol. Int. Tokyo.*, **3**, 82~83, 1997
10) Tsuda, T., Horio, F. and Osawa, T. : *Lipids.*, **33**, 583~588, 1998
11) Sussman, M. S. and Bulkley, G.B. : *Meth. Enzymol.*, **186**, 711~723, 1990
12) Tsuda, T., Horio, F., Kitoh, J. and Osawa, T. : *Arch. Biochem. Biophys.*, **368**, 361~366, 1999
13) Lee, M.J., Wang, Z. Y., Li, H., Chen, L., Sun, Y., Gobbo, S., Balentine, D. A. and Yang, C. S. : *Cancer Epidemiol. Biomark. Prev.*, **4**, 393~399, 1995
14) Piskula, M.K. and Terao, J. : *J. Nutr.*, **128**, 1172~1178, 1998
15) Shimoi, K., Okada, H., Furugori, M., Goda, T., Takase, S., Suzuki, M., Hara, Y. and Kinae, N. : *FEBS lett.*, **438**, 220~224, 1998
16) Morazzoni, P., Scilingo, L.A. and Malandrino, S. : *Arzneim-Forsch/Drug Res.*, **41**, 128~131, 1991
17) Miyazawa, T., Nakagawa, K., Kudo, M., Muraishi, K. and Someya, K. : *J. Agric. Food Chem.*, **47**, 1083~1091, 1999
18) Cao, G. and Prior, R.L. : *Clin. Chem.*, **45**, 574~576, 1999
19) Tsuda, T., Ohshima, K., Kawakishi, S. and Osawa, T. : *Lipids.*, **31**, 1259~1263, 1996
20) Tsuda, T., Horio, F. and Osawa, T. : *FEBS lett.*, **449**, 179~182, 1999

5. パラコート酸化ストレス制御

(1) パラコートと酸化ストレス

　パラコート (Paraquat) はこれまでにジピリジル系の除草剤として広く使用されてきたが，慢性毒性や，催奇形性を示すことでも知られている。一般に経口投与した場合50mg/kgの投与で2日以内に死亡し，投与量が少ない場合でも数週間で死亡することが多い。パラコートは肺に蓄積されやすく，体内に取り込まれると，ミクロソーム中のNADPH-シトクロム-P450還元酵素の作用を介して1電子還元を受け，パラコートフリーラジカルを生成する。次いで分子状酸素と反応してスーパーオキシドアニオンを生成すると同時に，パラコートカチオンが再生される。スーパーオキシドアニオンは不均化反応によって過酸化水素を生成し，さらにはFe^{2+}との反応（フェントン反応）で反応性・毒性の高い水酸ラジカルを生成する。水酸ラジカルは脂質過酸化を引き起こしやすい。一方，このようなパラコートの還元サイクルにおいて，また，過酸化水素や脂質過酸化物の無毒化に関与する抗酸化系酵素の作用にさいしては，補酵素としてのNADPHを必要とする（図IV—28）。

　NADPHの消費に基づくその長期間にわたる不足は細胞障害を引き起こしやすく，細胞のフリーラジカルからの攻撃，細胞成分の過酸化を受けやすくなることが指摘されている。肺では上皮細胞の機能悪化，続いて，急性肺気腫の進展がみられる。肺胞の損傷が激しいと広範な肺の繊維化が起き，致命的な酸素欠乏症状が生じる。[1,2]

　パラコートの解毒には効果的なものがないが，活性炭や，樹脂がパラコートの吸収を効果的に防御する点で優れている。一方，パラコート投与により腎臓尿細管に壊死が生じると，腎臓からのパラコート排泄が急速に低下する。血液の透析を行っても生存率に明確な改善はみられない。スーパーオキシドジスムターゼ，グルタチオンペルオキシダーゼ，L-システイン，N-アセチルシステイン，ビタミンE[3,4]さらにはこれらとは異なるラジカルスカベンジャーもパラコート中毒症状の改善に有用と考えられ，その使用が試みられたが必ずしも良好な結果が得られていない。中毒症状の改善に，より有効な薬剤などの開発に大きな期待が寄

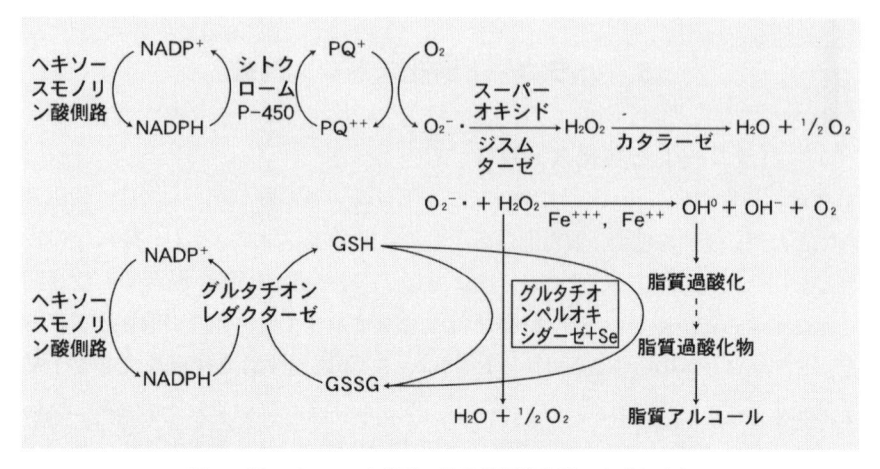

図IV—28　パラコート代謝に伴う活性酸素種の生成と消去
PQ^+=パラコートラジカル，PQ^{++}=パラコート，$O_2^-\cdot$=スーパーオキシドアニオン，H_2O_2=過酸化水素，OH^0=水酸ラジカル，OH^-=水酸イオン，GSH=還元型グルタチオン，GSSG=酸化型グルタチオン（Bismuth, et al., 1990）

せられている。

　生体レドックス系を介して生体内酸化ストレスを引き起こす化合物にはパラコートの他，アドリアマイシン（Adriamycin），ニトロフラントイン（Nitrofurantoin），肝機能障害を引き起こす四塩化炭素[5]なども知られているが，いずれも，生体内におけるラジカル生成が酸化ストレスの要因となる。

　生体酸化の防御に有用な食品素材・成分の探索は上記のような化合物の投与によって動物・細胞が受ける酸化ストレスの食品素材・成分による抑制・制御を指標として行われる場合が多い。この他，鉄-ニトリロトリ酢酸[6]，ストレプトゾトシン[7]などを投与したマウス，ラットなど使用する方法なども知られている。

（2）アントシアニンによるラジカル消去

　パラコートは生体内でレドックス系を介してスーパーオキシドアニオンを生成することから，アントシアニンが腸管腔を通して吸収されたのち，あるいは腸管腔内においてスーパーオキシドアニオンラジカルを消去できれば生体内酸化ストレス防御に役立つことが期待できる。ヤマブドウ，ナス，アツミカブ（赤カブの一種）の主要色素，それぞれ，マルビン，ナスニン[8]，ルブロブラシン，また，赤

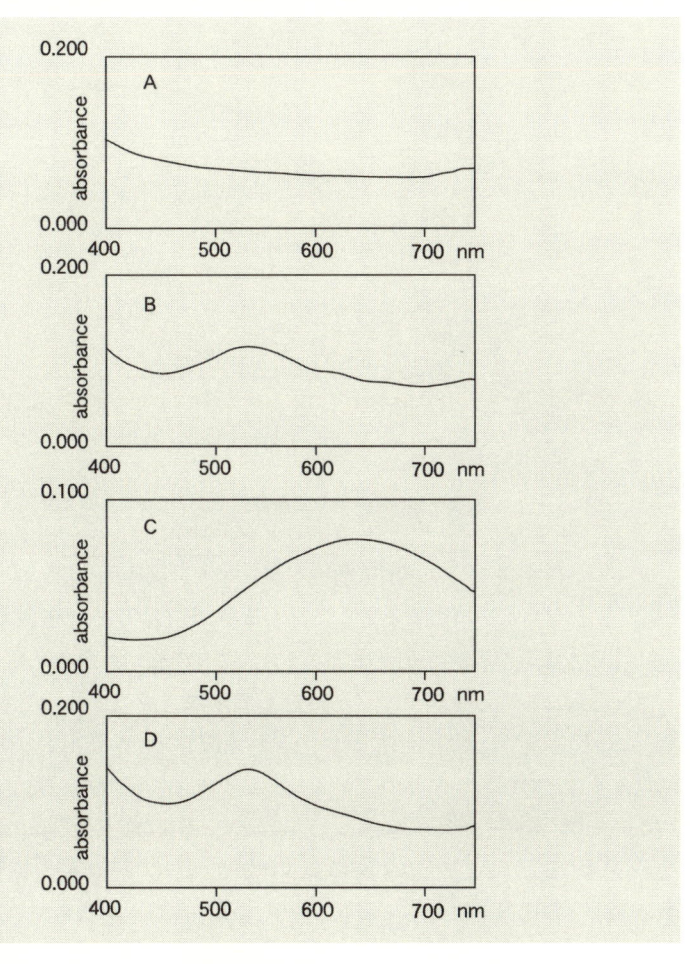

図Ⅳ—29　ナスニンの鉄複合体形成によるスペクトルの変化
A. 0.33mM 硝酸第2鉄
B. 0.066mM ナスニン
C. 0.33mM 硝酸第2鉄＋0.066mM ナスニン
C. 0.033mM EDTA・2Na＋0.33mM 硝酸第2鉄＋0.066mM ナスニン（Noda, et al., 1998）

キャベツの主要アシル化アントシアニンは，いずれも，ヒポキサンチン-キサンチンオキシダーゼ系で生成するスーパーオキシドアニオンに対して強い消去活性を示す。

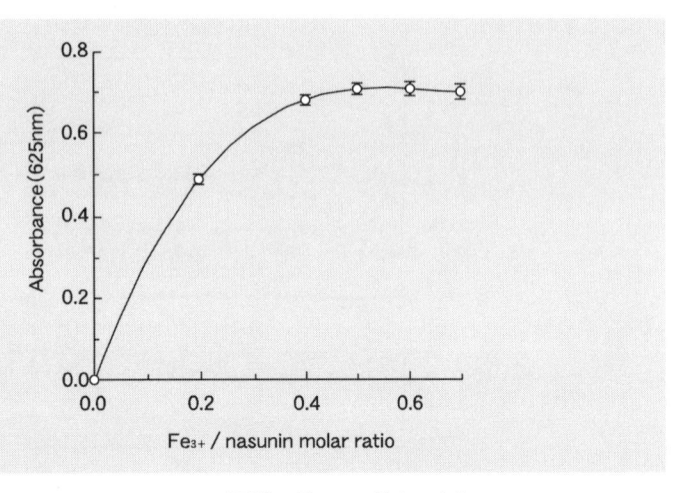

図Ⅳ—30　ナスニンと硝酸第2鉄のモル比と吸光度
(Noda, et al., 1998)

　ナスニンの水酸ラジカル消去活性をフェントン反応系を用いて測定すると，見かけ上，ラジカルを消去するように見えるが，H_2O_2/UV で生成した水酸ラジカルに対しては消去活性がみられない。ナスニンの強い金属キレート作用がフェントン反応系における金属イオンと結合して水酸ラジカル生成を阻害し，その結果，この反応系では見かけ上，ナスニンが水酸ラジカルを消去しているかのように見えることが明らかにされている[8]。ナスニンに硝酸第二鉄（Fe(NO_3)$_3$）を加え，反応（キレート形成）に基づいて生成する吸収極大値625nm における吸光度を測定すると，Fe^{3+}/ナスニンのモル比が1：2の時最大となり，鉄とナスニンは1：2の比率で反応してキレートを生成することが明らかにされている（図Ⅳ—29，30）。

　ラット脳のホモジネートに，ナスニンを過酸化水素とともに加えて反応を行うと過酸化水素による脂質過酸化が顕著に抑制されることが，反応後におけるマロンアルデヒドと4-ヒドロキシアルケナールの測定から明らかにされており，ナスニンの有する生体成分酸化抑制機能が支持される（図Ⅳ—31）。

　凍結した赤キャベツから3％トリフルオロ酢酸を用いて，5℃下でアントシアニンを抽出し，その XAD-7-カラム吸着画分から順次，30％，50％，100％のメタノールで溶出して得られるアントシアニン画分，また，さらにはセファデック

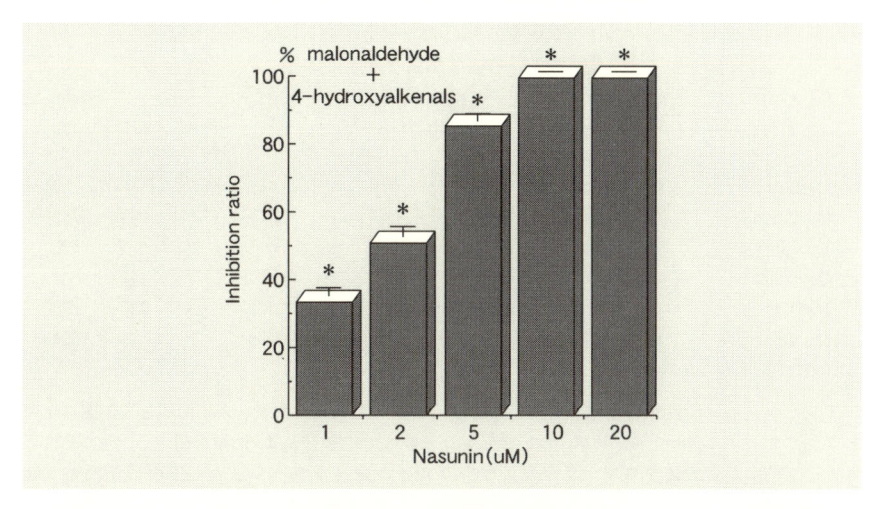

図Ⅳ—31　ラット脳における過酸化水素—誘導脂質過酸化に対するナスニンの阻害効果
＊対照（過酸化水素のみ存在）に対して $p<0.001$ で有意差あり（Noda et al. 1998）

ス LH-20，ODS カラムなどによって分画して得られる赤キャベツ主要アントシアニン，すなわち，Cy 3-sin・sop-5-glc，Cy 3-Fr・sop-5-glc および Cy 3-pC・sop-5-glc の 3 種のアシル化アントシニン混合物（アシル化アントシアニン）についてそれぞれのスーパーオキシドアニオン消去活性を比較すると，概してアシル化アントシアニンの消去活性が30％，50％，100％メタノール溶出画分のいずれよりも高い傾向にあり，アシル化部分がアントシアニジン部分のラジカル消去活性を増強していることが推察される。

一般に強い抗酸化能を有するポリフェノールは過酸化水素とアセトアルデヒドの共存下で微弱発光を示すことが報告されているが[9),10)]，ナスニンによる微弱発光はルブロブラッシンやマルビンに比べて強く，また，いずれのアントシアニンもそれぞれのアグリコンよりも発光量が多い（表Ⅳ—5）[11)]。発光量とラジカル消去能，生体酸化防御能との関連についても興味がもたれる。

（3）ナスニンによる生体酸化制御

強いスーパーオキシドアニオン消去活性を示す，ナスニン Dp 3-pc・rut-5-glc（p.9，図Ⅰ—6 参照）を0.02％パラコート添加食に0.1％の割合で添加し，4 週齢

表Ⅳ—5 アントシアニンの tert-ブチルヒドロペロオキシドおよび
アセトアルデヒド存在下における微弱発光

	Substituent at								
	C-3	C-5	C-7	C-3'	C-4'	C-5'	pH2.6	pH7.0	pH9.0
Nasusin	O-Rha-Glc-pC	O-Glc	OH	OH	OH	OH	107	1,000'	2,285
Delphinidin	OH	OH	OH	OH	OH	OH	118	197	752
Rubrobrassicin	O-Glc-Glc	O-Glc	OH	OH	OH	H	58	255	420
Cyanidin	OH	OH	OH	OH	OH	H	77	118	346
Malvin	O-Glc	O-Glc	OH	OMe	OH	OMe	51	192	258
Malvidin	OH	OH	OH	OMe	OH	OMe	28	95	654

*Arbitrarily set as standard

アントシアニンは各pHの緩衝液を用いて2倍に希釈した50％メタノールに溶解して測定に使用した。アセトアルデヒドは0.35M, tert-ブチルヒドロペロオキシドは8.99Mを使用し, それぞれを10, 10, 100μℓを液体クロマトグラフのサンプルインジェクターに注入して反応を開始した (Yoshiki, et al., 1990)

のウィスター系雄ラットに11日間給与したのち, 血液・肝臓について各種脂質および各種抗酸化系酵素の活性を測定した結果が報告されている。パラコート投与に伴って, 飼料摂取量は7日以降, 体重増加量は8日以降減少の一途をたどり, 9日では, パラコート投与群の飼料摂取量, 体重は基本食給与群に比べ, ともに有意な低下を示す。ナスニンの添加によって, これらの低下が抑制される。一方, 肺重量はパラコート投与で急激に上昇し, ナスニンの給与によってその上昇を顕著に緩和することが可能である。ナスニンの飼料への添加は, パラコートによる肝臓の TBARS (チオバルビツール酸反応物) の上昇, 肝臓ミトコンドリア画分のカタラーゼ活性の低下, 肝臓トリアシルグリセロールの低下なども抑制することができる。パラコート酸化障害に伴ってみられる症状のナスニンによる改善は食事成分としてのナスニンが酸化障害の防御に効果的なことを示している。強いパラコート酸化障害は, 動脈硬化指数の上昇をもたらすが, その上昇はナスニ

ンの給与により改善されることから，ナスニンは生体内脂質改善作用の点でも興味深い。パラコート投与に伴う肝臓トリアシルグリセロール濃度の低下要因の一つはパラコート給与群において，体重の著しい低下が起こることから，減少する体重の維持のため，トリアシルグリセロールがエネルギー源として動員されたことによるものと考えられている（表IV-6）。

赤血球スーパーオキシドジスムターゼ（SOD），グルタチオンペルオキシダーゼ（GSH-Px），肝臓サイトゾール画分の SOD, GSH-Px，グルタチオンレダクターゼ（GSSG-R）などの抗酸化系酵素にはパラコート投与に伴う大きな変動がみられない。これらの酵素はパラコート酸化障害において比較的変動しにくい酵素とも考えられる。ミクロソーム画分の NADPH-シトクロム-P450-還元酵素の活性はパラコートの投与で上昇し，ナスニンの添加で上昇の抑制がみられる。パラコート投与に伴う酵素活性の上昇はスーパーオキシドアニオンの生成に必要

表IV-6 パラコート投与に伴う体重増加量，肺重量，血清・肝臓脂質過酸化物（TBARS），動脈硬化指数，カタラーゼ活性および肝臓トリアシルグリセロール濃度の変動とナスニンの影響

	基本食	+PQ	+ナスニン	+PQ+ナスニン
初体重（g）	58.1±1.3	58.8±0.8	58.8±0.8	58.8±0.9
飼料摂取量（g/11日）	113±a,b	79.6±3.3^c	114±0.4^b	111±0.4^b
体重増加量（g/11日）	49.9±1.0^a	8.05±3.00^c	40.0±0.5^a	35.1±0.7^b
肺重量（体重あたり%）	0.632±0.014^a	0.974±0.074^a	0.613±0.080^c	0.691±0.030^b
血清 TBARS（nmol/ml血液）	1.61±0.12	1.73±0.10	1.63±0.08	1.66±0.15
動脈硬化指数*	0.216±0.053^a	0.510±0.126^a	0.221±0.048^b	0.186±0.052^b
赤血球カタラーゼ（U/mg Hb）	90.5±5.4^a	70.7±5.0^b	83.4±2.5^a	86.5±3.4^a
肝臓 TBARS（nmol/mg総脂質）	0.584±0.022^b	0.870±0.030^a	0.684±0.043^b	0.676±0.057^b
肝臓ミトコンドリアカタラーゼ（U/mg蛋白質）	205±16^a	67.8±6.4^c	229±21^a	145±10^b
肝臓ミクロソーム NADPH-シトクローム-P450還元酵素（U×10^{-3}/mg蛋白質）	5.36±0.24^b	6.64±0.37^a	5.75±0.26^b	5.62±0.13^b
肝臓トリアシルグリセロール（μmol/g肝臓）	11.7±1.0^a	1.71±0.16^c	12.1±1.04^a	7.98±1.14^b

群間で異なる英数字は有意差あり（p<0.05）．*（総コレステロール-HDL-コレステロール）/HDL-コレステロール

（木村ら：1999，一部未発表）

な電子を円滑に供給するため生じたものと考えられる。また，ナスニンによるその上昇の抑制はナスニンによる還元酵素の活性阻害などによることが考えらるが，さらに詳細に検討することが必要とされている。一方，ブルーベリーおよびブドウのアントシアニンはパラコート存在下における，ミクロソーム，ミトコンドリアの酸素取り込みを阻害すること，また，パラコートラジカルのシグナルがこれらアントシアニンの存在下で，おおよそ半分に減少することが報告されており[12]，ナスニンのパラコートラジカル消去が酸化ストレス制御と関連していることも考えられる[13]。

　ナスニン給与群のラットの糞は青色を呈しており，給与したナスニンの腸管腔からの吸収量はシアニンにおいて報告されている場合と同様[14]，比較的少ないものと考えられる。未吸収ナスニンの腸管腔内でのラジカル消去活性，あるいはその生体内代謝分解産物の吸収後におけるラジカル消去活性が酸化ストレス防御に寄与していることも十分考えられるが，詳細についてはまだ不明である。

　LD_{50} に相当するパラコートを経口投与したマウスの肝臓における GSH-Px およびカタラーゼ活性は上昇すること，また，小腸における SOD, GSH-Px 活性も上昇することが報告されている。一方，LD_{100} のパラコートを経口投与したマウスでは GSH-Px は上昇を示すが，カタラーゼ活性には変動がみられないとの報告もあり[15]，パラコート酸化障害と抗酸化系酵素の活性との関連については明確な結果が得られていない。ニワトリヒナ繊維芽細胞を用いた実験ではパラコートとの培養により，SOD およびカタラーゼ活性が上昇し，逆に GSH-Px 活性は低下を示す。少量の β-カロテンの添加はこれらの変動を抑制することなども報告されている[16]。パラコートによる抗酸化酵素の活性変動とナスニンを含めたアントシアニンによるその制御については，ラットの受ける酸化傷害の期間，解剖のタイミングなどを含めて，さらに詳細な検討が必要なものと考えられている。

（4）赤キャベツアシル化アントシアニンによる生体酸化制御

　赤キャベツアントシアニンは赤色系の食品添加物として広く使用されており，摂取される機会が多いアントシアニンの一つである。赤キャベツには15種類以上のアントシアニンが含まれており，その大部分はアシル化体である[17〜19]。

　赤キャベツの主要な3種のアシル化アントシアニン，Cy 3-Sin·sop-5-glc, Cy

3-Fr·sop-5-glc および Cy 3-pC·sop-5-glc をおおよそ2：1：1の割合で含むアシル化アントシアニン混合物（アシル化アントシアニン＝AcAnt）について，その酸化防御機能をパラコート酸化ストレス負荷ラットを用いて検討した結果を紹介する．基本食，0.025％パラコート添加食，0.15％アシル化アントシアニン添加食，および0.025％パラコート＋0.15％アシル化アントシアニン添加食を4週齢の Wistar 系雄ラットに10日間給与すると，パラコート＋アシル化アントシアニン添加食給与ラットではパラコート添加食給与ラットにみられる飼料摂取量と体

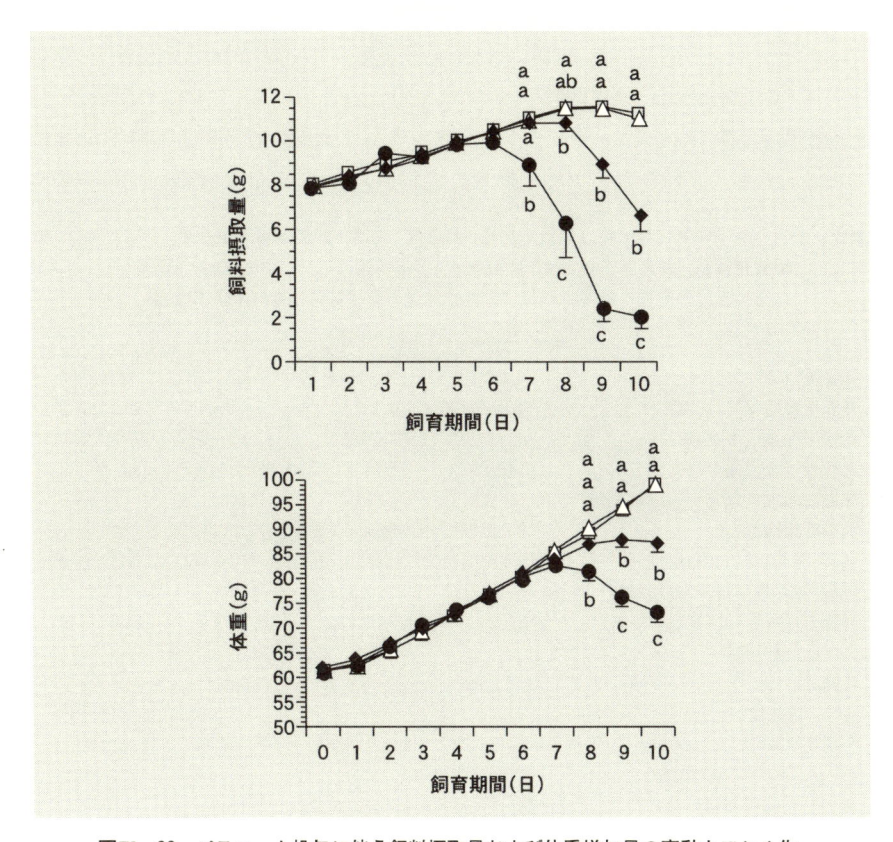

図IV—32　パラコート投与に伴う飼料摂取量および体重増加量の変動とアシル化アントシアニン（AcAnt）の影響
　　　　　群間において異なる英数字は有意差あり（$p<0.05$）．□，基本食；△，＋AcAnt；●，＋パラコート；◆，＋AcAnt＋パラコート．

重増加量の減少,肺重量の増加,赤血球ヘモグロビン濃度と動脈硬化指数の上昇が抑制される（図Ⅳ—32,表Ⅳ—7）。また,パラコートによる肝臓 TBARS の上昇,肝臓の脂質当たりのトリアシルグリセロール濃度の低下,肝臓ミトコンドリア画分のカタラーゼ活性の低下も,アシル化アントシアニンの添加によって抑制をみることができる。肝臓中 α-トコフェロール濃度はパラコートの投与によって低下を示すが,アシル化アントシアニンの添加によってその低下に抑制傾向がみられる。また,肝臓ミクロソーム画分の NADPH-シトクローム-P450-還元酵素の活性はパラコートの添加によって上昇を示すが,パラコート食へのアシル化アントシアニンの添加はその上昇を抑制する（表Ⅳ—7）。赤血球の SOD, カタラーゼ,GSH-Px,および肝臓サイトゾール画分の SOD, GSH-Px, GSSG-R などの酵素活性にはパラコート,アシル化アントシアニンの投与による影響がほとんどみられない。パラコート酸化障害のアントシアニンによる軽減の作用分子機

表Ⅳ—7　パラコート投与に伴う体重増加量,肺重量,血清・肝臓脂質過酸化物（TBARS）,動脈硬化指数,カタラーゼ活性,肝臓トリアシルグリセロール濃度および肝臓 α-トコフェロール濃度の変動と赤キャベツアシル化アントシアニン（AcAnt）の影響

	基本食	+PQ	+AcAnt	+PQ+AcAnt
初体重（g）	61.2±1.5	61.4±1.0	61.2±1.8	61.9±0.9
飼料摂取量（g/10日）	100±0.3^a	73.2±3.0^c	99.7±0.4^a	99.1±2.0^b
体重増加量（g/10日）	36.8±1.0^a	11.6±2.3^c	37.3±1.0^a	25.1±2.0^b
肺重量（体重あたり%）	0.614±0.020^c	1.09±0.10^a	0.610±0.017^c	0.801±0.021^b
赤血球ヘモグロビン(mg/ml 血液)	115±3^c	146±3^a	116±2^c	131±2^b
動脈硬化指数*	0.169±0.028^b	0.436±0.083^a	0.170±0.018^b	0.224±0.016^b
血清 TBARS（nmol/ml 血液）	1.99±0.16	2.11±0.19	1.99±0.16	1.91±0.08
肝臓 TBARS（nmol/mg 総脂質）	0.444±0.027^b	0.885±0.053^a	0.500±0.040^b	0.778±0.033^a
肝臓トリアシルグリセロール（μmol/g 肝臓）	53.7±4.2^a	4.64±1.19^c	47.2±3.9^a	11.6±1.5^b
肝臓ミトコンドリアカタラーゼ（U/mg 蛋白質）	96.2±8.0^a	32.4±1.3^c	112±13^a	54.2±6.5^b
肝臓ミクロソーム NADPH-シトクローム-P450-還元酵素（U×10^{-3}/mg 蛋白質）	7.57±0.25^c	9.82±0.35^a	7.89±0.19^c	8.75±0.30^b
肝臓 α-トコフェロール（μg/g 肝臓）	30.1±3.5^a	10.3±1.6^c	28.9±4.1^a	14.3±1.8^b

群間で異なる英数字は有意差あり（p＜0.05）. *（総コレステロール-HDL-コレステロール）/HDL-コレステロール.
（五十嵐他　未発表）

構については今後，検討すべき事項として残されている。また，用いた3種の個々のアシル化アントシアニンの化学構造の違いと酸化ストレス抑制能との関連についても検討すべき課題となっている[20]。

（5）ヤマブドウ主要色素マルビンと生体酸化制御

　山間地に自生しているヤマブドウは最近では果樹園でも栽培されるようになり，ワイン，ジュース，および菓子素材としても広範に使用されている。ヤマブドウ果皮に含まれる主要アントシアニンはマルビンであり，その含量，また全アントシアニン量に対して占めるその割合は他のブドウに比べて高い。スーパーオキシドアニオン消去活性は概して，ナスニンに比べて弱い。基本食，0.02％パラコート添加食，0.15％マルビン添加食，0.02％パラコート＋0.15％マルビン添加食を4週齢のWistar系雄ラットに12日間給与すると，マルビンは，パラコートによる飼料摂取量と体重増加量の減少，体重当たりの肺重量と赤血球ヘモグロビンの増加，肝臓トリアシルグリセロール濃度の低下，肝臓ミトコンドリア画分のカタラーゼ活性の低下などを抑制する傾向を示す。また，パラコートによる肝臓TBARSの増加傾向もマルビンの給与によって抑制される傾向を示す（表Ⅳ－8）。マルビンにみられる生体酸化防御作用は概して，ナスニン，アシル化アントシアニンにみられる作用に比べて弱く，生体酸化ストレス制御の点ではマルビン

表Ⅳ－8　パラコート投与に伴う飼料摂取量，体重増加量，肺重量，肝臓脂質過酸化物（TBARS），カタラーゼ活性および肝臓トリアシルグリセロール濃度の変動とマルビンの影響

	基本食	＋PQ	＋マルビン	＋PQ＋マルビン
初体重（g）	57.8±0.7	57.9±0.5	57.9±0.7	57.9±0.7
飼料摂取量（g/12日）	126±1[a]	109±7[b]	128±0.3[a]	116±2[b]
体重増加量（g/12日）	45.5±1.7[a]	26.4±5.7[b]	49.5±1.3[a]	35.1±2.0[b]
肺重量（体重あたり％）	0.584±0.015[c]	0.884±0.103[a]	0.575±0.011[c]	0.719±0.017[a]
肝臓TBARS（nmol/mg総脂質）	0.430±0.04[ab]	0.599±0.080[a]	0.325±0.032[b]	0.531±0.017[a]
肝臓ミトコンドリアカタラーゼ（U/mg蛋白質）	128±18[ab]	53.3±7.5[b]	156±28[a]	91.4±12.5[b]
肝臓トリアシルグリセロール（μmol/g肝臓）	34.3±3.8[a]	11.6±4.1[b]	38.9±4.5[a]	16.3±2.3[b]

群間で異なる英数字は有意差あり（p＜0.05）．（五十嵐他　未発表）

はナスニンやアシル化アントシアニンに比べて劣るものと考えられる。アントシアニジン部分がナスニンのようなデルフィニジン、あるいは赤キャベツアシル化アントシアニンのようなシアニジンタイプのアントシアニンの方が、マルビンのようなマルビジンタイプのアントシアニンよりも生体酸化制御の点で優れている可能性がある。

アントシアニンと同じポリフェノールに属するエピガロカテキンガレート、エピカテキンガレート、エピガロカテキンが、パラコート酸化障害や中毒の軽減に有用な可能性が指摘されていることから、ナスニン、赤キャベツアシル化アントシアニンにも、カテキン類と同様、パラコート中毒の軽減作用が期待される[21]〜[24]。

■文　献■

1) Bismuth, C., Garnier, R., Baud, F.J. Muszynski, J. and Keyes, C. : *Drug Safty*, **5** (4), 243〜251, 1990
2) 阿部　孝：大阪大学医学雑誌, **39** (4), 183〜194, 1987
3) Kojima, S., Miyazaki, U., Honda, T., Kiyozumi, M., Shimada, H. and Funakosi, T. : *Toxicology Letters*, **60**, 75〜82, 1992
4) Redetzki, M., Wood, C. and Grafton, W. : *Veterinary and Human Toxicology*, **22**, 395〜397, 1980
5) Horton, A.A. and Fairhurst, S. : *CRC Chemical reviews in toxicology*, **18**, 27〜78, 1987
6) Toyokuni, S., Mori, T. and Dizdaroglu, M. : *Int. J. Cancer*, **57**, 123〜128, 1994
7) Miyake, Y., Yamamoto, K., Tsujihara, N. and Osawa, T. : *Lipids*, **33**, 689〜695, 1998
8) Noda, Y., Kaneyuki, T., Igarashi, K., Mori, T. and Packer, L. : *Research Communication in Molecular Pathology and Pharmacology*, **102** (2), 176〜187, 1998
9) Yoshiki, Y., Okubo, K., Onuma, M. and Igarashi, K. : *Phytochemistry*, **39**, 225〜229, 1995
10) Yoshiki, Y., Kahara, T., Okubo, K. and Igarashi, K., : *J. Biolumin. Chemlumin.*, **11**, 131〜136, 1996
11) Yoshiki, Y., Okubo, K. and Igarashi, K. : *J. Biolumin. Chemlumin.*, **10**, 335〜338, 1995
12) Mavelli, I., Rossi, L., Autuori, F., Braquet, P. and Rotilio, G. : Proc. Int. Conf.

Superoxide Dismutase, 3 rd ,1983, Meeting Date 1982, Volume 2, 326〜329, eds by Cohen, G. and Greenwald, R.A., Elsevier, New York. pp. 326〜329, 1983

13) Kimura, Y., Araki, Y., Takenaka, A. and Igarashi, K. : *Biosci. Biotechnol. Biochem.*, **63**, 799〜804, 1999

14) Miyazawa, T., Nakagawa, K., Kudo, M., Muraishi, K. and Someya, K. : *J. Agric. Food Chem.*, **47**, 1083〜1089.

15) Matkovics, B., Szaba, L., Varga, Sz. I., Barabas, K. and Berencsi, CY. : *Dev. Biochem.*, **11**B, 367〜380, 1980

16) Lawlor, S.M. and O'brien, N.M. : *Br. J. Nutri.*, **73**, 841〜850, 1995

17) Idaka, E., Yamakita, H. and Ogawa, T. : *Chem. Lett.*, 1213〜1216, 1987

18) Idaka, E., Suzuki, K., Yamakita, H., Ogawa, T., Kondo, T. and Goto, T. : *Chem. Lett.*, 145〜148, 1987

19) Ikeda, K., Kikuzaki, H., Nakamura, M. and Nakatani, N. : *Chemistry Express*, **2**, 563〜566, 1987

20) 木村由里子・五十嵐喜治・竹中麻子：日本農芸化学会誌, **73**, 臨時増刊, 1999年度講演要旨集, p. 119, 1999

21) Yonemitsu, K., Koreeda, A., Higuchi, A. and Tsunenari, S. : *Jpn. J. Toxicol.*, **12**, 143〜150, 1990

22) Igarashi, K., Suzuki, O., Hara, Y., Yoshiki, Y. and Igarashi, K. : *Food Sci. Technol. Int., Tokyo*, 149〜154, 1998

23) Igarashi, K., Suzuki, O. and Hara, Y. : *Food Sci. Technol. Res.*, 69〜73, 1999

24) 恒成茂行・木村和彦・古澤世理子：法中毒, **10** (2), 84〜85, 1992

6. 抗変異原・抗腫瘍作用

　健康を増進して生活習慣病を予防する「一次予防」には，食生活と運動，休養を適正にすることが大切である。なかでも健全な食生活の確立とその維持については，食料の生産・供給から流通・販売，調理・給食，そして家庭での食事まで，社会全体が関与し考えなければならない問題である。このような考え方を背景として，食と健康に関する科学的な解明を目的とした研究が活発に行われ，非栄養素であることからこれまで関心をもたれることのなかった，アントシアニンなどのポリフェノール類がさまざまな生理的な機能をもつことから注目されることとなった。日本の0歳の1997年度における死因別死亡確率を見ると，がんが第一位で男性28.15％，女性19.66％となっている。イギリスの著名な科学者であるドル博士は，1982年にアメリカ国立がん研究所雑誌に，どんな生活環境ががんの発生要因になるかについて膨大なデータを発表している。それによると，食事が35％，喫煙が30％，慢性感染症ウイルスが10％となっている[1]。食品添加物や，医薬品あるいは公害などよりも食事そのものが発がんの重要な要因になっているとの見解であり，今でも多くの科学者がこの論文を引用している。すなわち，食品成分とがんの予防についての科学的な解析は最も重要な領域になっている。本項目では，アントシアニンなどの生体調節機能の一つである抗変異原性・抗腫瘍性について記載する。

（1）抗変異原作用

　がんは，生体内で細胞が異常に増殖して歯止めがきかなくなる状態であり，遺伝子の突然変異によってもたらされる。我々の遺伝子は細胞分裂に伴い複製されるが，そのときエラーによって突然変異が生じる。しかしその内在的なエラーは微々たるものであり塩基10億対の複製に1回程度といわれている。一方，物理的な要因としての紫外線やX線，生物的な要因であるウイルス，さらに化学的な要因である変異原物質などが外的な要因となってDNAが傷害を受ける。一般的には，がん遺伝子やがん抑制遺伝子がそれらの外的要因によって傷害され，突然変異を起こしてがん化が進行する。もちろん，生体は変異した遺伝子を修復するシ

ステムや異常細胞を除去するシステムをもっており,すべての突然変異ががんの発症につながるわけではない。また,変異原物質のなかには発がん性のない物質も存在することがわかっており,それらには約80%の相関性があると推定されている。生体のさまざまな防御機構をかいくぐって残存した突然変異だけががん化の要因になる。このがん発症の第一段階である突然変異を抑制する食品成分のなかで,化学的要因としての変異原物質の作用を抑制する成分が抗変異原物質であり,さまざまな手法によって食品からの検索・同定が行われている。

1）変異原物質

突然変異を誘発する物質が変異原物質であり,そのままで変異原性を示す直接変異原と経口的に摂取された後に体内の酵素によって活性化されてから作用を示す間接変異原に分類される。マスタードガスやN-メチル-N'-ニトロ-N-ニトログアニジン（MNNG）のように直接DNAと結合するアルキル化剤は直接変異原であるが,食品成分として経口的に摂取される多くの変異原物質は間接変異原である。これらの変異原性は,サルモネラ菌や枯草菌,大腸菌などの微生物や酵母,カビ,さらにはショウジョウバエ,カイコなどの昆虫,ムラサキツユクサなどの植物,マウス,ハムスター,ヒトの培養細胞などを用いる多くの検定法によって測定することができる[2]。最も頻繁に用いられる手法は,病原性のないサルモネラ菌（*Salmonella typhimurium*）をヒスチジン要求性の変異株として,その復帰突然変異の頻度を測定するものであり,エームス試験（Ames test）と呼ばれる。

食品に存在する変異原物質は,食品が最初から含有している物質,加工や調理

表Ⅳ-9　食品に存在する変異原物質の分類

分　　　類	
食品中に存在する成分	サイカシン（ソテツ），フキノトキシン（フキノトウ），プタキロサイド（ワラビ）
調理過程で生じる物質	ヘテロサイクリックアミン（Trp-P-1, Trp-P-2, Glu-P-1, Glu-P-2, Lys-P-1, IQ, MelQ），ベンツピレン，ニトロソアミン
微生物等が生産する物質	アフラトキシン（B1, M1），オクラトキシンA，パツリン，ステリグマトシスチン，チトリニン等
人工的な物質	AF2，ダイオキシン等
体内で生じる物質	ジメチルニトロソアミン（胃内）

によって生じる物質，汚染微生物などが生産した物質，添加物や農薬などの人工的残留物・混入物などに分類される（表Ⅳ－9）。これらに加えて体内で生じる変異原物質も知られており，胃で生じるニトロソアミンがその例である。さらに発がんとの関係では，発がんプロモーター活性をもつ胆汁酸酸化物が腸管から発見されている。フキノトウやコンフリーのピロリジンアルカロイド，ソテツのサイカシン，ワラビのプタキロサイドは，植物由来の発がん物質として有名である。このような変異原物質はアメリカにおいてデータベース化されており，最低作用濃度や最高無作用濃度が記載されている[3]。

2) 抗変異原物質

突然変異を抑制する物質を抗変異原物質という。抗変異原性は変異原物質の存在下において，その変異原性の抑制率から判定されるが，やはりエームステストが最も良く用いられている。抗変異原性は，その作用機序から，賀田によって消変異原（desmutagen），生物的抗変異原（bioantimutagen）に分類されている。また，抗発がん物質の観点から Watterberg は，前駆体からの生成抑制物質，細胞への傷害抑制物質（blocking agent），悪性化抑制物質（supressive agent）の3つに分類している。最近では，これらを組み合わせて細胞外での作用，細胞内での作用に分類してその作用機序が説明されている（表Ⅳ－10）[4]。

表Ⅳ－10 作用機序による抗変異原物質の分類

作用機序	抗変異原物質
変異原と細胞外で作用	
形成阻害物質	アスコルビン酸（ニトロソアミン），クロロゲン酸（ニトロソアミン）
	α-トコフェロール（ニトロソアミン）
不活性化物質	ペルオキシダーゼ（Trp-P-1, Trp-P-2），NADPH オキシダーゼ（Trp-P-1, Trp-P-2）
吸着物質	食物繊維（Trp-P-1, Trp-P-2, Glu-P-1）
変異原と細胞内で作用	
活性化（S-9）阻害物質	フラボン，フラボノール，タンニン，アジョエン
無毒化酵素活性化物質	クルクミン，イソチオシアネート
DNA 結合阻害物質	エラグ酸，レチノイド
DNA 修復活性化物質	けい皮アルデヒド，ウンベリフェロン，バニリン，チオール
ラジカル除去物質	抗酸化ビタミン，ポリフェノール，チオール化合物，セレン等の抗酸化物質

発がんの最初のステップ，すなわちイニシエーションには突然変異が関与していることから，この抗変異原物質は日本の死因のトップを占めるがんの予防成分になる可能性をもつものとして注目されており，世界に先駆けた研究が行われている。

3）アントシアニンなどフラボノイドの抗変異原性

① 食用植物やフラボノイドの抗変異原性

野菜や果実，ハーブなどの食用植物には抗変異原性が認められており，特にフェンネルやマジョラム，オレガノ，タイムなどのように野生植物的で強い個性をもつハーブの抗変異原性が強い。一方，ハーブには劣るものの野菜でもブロッコリやニラ，セリ，ショウガ，シソなどに強い抗変異原性が認められている。これらはポリフェノール成分含量の高い野菜類であり，ポリフェノール類がこれら野菜の主要な抗変異原物質になっている可能性が高い。表Ⅳ―11に野菜の抗変異原性とポリフェノールの含量の関係を示した。ポリフェノール含量はフォリン・デニス法で測定したものである。また，表Ⅳ―12には，種々の植物性成分（Phytochemicals）のエームステストによる抗変異原性について示したが，アスコルビン酸やα-トコフェロールなどの抗酸化ビタミンの活性はあまり強くない[5]。一般的には，抗酸化性を示す成分には

表Ⅳ―11　各種野菜の抗変異原性とポリフェノール含量

抑制率（％）	野菜	ポリフェノール(mg/100 g)
80％以上	アシタバ，シュンギク，パセリ インゲン，エダマメ，ゴボウ，ニンニク	150.46
70％以上80％未満	カイワレナ，チンゲンサイ，ミツバ シシトウ，ショウガ	100.51
60％以上70％未満	ブロッコリー，レタス，オクラ，キュウリ，トウガラシ，トマト，レンコン ピーマン，サトイモ，ニンジン	81.49
50％以上60％未満	カリフラワー，キャベツ，エンドウ，ホウレンソウ，カボチャ	72.46
40％以上50％未満	セロリ，サツマイモ，ハツカダイコン	57.66
40％未満	ハクサイ，モヤシ，ダイコン，カブ，ジャガイモ	34.18

エームズテストによる抗変異原性試験，変異原 Trp-P-1，サルモネラ菌 TA100株
ポリフェノールはフォリン・デニス法で定量（生鮮物当たり）

表Ⅳ—12　種々の植物成分の抗変異原性

ファイトケミカルズ	抑制効果	ファイトケミカルズ	抑制効果
クロロフィル	230μg (IC 50)	カンタキサンチン	25 (%)
アスコルビン酸	18 (%)	ルテイン	26 (%)
α-トコフェロール	30 (%)	スチグマステロール	15 (%)
β-カロテン	no	カンペステロール	no
α-カロテン	no	β-シトステロール	no
アスタキサンチン	7 (%)	クロモサポニンⅠ	no
ゼアキサンチン	16 (%)	ソヤサポニンⅠ	no

Trp-P-2　20ng/プレートに対する抗変異原性, 5μg/プレートの試料添加による試験。
クロロフィル以外の試料には抑制率の試料添加濃度依存性が認められない。
(Samejima, K., et al., 1995)

　抗変異原性があるとの印象であるが，この結果は抗酸化性とエームステストによる抗変異原性は必ずしも相関性をもつとは限らないことを示している。
　エームステストは非常に簡便であることから，この手法によって多くの抗変異原物質が食品から見だされている。なかでもフラボノイドは非常に強い抗変異原物質であることがわかっている。しかし，ケルセチン，ケンフェロールなどのフラボノイドアグリコンは，高濃度で用いるとエームステストで変異原性を示すことも知られており，一時期その発がん性が心配された。その後，動物による摂取

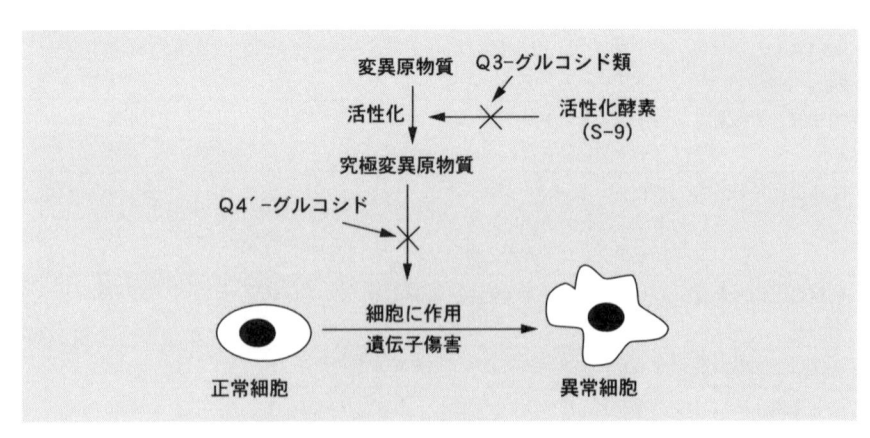

図Ⅳ—33　ケルセチン配糖体の抗変異原作用の様式
　　　　Q：ケルセチン

試験によって発がん性は否定されたが，これはアグリコンが体内に吸収された後に，速やかにグルクロン酸や硫酸の包合体に代謝されることによるものと推定されている。

フラボノイドは，間接変異原物質がミクロソームのP$_{450}$酵素によって活性化されて，直接変異原物質（究極変異原物質）に変換される経路を阻害する[6]。フラボノイドの抗変異原性は，その化学構造と相関性があり，C環の4位のカルボニル構造が必須であり，その構造をもたないカテキン，アントシアニジンの活性は低い。また，2位と3位の二重結合も重要であり，二重結合をもたないフラバノンやフラバノノールの活性が低い。一方，天然のフラボノイドの多くは配糖体になっていることから，配糖体での抗変異原性についても検討されている。それによると，ケルセチンの3-グルコシドは間接変異原物質の活性化酵素の阻害作用が強いが，4'-グルコシドでは，むしろ直接変異原物質に変換した後に作用するなどの作用の違いも認められている（図IV—33）[7]。

② **アントシアニンの抗変異原性**　吉本ら[8]はサツマイモのアントシアニンに，種々の変異原物質に対する抗変異原性があることをエームステストで明らかにした。表IV—13に示したとおり，サツマイモから調製した二つのアントシアニンの抗変異原性が得られており，アグリコンの構造がペオニジンであるよりもシアニジンである方がわずかに活性が強い。サツマイモのアントシアニンはコーヒ酸とフェルラ酸を分子内にもっており，それらの抗変異原性に対する役割にも興味がもたれる。このヒドロキシけい皮酸類の抗変異原性について，表IV—14に示した。これによると，試験した全ての物質に抗変異原性が得られており，特にけい皮酸とp-クマル酸が優れている[9]。一方，サツマイモアントシアニンとこのヒ

表IV—13　サツマイモのアントシアニンの抗変異原性

抗変異原 (μg/plate)	阻　害 (%)	
	YGM-3	YGM-6
Trp-P-1 (0.075μg)	51	45
Trp-P-2 (0.020μg)	77	51
IQ (0.020μg)	42	38
DEGB (100μL)	57	47

アントシアニン濃度は0.5mg/プレート
(Yoshimoto, M., *et al.*, 1999)

表IV—14 ヒドロキシけい皮酸類の抗変異原性

成分名	抑制率（％）	
	Glu-p-2	4-NQO
けい皮酸	82	20
p-クマル酸	92	18
コーヒー酸	73	25
フェルラ酸	78	17
クロロゲン酸	64	12

試料濃度は，Glu-P-2が1 mg/プレート，4-NQOが2.5mg/プレート，Glu-P-2にはS-9mixを添加，4-NQOにはS-9mix無添加
(Yamada, J., et al., 1996)

ドロキシけい皮酸の抗変異原性を比較してみると，ほぼ同様の活性であった。以上の結果から，アントシアニンの抗変異原性については，糖に結合したフェニルプロパノイドの貢献も考慮する必要がある。

（2）抗腫瘍作用

　生命を形作る細胞には正常細胞と異常細胞が存在する。正常細胞は，さまざまな臓器となって日々の生命活動を担っているが，異常細胞は成長や増殖などの細胞サイクルのコントロールがきかなくなっている。これら異常細胞にもその異常

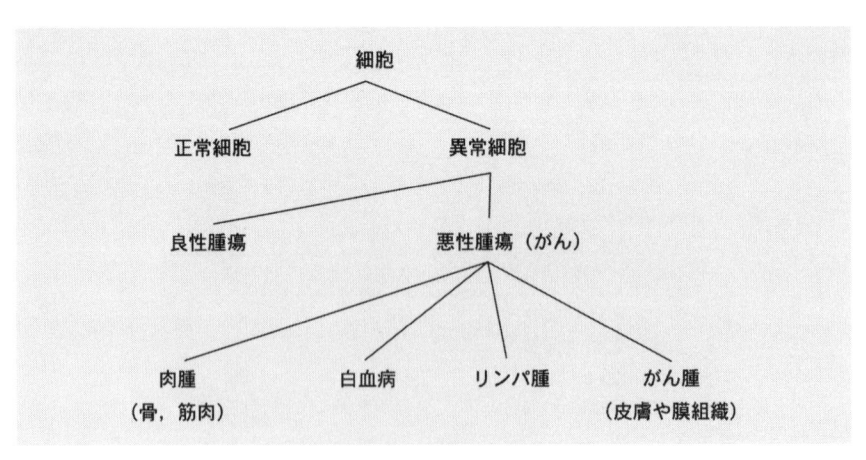

```
                    細胞
                   ╱    ╲
              正常細胞   異常細胞
                 ╲      ╱    ╲
                良性腫瘍    悪性腫瘍（がん）
                          ╱   ╱    ╲    ╲
                       肉腫  白血病 リンパ腫 がん腫
                     (骨，筋肉)              (皮膚や膜組織)
```

図IV—34　腫瘍の分類

の度合いによって図Ⅳ—34に示したようにさまざまなタイプがある。すなわち，腫瘍には良性と悪性の二種類があり，良性腫瘍はイボや子宮筋腫のように細胞の増殖によって肥大はするが，悪性腫瘍（がん）のように他の器官に移ることはない。この悪性腫瘍，すなわちがんが形成される過程は，イニシエーションからプロモーション，そしてプログレッションから転移を経る多段階になっている。これまで記述してきた抗変異原性は，その入り口の遺伝子の傷害にかかわる部位である。ここでは，食品成分について抗腫瘍の観点から述べる。

1）腫瘍とラジカル

がんの発症は，発がん物質がDNAに作用し，プロトオンコジーン（前がん遺伝子）が活性化されるイニシエーションから始まる。すなわち，発がん物質が代謝活性化を受けて，標的臓器に転流蓄積され，そこで求電子性の反応物質としてDNAの求核部分と反応し，点変異や他の病変を引き起こす。この過程がイニシエーションである。この反応で形成された異常細胞は，既に潜在的な腫瘍細胞である。

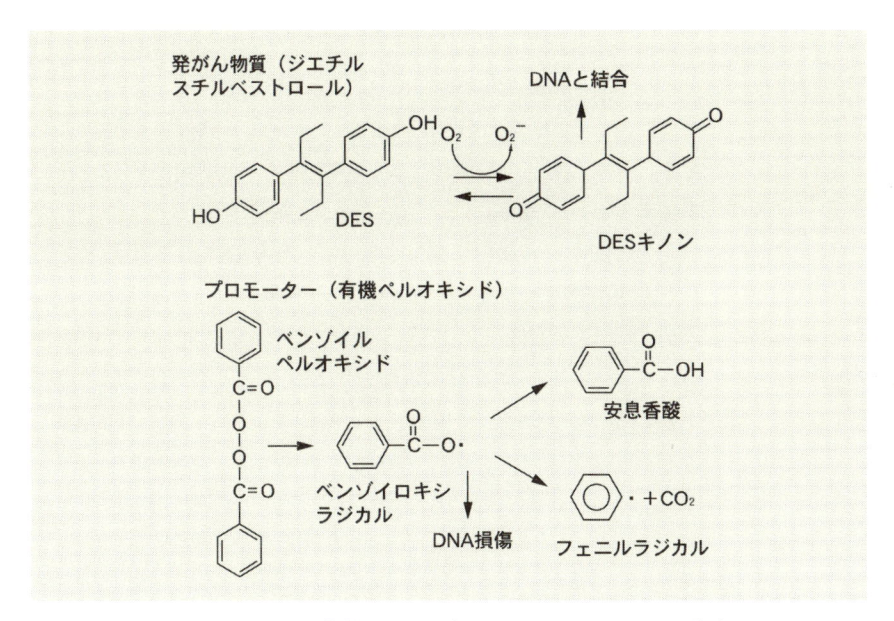

図Ⅳ—35　発がん物質と発がんプロモーターからのラジカル発生

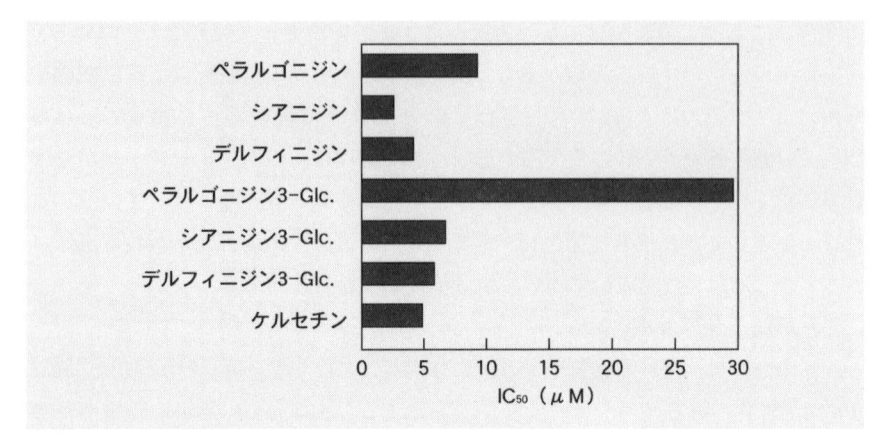

図Ⅳ—36 各種アントシアニンのDPPHラジカル消去能の比較
(Tsuda, T., et al., 1996)

　腫瘍のプロモーション過程は，良性腫瘍の発生過程でもあるが，細胞増殖因子や情報伝達カスケードが関与し，細胞のSODやグルタチオンペルオキシダーゼ等を含む抗酸化防御系の活性低下とフリーラジカルの関与などが指摘されている。しかし，そのメカニズムは完全には解明されていない。

　こうして生じた良性の病変が，悪性度の高い病変へと変化を遂げる過程がプログレッションである。すなわち，この過程で良性の腫瘍が自己増殖能をもつ細胞へと不可逆的に変身するわけである。

　こうしたがんの発症に関する各過程には，生物学的，化学的に生じたオキシダントやフリーラジカルが重要な役割を演じていることが示されている（図Ⅳ—35）。したがって，ラジカルの消去機能をもつ成分は，発がんの予防に関与する可能性が高いものと思われる。アントシアニンを始めとするフラボノイドは各章で述べたとおり，強い抗酸化作用を示す成分であり，その作用によってがん（悪性腫瘍）の予防に関与するものと推定される。図Ⅳ—36に各種アントシアニンのDPPHラジカルの消去作用を示した。これによるとシアニジンのラジカル消去作用が優れており，次いでデルフィニジン，Cy 3-glcと続く。これらのアントシアニンの抗酸化性やラジカル消去機能とイニシエーションからプロモーション，プログレッションと続く発がん発症過程との関係については，抗酸化成分の発がん予防

の観点から非常に興味深い。

2) アントシアニンの抗腫瘍作用

抗腫瘍（がん）剤の開発では，主に細胞分裂阻害剤や RNA 合成阻害剤，トポイソメラーゼ阻害剤が探索されている。また，腫瘍への栄養供給を絶つための血管新生阻害剤も注目されているが，残念ながらアントシアニンのこのような抗腫瘍に関わる機能についてはよくわかっていない。アントシアニン以外のフラボノイドの細胞分裂阻害（セルサイクル制御作用）や RNA 合成阻害，トポイソメラーゼ阻害作用についてはかなりデータが蓄積されており，トポイソメラーゼ I の阻害作用はミリセチン，ケルセチン，フィゼチンの順であり，トポイソメラーゼ II の阻害作用は，ケルセチン，ケンフェロール，フィゼチン，ミリセチンの順であることがわかっている。

一方，発がん物質の解毒酵素であるキノン還元酵素と腫瘍誘導酵素であるオルニチン脱炭酸酵素へのアントシアニンの影響がブルーベリー，ビルベリー，クランベリー等で検討された[10]。その結果，残念ながらアントシアニン画分には解毒酵素の活性化が認められなかった。一方，酢酸エチル抽出物にはキノン還元酵素活性を高める成分が存在していた。

さらに，繊維芽細胞の基底細胞への浸潤の阻害作用についても検討されているが，ナスのアントシアニンであるナスニンから調製したデルフィニジンに，わずかながら活性が得られている[11]。がん細胞に対するアポトーシスの誘導も広い意味での抗腫瘍作用になるので説明する。アントシアニジンのアポトーシス誘導については，まだ検討例は少ないが，アントシアニン配糖体の糖と結合するフェニルプロパノイドであるコーヒー酸はアポトーシスを誘導することが知られている。

3) アントシアニンの消化・吸収

ビルベリーアントシアニンの吸収に関する研究がイタリアで行われているが，それによるとラットでは摂食後15分でアントシアニンの血中濃度が $2.5\ \mu g/m\ell$ と最高になり，以後減少して90分程度で消失する。さらに詳しく検討すると，15種以上存在するアントシアニン配糖体のほとんどが，高速液体クロマトグラフィーによって血液中や尿中でも観察されている[12]。この結果は，アントシアニンが配糖体のまま吸収されることを暗示するものであるが，他のフラボノイドではむし

ろアグリコンの吸収が盛んであると推定されている。一般的には，腸内細菌などによって配糖体からアグリコンが生じ，これが腸管から吸収されるものと理解されているが，部分的にわずかながら腸管のギャップを経由した配糖体のままでの吸収も存在するものと考えられている。さらに，吸収されたアントシアニンは皮膚や腎臓など臓器にも分布することがわかっており，臓器において，がんの予防に役立っている可能性もある。

■文　献■
1) Doll, R. and Peto, R. : *J. Natl. Cancer Inst.*, **66**, 1191, 1981
2) 田島弥太郎ら編 : 環境変異原実験法，講談社サイエンテイフィック，第一版，講談社，1980
3) Waters, M.D., Stack, H.F., Brady, A.L., Lohman, D.H.M., Hroun, L. and Vinio, H. : *Mutat. Res.*, **205**, 295, 1988
4) Ramel, C., Alekperov, U.K., Ames, B.N., Kada, T. and Wattenberg, L.W. : *Mutation, Res.*, **168**, 47, 1986
5) Samejima, K., Kanazawa, K., Ashida, H. and Danno, G. : *J.Agric. Food Chem.*, **43**, 410, 1995
6) Edenharder, R., Petersdorff, I. and Von Rauscher, R. : *Mutation Res.*, **287**, 261, 1993
7) 津志田藤二郎 : 化学と生物，**34**, 1996
8) Yoshimoto, M., Okuno, S., Yoshinaga, M., Yamakawa, O., Yamaguchi, M. and Yamada, J. : *Biosci. Biotech. Biochem.*, **63**, 537, 1999
9) Yamada, J. Tomita, Y. : *Biosci. Biotech. Biochem.*, **60**, 328, 1996
10) Bomser, J., Madhavi, D.L., Singletary, K. and Smith, M.A. : *Planta Med.*, **62**, 212, 1996
11) Nagase, H., Kito, K., Haga, A. and Saito, T. : *Planta Med.*, **64**, 216, 1998
12) Morazzoni, P., Livio, S., Scilingo, A. and Malandrino, S. : *Arzneim.-Forsch./Drug Res.*, **41**, 128, 1991

7. アントシアニンの視機能改善作用

　アントシアニンの視機能に及ぼす影響については，とりわけブルーベリーにおいて研究が進められている。特に，ヨーロッパでは，眼科領域の分野で臨床応用され，夜盲症や糖尿病性網膜症の治療に利用されている。

　ブルーベリーエキスは，夜間の視力を向上させ，弱い光（薄暗）条件下で視力が早く順応することを促進させることが知られている。また，逆に，眩しい光刺激を与えた後にみられる一過性の視機能低下においても，ブルーベリーエキスが視機能の回復時間を短縮させる働きを有していることが報告されている[1]。もっとも，これらの効能は，研究によって実証される以前から経験的にも知られたようで，ヨーロッパでは，パイロット，トラック運転手，夜間視力の弱い者に対して，ブルーベリーの摂取を薦めてきた経緯がある。

（1）アントシアニンの視物質ロドプシン再合成促進効果

　アントシアニンの視機能改善作用が学術的に注目を集めたのは，1960年代に遡る。Bastideらは，1968年に，ウサギにアントシアニンを静脈投与し，網膜上のロドプシン（rhodopsin）量が増加したことを報告している（図Ⅳ―37）[2]。ロドプ

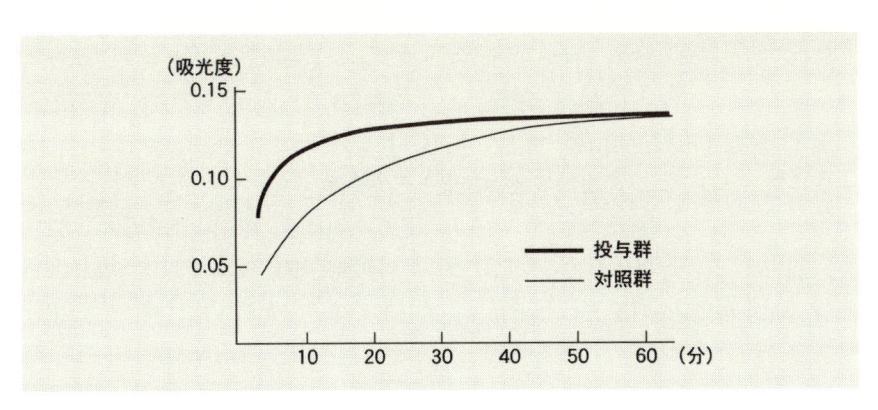

図Ⅳ―37　アントシアニン投与によるロドプシン量の変化
ウサギに160mg/kgのアントシアニンを静脈投与して暗所でロドプシンの量を調べたもの
(Bastide, P., et al., 1968)

シンは，網膜視細胞外節に存在する感光物質のひとつで，桿体細胞に含まれている視物質である。暗所では，紫紅色をしていることから視紅とも呼ばれている。日常，我々は，このロドプシンが網膜に到達した光刺激によって瞬時に分解され，その化学変化が脳へ伝達されることによって，「ものが見える」と感じている。ロドプシンは，暗所で自然に再合成されるが，仮に，強い光刺激や長時間の光刺激をうけロドプシンの分解が一方的に進むと，光に対する感受性が低下し，ものが見えにくくなるという現象が起こる。Bastideらの実験は，アントシアニンが，暗所でのロドプシンの再合成を促進し，光に対する網膜の感受性を素早く回復させる働きのあることを明らかにした。

（2）アントシアニンの臨床的価値
1）医薬品としてのアントシアニン

アントシアニンは，ロドプシンの再合成促進作用以外にも，これまで数多くの生理作用をもつことが明らかになっている。Liettiらは，ウサギを用いたアントシアニン静脈投与試験から毛細血管の透過性が抑制されること，さらに腹腔投与した試験からはアントシアニンによって皮膚毛細血管の抵抗性が増強したことを明らかにしている[3]。また，ラットを用いた実験では，Bottecchiaらが血小板凝固阻害活性を増強する効果を報告しており[4]，さらにCristoniらは胃潰瘍に対する治癒効果を明らかにしている[5]。

既に，ブルーベリーから抽出したアントシアニンエキスは，イタリア，フランス，ニュージーランドにおいて医薬品として承認されており，夜間盲，毛細血管の脆弱，脳血管障害，胃潰瘍の治療に用いられている。

2）アントシアニンの視機能改善効果とその機序

アントシアニンの視機能に対する作用は，この他にも，糖尿病性網膜症，白内障，緑内障，仮性近視に対する作用についても研究が進められている。Scharrerらは，糖尿病患者を対象とした研究からアントシアニンが糖尿病性網膜症の出血性病変に効果的であったことを報告している[6],[7]。また，Morazzoniら[8]は，緑内障の発症を予防する効果があること，さらに，近視患者を対象とした臨床試験では，網膜感受性の向上と動的視野が有意に拡大することを明らかにしている。

これら視機能に対する作用は，アントシアニンのもつ抗酸化作用，毛細血管保

護作用，ビタミンP様作用，抗炎症作用，コラーゲン合成促進作用などの生理機能による可能性が考えられている。たとえば，毛細血管保護作用については，Virnoらが，ウサギを用いた実験で，アントシアニン摂取後の眼球ガラス体液中のエバンスブルーの拡散を測定し，毛細血管の透過率が減少することを実証している（図Ⅳ―38）[9]。アントシアニンは，最近の研究で，乳酸デヒドロゲナーゼや網膜上のフォスフォジエステラーゼなど視覚認知に関与する酵素活性に作用することにより，視覚機能の改善に働いていることが明らかにされている。たとえば，Morazzoniらは，アントシアノサイドが，網膜上のフォスフォジエステラーゼを抑制し，視覚機能の改善に効果的であることを示した。

3）本邦におけるアントシアニンの臨床研究

日本においては，ブルーベリーに関する研究は，伊東，玉田，津志田らによる農学系からのアプローチが主であった[10]〜[12]。それ故，ブルーベリーを利用した視機能に関する研究や眼性疾患に対する臨床研究は非常に遅れていた。1994年に，篠端ら[13]が，健康成人に対し眼精疲労による調節力，動体視力およびフリッカー値においてアントシアニンに有意な改善効果を認めたことを初めて報告しているが，眼性疾患患者に対する臨床的な研究は，ほとんど行われていなかった。

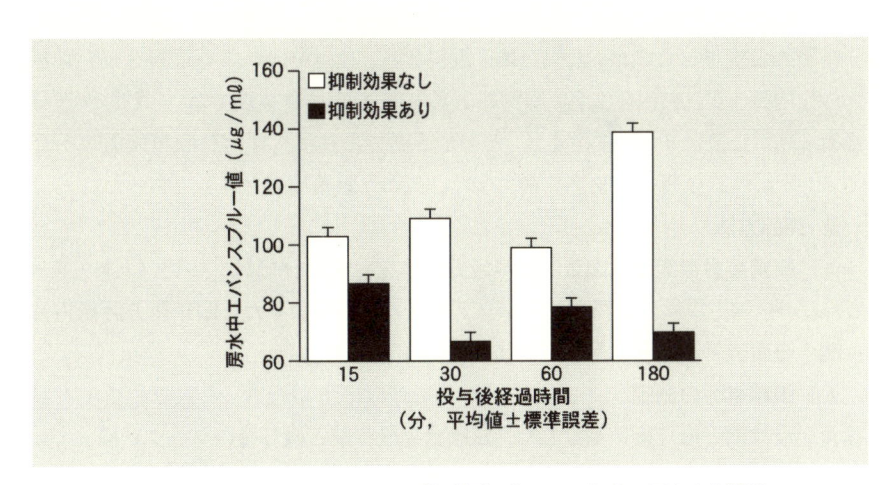

図Ⅳ―38　ウサギにおけるVMA静脈投与（3.2mg/kg）後の房水血管関門の毛細血管透過性抑制効果
VMA : Vaccinum Myrtillus Anthocyanosides

(3) アントシアニンの視機能に及ぼす影響:その最新研究

　筆者らは,1997年,精神疲労や眼精疲労を有する眼科外来受診者を対象として,プラセボとの二重盲検による4週間の長期摂取試験を実施し,アントシアニンの継続的な摂取が,眼精疲労およびそれに伴う精神疲労を改善させる働きのあることを実証した。さらに,1999年,筆者らは,仮性近視の進行,すなわち調節性近視から軸性近視への移行あるいはその進行が眼精疲労と関係が深いことから,アントシアニン長期摂取が仮性近視あるいは近視の進行防止に効果がある可能性を見いだし,調節性近視状態にあると推測される小学生を対象とした長期摂取試験を実施した。その結果,8週間の摂取によって,被験者全体としては有意ではないものの,視力低下が2年以内で,かつ5m視力が0.1～0.5未満の者に限定した場合に有意な改善作用をもつことを明らかにした。

　以下,筆者らが実施した実験結果について,その主旨を記述する。

1)ブルーベリーエキスを用いた眼精疲労および精神疲労に及ぼす効果[14),15)]

　① 対　象　対象は,眼科外来を受診し眼精疲労を訴えた患者26名のうち,今回の臨床調査に規定の期間,参加し最終評価できた患者20名で,平均年齢32.6±17.3歳,男性6名,女性14名である。対象患者のプロフィールを(表Ⅳ─15)に示す。

　基礎的眼疾患としては,乱視を伴う近視9名,乱視を伴わない近視3名,糖尿病性白内障1名,白内障2名,緑内障1名であった。職業別では,VDT作業従事者6名,会社員5名,学生4名,その他5名であった。また,眼精疲労の分類では,症候性眼精疲労が14名と最も多く,調節性眼精疲労は6名であった。

　② 評価方法

　a)**眼精疲労自覚症状調査**:眼精疲労の自覚症状の評価は,中村(九州労災病院)らが全国労災病院眼科プロジェクトチームから発表した「眼精疲労評価方法に関する研究」に従って評価した(表Ⅳ─16)[16)]。

　b)**眼精疲労の測定**:フリッカー値,30cm視力,5m視力,および屈折度を試験食品投与前と投与後に測定した。試験食品投与前と投与後のデータが揃っているものを有効データとして統計処理を行った。

　c)**精神疲労ビジュアルアナログスケール**:投与前,投与中,投与後に,0(疲労感なし)から10(極度の疲労感)までを意味する10cmの線分を示し,その時点

表Ⅳ—15　対象患者プロフィール

氏名	年齢	性	職業	基礎疾患	種類	疲労自覚時間
N. N	28	F	VDT作業	近視	調節性	夜・深夜
H. F	18	F	受験生	近視	調節性	夜・深夜
N. S	58	F	VDT作業	糖尿病性白内障	症候性	夕・夜
M. S	73	F	無職	緑内障	症候性	一日中
W. H	27	M	VDT作業	近視・乱視	症候性	夕
K. Y	8	F	小学生	なし	調節性	朝・昼
I. H	31	F	VDT作業	近視・乱視	症候性	夕・夜
N. H	34	F	事務職	近視・乱視	症候性	一日中
O. H	29	M	会社員	近視・乱視	症候性	夕・夜
H. Y	29	F	会社員	近視・乱視	症候性	夜
O. K	29	M	医療従事者	近視・乱視	調節性	夕・夜・深夜
T. M	51	F	事務職	白内障	症候性	夜・深夜
M. S	16	M	高校生	近視・乱視	調節性	朝・昼・夜
K. M	10	F	小学生	なし	調節性	一日中
Y. T	68	M	夜間警備員	白内障	症候性	夜・深夜
N. T	34	M	VDT作業	近視・乱視	症候性	昼・夜・夕
O. Y	28	F	VDT作業	近視	症候性	夕
S. A	25	F	会社員	なし	症候性	夜
T. M	30	F	会社員	近視・乱視	症候性	夜
K. Y	26	F	会社員	なし	症候性	夜

表Ⅳ—16　眼精疲労自覚症状評価項目

1）目が疲れる
2）目が痛む
3）目がかすむ
4）涙が出る
5）目が赤くなる
6）物がちらついて見える
7）肩，腰がこる
8）いらいらする
9）頭が重い
10）頭が痛い

（中村晴美ら：眼精疲労評価方法に関する研究，1994）

での精神疲労感の程度を線分上に線で記入させた。線分は，1cmずつ目盛りがつけられているが，0と10以外に特にアンカーポイントを設定せず，自らの基準で自由に自分の疲労感を記入させる visual analogue scale 法を採用した。

③ **試験方法**　試験は，プラセボとのダブルブラインド，クロスオーバー法を用いて実施した。投与方法は，経口でアントシアニンおよびプラセボとも28日間投与を行った。あらかじめ，被験者26名をA群，B群に13名ずつ無作為に分け，A群ではアントシアニンを28日間投与した後プラセボを28日間投与し，B群ではプラセボを28日間投与した後アントシアニンを28日間投与した。

アントシアニンは，ブルーベリーから抽出した高濃度アントシアニン含有軟カプセル（1粒中アントシアニン31.25mg含有）を用い，1日2回（アントシアニン量として1日62.5mg）の投与を実施した。

④ **統計処理方法**：眼精疲労の自覚症状の評価は，中村らの評価方法に従い5段階（最重症，重症，中等度，軽度，症状無し）で評価した。統計処理では，投与前と比較し，投与後の変化で2段階以上改善または全快している場合を著明改善，1段階改善しているものを改善，変化のない場合を不変，1段階悪化した場合を悪化，2段階以上悪化または最重症になった場合を著明悪化とした。

⑤ **結　果**

a）**各自覚症状項目別改善度**：各自覚症状項目別の改善度を（表Ⅳ-17）に示す。眼精疲労自覚症状10項目のうち，「目の疲労感」，「目のかすみ」，「物がちらついて見える」，「肩こり・腰のこり」，「イライラする」，「頭が重い」の6項目で，アントシアニン投与群がプラセボ投与群に比して有意に改善効果を認めた（Mann-Whitney 検定；$p<0.05$）。なかでも，「目の疲労感」，「肩こり・腰のこり」の症状については，アントシアニン投与群において顕著な改善効果が示された（Mann-Whitney 検定；$p<0.01$）。

b）**眼精疲労全般的改善度の解析**：眼科主治医が評価した眼精疲労全般的改善度の結果を（表Ⅳ-18）に示す。プラセボ投与において改善以上を3名に認め，プラセボ効果が示された。逆にプラセボ投与による悪化は6例にみられたが，いずれも前投与にアントシアニンを投与したのちにプラセボに切り替えた症例であり，アントシアニン投与終了時と比較して悪化を示す結果となった。一方，アントシアニン投与群では，改善以上が20例中14例にみられ，悪化傾向を示した症例

表IV—17 自覚症状別改善率

自覚症状	試験品	有症状症例数	改善度数					改善率(改善以上)	有意差
			著明改善	改善	不変	悪化	著明悪化		
目の疲労感	アントシアニン	20	6	8	5	1	0	70%	$P<0.01$
	プラセボ	20	1	6	6	7	0	35%	
目の痛み	アントシアニン	5	3	0	2	0	0	60%	N.S.
	プラセボ	5	0	1	4	0	0	20%	
目のかすみ	アントシアニン	11	3	5	3	0	0	73%	$P<0.05$
	プラセボ	11	1	1	8	1	0	18%	
涙が出る	アントシアニン	5	0	1	4	0	0	20%	N.S.
	プラセボ	5	0	0	5	0	0	0%	
目が赤くなる（充血）	アントシアニン	8	1	1	6	0	0	25%	N.S.
	プラセボ	8	2	2	3	1	0	50%	
ちらつき	アントシアニン	10	2	6	1	1	0	80%	$P<0.05$
	プラセボ	10	1	1	5	3	0	20%	
二重に見える	アントシアニン	2	1	0	1	0	0	50%	N.S.
	プラセボ	2	1	0	1	0	0	50%	
肩こり筋肉痛	アントシアニン	17	7	5	4	1	0	71%	$P<0.01$
	プラセボ	17	1	3	7	6	0	24%	
イライラ	アントシアニン	13	3	6	4	0	0	69%	$P<0.05$
	プラセボ	13	0	2	11	0	0	15%	
頭重感	アントシアニン	13	4	5	4	0	0	69%	$P<0.05$
	プラセボ	13	2	0	8	3	0	15%	
頭痛	アントシアニン	5	1	0	3	1	0	20%	N.S.
	プラセボ	5	1	1	3	0	0	40%	

（カイ2乗検定）

図IV—18 眼精疲労全般的改善度最終評価

		著明改善	改善	不変	悪化	著明悪化
アントシアニン		4	10	6	0	0
	前投与無し	4	5	1	0	0
	プラセボ前投与	0	5	5	0	0
プラセボ		3	0	11	6	0
	前投与無し	2	0	8	0	0
	アントシアニン前投与	1	0	3	6	0

7. アントシアニンの視機能改善作用

はみられなかった。なかでも，前投与としたプラセボで効果がみられなかった8例において，アントシアニン投与に切り替えた結果5例（62.5％）に改善効果を認めた。

c）**フリッカーテスト結果**：（表Ⅳ—19）に，アントシアニンおよびプラセボをを投与した際のフリッカー値の推移をを示す。アントシアニンの投与によって有意にフリッカー値が高くなっており，アントシアニンの投与が生理学的検査においても眼精疲労を改善していることが示された（paired T test：P＜0.01）。また，プラセボ投与群では，フリッカー値の有意な改善は見られず，フリッカーテスト値の上昇率においてアントシアニン投与群と有意な差を認めた（Mann-Whitney U test：P＜0.05）。

d）**Visual Analogue Scale の結果**：アントシアニンおよびプラセボ投与によるVisual Analogue Scale の値の変化と変化率を（表Ⅳ—20）に示す。アントシアニン投与によってVisual Analogue Scale の値が有意に降下し，疲労感が軽快していることが示された（paired T test：P＜0.01）。一方，プラセボ投与においてもVisual Analogue Scale の値の下降すなわち疲労感の軽快が認められたが有意な変化は認めなかった（paired T test：N.S.）。

e）**フリッカーテストと Visual Analogue Scale の相関**：フリッカーテスト成績とVisual Analogue Scale（VAS）の関係を示す（図Ⅳ—39）。横軸はアントシアニン投与後のフリッカーテスト成績の上昇率，縦軸はVASの上昇率を示している。両者には，極めて有意な負の相関を認めた（parametric 検定；r＝

表Ⅳ—19 フリッカーテスト成績の変化

	投与前	投与後	平均上昇率	有意差
アントシアニン	48.25±3.29	50.70±3.70	1.04±0.07	P＜0.05
プラセボ	49.25±4.72	49.45±3.73	1.01±0.05	N. S.

paired T test

表Ⅳ—20 Visual Analogue Scale の変化

	投与前	投与後	平均上昇率	有意差
アントシアニン	5.37±1.68	4.90±1.95	0.90±0.17	P＜0.05
プラセボ	5.05±1.87	4.76±1.64	0.98±0.24	N. S.

paired T test

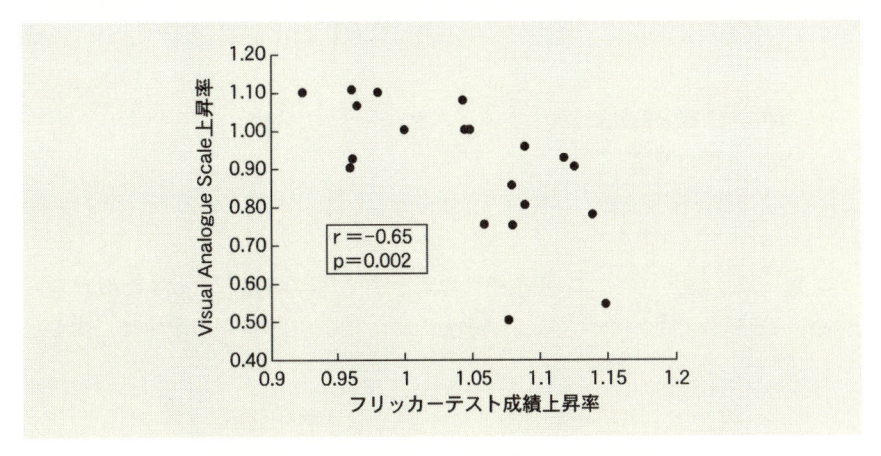

図Ⅳ—39　フリッカーテスト成績と VAS の関係

-0.65, p =0.002)。このことは，フリッカーテスト成績の改善，すなわち眼精疲労の回復が VAS の疲労度を軽減させていることを示していた。客観的な眼精疲労の尺度とされるフリッカーテストと，自覚的な全身疲労をスケールした疲労度が強い相関を示したことは，眼の疲労が実際には全身の疲労感として自覚されていることを示唆していた。

２）仮性近視あるいは近視初期段階の児童に対する視力改善効果

① 対　象　　対象は，小学校の眼科検診あるいは眼科にて，仮性近視あるいは近視の初期段階と診断され，視力回復トレーニングや目の保養を医師から勧められていた小学生とした。被験者の募集にあたっては，中学受験を目的とする塾生約2,500名のなかから，上記の条件を満たす者を抽出した。その結果，上記の条件を満たし，かつ本人および家族の同意を得た被験者数は91名であった。そのうち，摂取に関するコンプライアンスなど，あらかじめ設定した摂取基準を合格した63名について，摂取試験終了後，検討の対象とした。63名の平均年齢は10.5±0.82歳，男性41名，女性22名であった。いずれの被験者も，視力低下に気づいて２年以内であり，それまでの本来の視力が両眼ともに1.0以上であった者のみを対象とした。

② 評価方法

a）裸眼視力の測定：５メートル裸眼視力を摂取前後で測定した。測定には，

ヤガミトータルビジョンテスター TOMEI-VT 5000 および視力表を用いて実施した。

　b）眼精疲労自覚症状調査
　c）眼精疲労の測定
③ **試験方法**：投与方法は，経口でブルーベリーエキス37.5mg/日を，56日間投与した。

④ **結　果**：（表Ⅳ—21）に，摂取前に片眼裸眼視力が0.9以下であった被験者の摂取後の変化を示す。表からも明らかなように，ブルーベリー摂取前に，裸眼視

表Ⅳ—21　仮性近視者に対するブルーベリー摂取後の裸眼視力の変化

摂取前裸眼視力	合計人数	摂取後の裸眼視力の変化（右）						
		仮性近視の進行（悪化）			不変	仮性近視の改善		
		-0.2>	-0.2	-0.1	0	+0.1	+0.2	+0.2<
0.1	7	0	0	0	14.3	42.9	28.6	14.3
0.2	7	0	0	0	42.9	28.6	14.3	14.3
0.3	15	0	6.7	0	73.3	6.7	6.7	6.7
0.4	8	0	14.2	25	25	12.5	12.5	12.5
0.5	6	16.3	0	50	33.3	0	0	0
0.6	4	0	25	0	75	0	0	0
0.7	4	0	25	25	0	50	0	0
0.8	2	0	0	50	0	0	0	50
0.9	3	33.3	33.3	0	0	33.3	0	0

摂取前裸眼視力	合計人数	摂取後の裸眼視力の変化（左）						
		仮性近視の進行（悪化）			不変	仮性近視の改善		
		-0.2>	-0.2	-0.1	0	+0.1	+0.2	+0.2<
0.1	2	0	0	0	50	0	50	0
0.2	10	0	0	0	60	40	0	0
0.3	9	0	0	11.1	44.4	33.3	11.1	0
0.4	12	0	0	0	41.7	41.7	16.7	0
0.5	8	0	25	25	25	12.5	12.5	0
0.6	5	20	20	40	20	0	0	0
0.7	2	0	0	0	50	50	0	0
0.8	2	50	0	0	50	0	0	0
0.9	3	0	0	33.3	33.3	33.3	0	0

力が0.1～0.4程度であった者において，8週間のブルーベリー摂取後，0.1～0.2程度の視力改善（向上）がみられる症例が多かった。一方，ブルーベリー摂取前の視力が0.6～0.9であった者においては，数症例において視力の回復がみられたが，全体として明らかな効果を認めなかった。そのため，全被験者においては，ブルーベリー摂取後において，有意な視力の改善（向上）はみられなかったが，摂取前に右裸眼視力が0.4以下であった者37名，および左裸眼視力が0.4以下であった者33名においては，摂取後に有意な視力改善効果が確認された（Wilcoxon test：左右とも，$p<0.05$）。

（4）アントシアニンに関する医学研究の今後

以上，我々はこれまでの研究で，ブルーベリーに含まれるアントシアニンの視機能改善効果を実証したが，その実験過程で最も驚いたことは，精神疲労に対する改善効果が顕著であったことである。この作用は，視機能改善効果の2次的作用によるものか，あるいは脳微小血管への血流改善効果によってみられるのかについては，未だ明らかではない。現在，我々は，ブルーベリー摂取による集中力や学習能力の向上を調査する研究を進めると同時に，PET や SPECT といった最新の放射能画像装置を用いた脳への血流増加および脳代謝促進作用を評価する研究に着手している。筆者らは，アントシアニンに，まだ明らかにされていない生理機能が数多く存在すると推測しており，視機能を含めた中枢に及ぼす影響を調べることによって，さらに新たな薬理作用が明らかになると期待している。

注釈）

PET：positron emission tomography

SPECT：singlephoton emission computed tomography

文献

1) Morazzoni, P. and Bombardelli, F. : *Fitoterapia*, **68**, 3～28, 1996
2) Bastide, P. : *Bull Soc Ophtalmol Fr.*, **68** (9), 801～807, 1968
3) Iietti, A., Cristoni, A. and Picci, M. : *Arzeim-Forsch*（*Drug-Res*）, **26** (5), 829～832, 1976
4) Bottecchia, D., Bettini.V. and Martino, R. : *Fitoterapia*, **LV3** (1), 3～8, 1987
5) Cristoni, A. and Magisteretti, M. J. : *Framaco Edizione Pratica Anno*, **6**, 11,

       1987
6) Scharrer, A. and Ober, M. : *Klin Monatsbl Augenheikd*, **178** (5), 386～389, 1981
7) Boniface, R. and Robert, A. M. : *Monatsbl Augenheilkd* **209** (6) : 368～372, 1996
8) Morazzoni, P. and Bombardelli, F. : *Fitoterapia*, **68**, 3～28, 1996
9) Virno, M., Pecori, J. and Auriemma, L. : *Bollettino di Oculistica,* **65** (1), 1986
10) 伊藤三郎：食品工業, **40** (16), 16～24, 1997
11) 玉田孝人：食品工業, **40** (16), 25～33, 1997
12) 津志田藤二郎：食品工業, **40** (16), 34～39, 1997
13) 篠端　誠：新しい眼科, **11** (1), 117～121, 1994
14) 梶本修身：大阪外国語大学論集, **19**, 143～150, 1998
15) 梶本修身・大谷寛成ら：食品工業, **41** (16) : 29～35, 1998
16) 中村晴美ら：日本災害医学会会誌, **42** (8) : 617～620, 1994

V アントシアニンおよび含有食品の新開発

1. 赤米発酵酒の開発と機能性

　近年，グルメ嗜好に伴い，食品の多様化，ファッション化，個性化が進行しており，清酒においても吟醸酒，純米酒，生酒など新しい商品がさまざまな意匠をこらして人気をよんでいる。なかでも最近，健康志向よりアントシアニン色素を含んだ赤米を発酵原料とする清酒が多数製品化され，酒質の幅を広げている。
　赤米は古来，神事におけるお神酒の一種である黒酒および赤飯の製造に使用されてきた。赤米（インディカタイプ）は，白米に比べ，背丈が非常に高く，稲の先についているノギも長く赤い。そのため，遠くから見ると，田んぼが真っ赤にみえる。また赤米は虫や病気に強く農薬や肥料が不要で，畑作でも水田でも育てることができる。また，赤米の糠画分には，機能性物質として注目されているアントシアニンが多量に含まれていることから，健康食品として最近ブームをよんでおり，赤米の粉でつくったうどんやせんべいも製品化されている。
　本項では，赤米を原料とした新しいタイプのワイン風発酵酒の開発において得られた情報を紹介する。

(1) 赤米の無蒸煮アルコール発酵酒

　一般にデンプンを主成分とする穀類から酒類を製造するには，主として蒸煮によりデンプンを糊化し，これを麹菌の酵素によって糖化し，酵母によってアルコール発酵させる（並行複発酵）。米を発酵原料とする清酒においても，米を蒸して使うことは不可欠の工程とされてきた。しかしながら，近年，省エネルギーの観点から，無蒸煮アルコール発酵に関する多くの報告があり[1),2)]，無蒸煮仕込みによるアルコール発酵や酒類の製造に対する研究が盛んに行われている。
　赤米を発酵原料とするワイン風発酵酒は，その製造工程において玄米を原料と

して使用する。さらに、蒸煮という工程を省く無蒸煮アルコール発酵を行うことによって、赤い鮮やかな色調を呈し、フルーティーなワイン様の香りを醸し出すことができる[3]~[5]。従来、清酒製造の場合、できるだけ米糠を取ることが吟醸香を生成するための必須条件とされてきたが、赤米発酵酒は、清酒醸造とは全く異なる製造工程である。

（2）赤米発酵酒の色調

赤米発酵酒に含まれるアントシアニンは、赤米のアントシアニン色素と同様にシアニジンおよびペオニジンをアグリコンとする約7種類の色素から構成されており、それぞれ Cy 3, 5-diglc, 3-sop, 3-glc, 3-rut および Pe 3-glc と 3-rut と6種類まで HPLC 分析により同定されている[6]。赤米発酵酒の製造工程において使用する糖化剤のなかには、赤米の色素を退色させるものがある。 *Aspergillus niger* 起源のグルコアミラーゼ製剤 AN-2 を糖化剤として使用した発酵酒の色は *Rhizopus* 属起源のグルコアミラーゼ製剤スミチームを糖化剤として使用した発酵酒の色に比べて、赤色が弱く、退色している（口絵写真）。その液を吸光度計で測定すると、その差は明確である（図V－1）。この現象は現在のところ、スミチームに比べ、AN-2 の β-グルコシダーゼ力が強いことに原因があるとされている[5),7)]。

Aspergillus niger からは β-グルコシダーゼが分離精製されておりアントシア

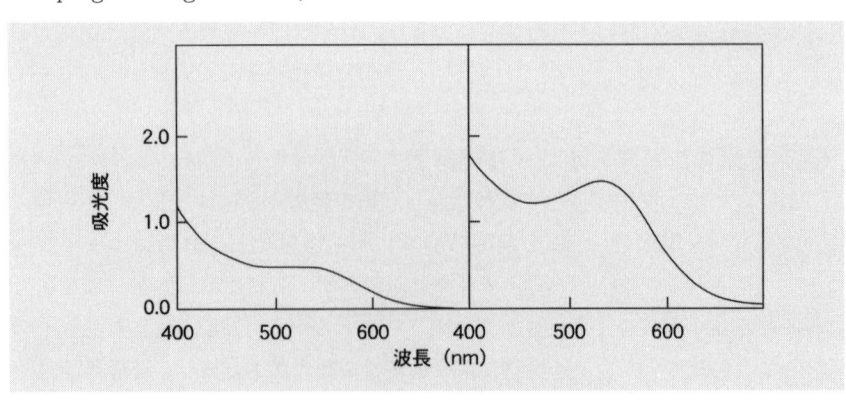

図V－1　赤米発酵酒の連続吸収パターン
　　　　左：AN-2使用　右：スミチーム使用

ニンがアントシアナーゼによって，その3位のグルコシド結合が切断されアントシアニジンとグルコースに分解され，そのアントシアニジンは自然分解によって無色（カルコン）になることも報告されている。赤米を用いたワイン風発酵酒の製造工程において，β-グルコシダーゼを含まないことが重要なポイントである。

（3）赤米発酵酒の機能性

最近，赤米やワイルドライスなどのさまざまな野生種の米種子の保存性に着目して得られた抗酸化色素やポリフェノールなどのさまざまな生理活性をもつ新しい植物系抗酸化成分について研究が進められている[8]。ワイルドライス種子を粉砕しヘキサンで脱脂した後にアルコール抽出した結果，その抽出物にさまざまな生理活性物質が確認されたと報告されている[8]。また，赤米（ジャポニカタイプとインディカタイプ）にも抗酸化的な防御効果が認められたとの報告もあり[8]，50％エタノール抽出液の強いDPPHラジカル消去能も認められている。赤米を用いたワイン風発酵酒においても，DPPHラジカル消去活性が認められている[9]。また赤米の赤い色調を損なわないスミチームを使用した発酵酒は抗変異原性を示す[9]。

■文　献■

1) 山崎何恵・上田誠之助・島田豊明：醸造協会, **21**, 83, 1963
2) 上田誠之助・古賀偉郎：発酵協会, **23**, 133, 1965
3) Ueda, S., Ohba, R., Ueki, T., Teramoto, Y. and Yoshizawa, K. : *J. Ferment. Bioeng.*, **70**, 326, 1990
4) Ueki, T., Teramoto, Y., Ohba, R., Ueda, S. and Yoshizawa, K. : *J. Ferment. Bioeng.*, **72**, 31, 1991
5) Ueda, S., Teramoto, Y., Saigusa, N., Ueki, T., Ohba, R. and Yoshizawa, K. : *J. Ferment. Bioeng.*, **72**, 173, 1991
6) Terahara, N., Saigusa, N., Ohba, R. and Ueda, S. : *Nippon Shokuhin Kogyo Gakkaishi*, **41**, 519, 1994
7) Saigusa, N., Teramoto, Y., Ueda, S. and Yoshizawa, K. : *J. Inst. Brew.*, **100**, 159, 1994
8) 大澤俊彦：*Food and Food Ingredients Journal of Japan*, **163**, 19, 1995
9) 三枝敬明・若林志麻・大庭理一郎：日本食品科学工学会第47回大会講演要旨集, p.22, 2000

2. 紫サツマイモ発酵酒の開発と機能性

近年,デンプンの輸入自由化に伴うサツマイモ生産の激減を打破するため,九州農業試験場をはじめとした農水省の研究機関では,消費者が求める食の需要に対応するために,新規加工用サツマイモ品種の育成を続けている[1),2)]。その結果,橙,紫,黄色の肉色を有するサツマイモが開発され[3)],そのなかでも紫サツマイモは各種ビタミンやミネラル,食物繊維といった成分に富むほか,多くの機能性をもつアントシアニン色素を多量に含んでおり,食品素材としてはきわめて注目すべきサツマイモである。本文では,この紫サツマイモを発酵原料に使用してワイン風発酵酒の開発を試みた結果,得られた情報を紹介する。

(1) ワイン風発酵酒の開発

新規加工用サツマイモのなかで,ワイン風発酵酒の原料として,最も適したサツマイモは,アヤムラサキという,高アントシアニンサツマイモである。アヤムラサキは,在来種の山川紫に知覧紫を交配して九州109号を選抜し,さらに,九州109号に低糖多収のサツマヒカリを交配して得られた品種である[4)]。アヤムラサキを蒸し器で蒸し,皮をむき,糖化剤と酵母と水を加え発酵させる。発酵終了

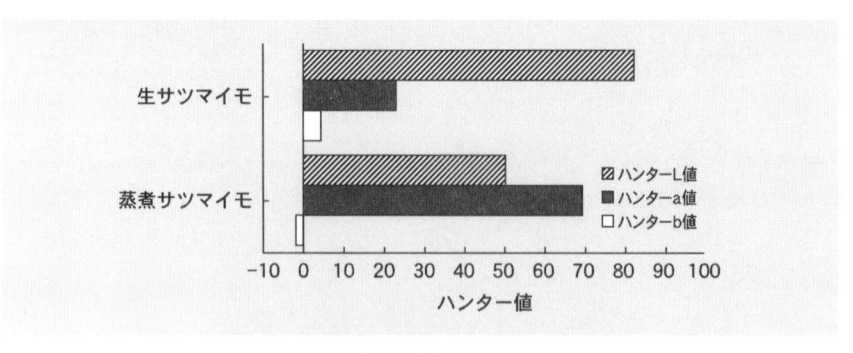

図Ⅴ-2 生サツマイモ発酵酒と蒸煮サツマイモ発酵酒のハンター値
ハンターL値:+明度が高い,-明度が低い
ハンターa値:+赤色が強い,-緑色が強い
ハンターb値:+黄色が強い,-青色が強い

後,濾過して発酵酒を得る。このようにして得られたワイン風発酵酒は鮮やかな赤い色調（口絵写真）とワイン様のフルーティーな香りをもつ[5), 6)]。

一方,省エネの観点より生のアヤムラサキを発酵原料とする試みも行われている。生サツマイモ発酵酒と蒸煮サツマイモ発酵酒の色調を比較した場合,アントシアニンの吸収を示す530nm付近の吸収は蒸煮サツマイモ発酵酒の方がはるかに高い。また色差計によるハンター値分析では,蒸煮サツマイモ発酵酒のa値が高く,L値が低い（図V－2）。蒸煮することによりサツマイモからのアントシアニンの抽出が増加した結果,発酵酒のアントシアニン濃度が高くなったことが原因と思われるが,現在のところ詳細は不明である。しかしながら,香気成分濃度に関しては,生サツマイモ発酵酒の方がはるかに高く,市販ワインと比較しても高い。また液量が多く得られ,搾り粕も少ない（表V－1）。

発酵液中のアントシアニンはアヤムラサキなどの紫サツマイモそのものの色素と同じ構造で,アグリコンにシアニジンとペオニジンをもつ[7)]。アントシアニンはアシル基や糖が多く結合しているほど安定であると言われている[8)]。発酵原料に使用するアヤムラサキも非常に安定で,赤米のように糖化剤に含まれるβ-グルコシダーゼによる退色も見られない[9)]。

表V－1　紫サツマイモを用いたワイン風発酵酒と市販ワインの成分

	紫サツマイモ		市販赤ワイン		
	生サツマイモ	蒸煮サツマイモ	チリ	イタリア	フランス
イソアミルアルコール (ppm)	324	267	292	201	221
イソブチルアルコール (ppm)	131	65	55	46	66
n-プロピルアルコール (ppm)	40	22	21	13	18
酢酸エチル (ppm)	148	121	94	55	49
酢酸イソアミル (ppm)	1.0	1.4	0.8	0.4	0.6
アセトアルデヒド (ppm)	25	45	20	46	41
エタノール (%, V/V)	11.8	11.9	11.2	10.7	10.8
酸度 (mℓ) *	10.4	8.2	6.6	3.8	6.8
pH	3.6	3.6	3.7	3.4	3.6
直接還元糖 (mg/mℓ)	3.0	5.6	3.3	6.0	3.7
液量 (mℓ)	63	50			
粕 (g) **	15	26			

*酸度：1/10N水酸化ナトリウムにより滴定した。**粕：湿重量

（2）ワイン風発酵酒の機能性

　紫色系サツマイモの機能性については，これまでに数多くの報告がなされている[4), 10)～12)]。さらにその加工品であるサツマイモジュースの機能性についても報告されている[13)]。

　一方，紫色系サツマイモを発酵原料とするワイン風発酵酒にも機能性が認められている[14)～15)]。ワイン風発酵酒のDPPHラジカル50％消去に要する液量を調べたところ，蒸煮サツマイモ発酵酒が生サツマイモ発酵酒に比べ液量が少ない。またその液量は市販の赤ワインと同程度である（図V－3）。さらにスーパーオキサイド消去活性を調べた結果，蒸煮サツマイモ発酵酒は生サツマイモ発酵酒に比

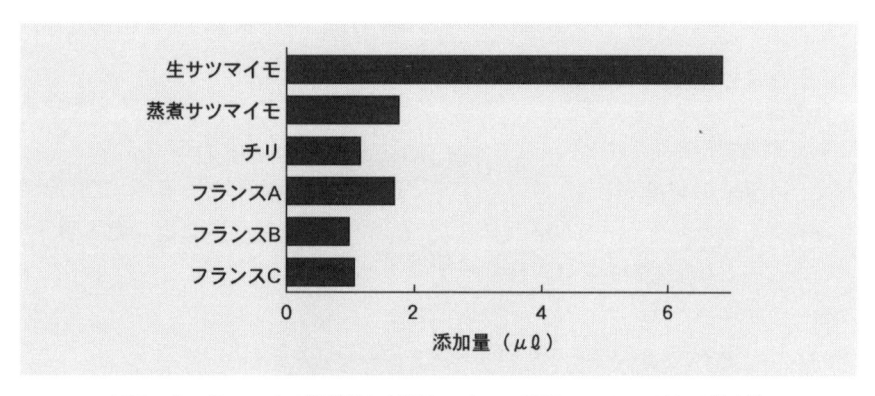

図V－3　サツマイモ発酵酒と市販赤ワインの50％DPPHラジカル消去能

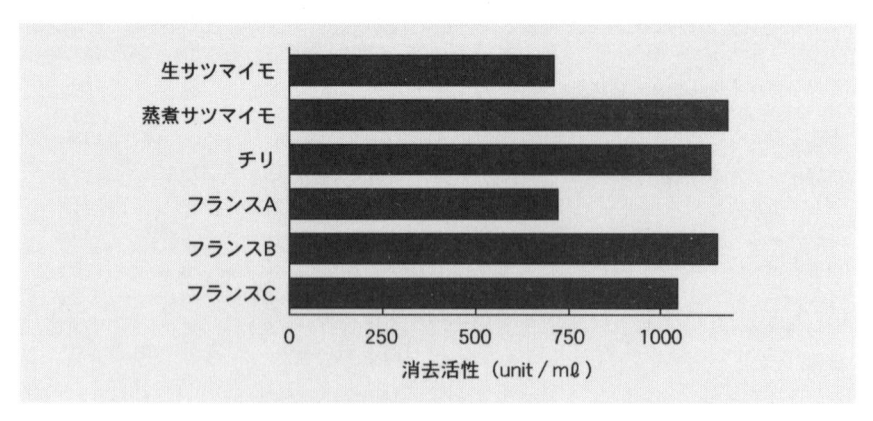

図V－4　サツマイモ発酵酒と市販赤ワインのスーパーオキサイド消去能

表V-2　*Salmonella typhimurium* TA 98の変異に及ぼす発酵酒の影響

プレート当たりの発酵酒添加量（mℓ）	プレート当たりのヒスチジン非要求性株菌数（個）	変異阻害率（％）
蒸煮サツマイモ発酵酒		
0	6159±55	
0.001	5002±33	18.4
0.01	2868±23	53.4
0.1	1316±68	78.6
生サツマイモ発酵酒		
0	6159±55	
0.001	5400±20	12.3
0.01	3512±29	43.0
0.1	1708±57	72.3

変異原性物質：Trp-P-1（0.75μg/プレート）
代謝活性物質：S/9mix

べ，かなり強く，市販の赤ワインよりも若干上回っている（図V-4）。以上のことより，蒸煮サツマイモを原料とした発酵酒が生サツマイモを原料とした発酵酒に比べ，抗酸化能が高いことが確認されている。さらに抗変異原性においても，生サツマイモ発酵酒に比べ，蒸煮サツマイモ発酵酒の変異阻害率が高い（表V-2）。抗酸化能および抗変異原性の差は，先に述べたように，発酵酒中のアントシアニン濃度の差によるものと思われる[14]。

■文　献■

1) 杉田浩一・松ケ野一郷・須田郁夫・山川　理：食品工業, 7 (15) 50, 1998
2) 山川　理・熊谷　亨・吉永　優：九州農業研究, 58 (23), 1996
3) Yamakawa, O.：*Sweetpotato Res. Front.*, 3, 5, 1996
4) 吉元　誠・山川　理・須田郁夫：食品と開発, 33 (15), 1998
5) 三枝敬明・堀尾　恭・堀井　恒・山川　理・寺本祐司・大庭理一郎・上田誠之助：日本農芸化学会1998年度大会講演要旨集, p. 39, 1998
6) 大庭理一郎・三枝敬明・堀井　恒：日本醸造協会誌, 95 (3), 207, 2000
7) 小竹欣之輔・畑中顕和・梶原忠彦・室井てる予・西山浩司・山川　理・寺原典彦・山口雅篤：日食工誌, 41, 287, 1994
8) 津久井亜紀夫・林　一也：*New Food Industry*, 39, 33, 1997

9) 三枝敬明・堀井　恒・山川　理・寺本祐司・大庭理一郎・上田誠之助：日本農芸化学会1997年度大会講演要旨集, p.348, 1997
10) Furuta, S., Suda, I., Nishiba, Y. and Yamakawa, O. : *Food Sci. Technol. Int. Tokyo*, **4**, 33, 1998
11) Yoshimoto, M., Okuno, S., Yoshinaga, M., Yamakawa, O., Yamaguchi, M., Yamada, J. : *Biosci. Biotechnol. Biochem.*, **63**, 537, 1999
12) Yoshimoto, M., Okuno, S., Kumagai, T., Yashinaga, M. and Yamakawa, O. : *JARQ*, **33**, 143, 1999
13) 須田郁夫・古田　收・西場洋一・山川　理・松ヶ野一郷・杉田浩一：日食科工誌, **44**, 315, 1997
14) 三枝敬明・水城尚美・堀井　恒・須田郁夫・山川　理・大庭理一郎：日本食品科学工学会第46回大会講演要旨集, p.25, 1999
15) 三枝敬明・堀井　恒・山川　理・大庭理一郎：第4回国際天然色素シンポジウム（アメリカ・サンディエゴ), 2000

3. 大麦糠由来の赤紫色素の開発と機能性

　麦類から発酵によって生成する紫色素は，生成機構，方法が他に全く例がなく，きわめて特殊な色素である。麦類から生成する色素は，原料が未利用農産物である糠であるため非常に安価であり，二次生産物としてエタノールを生成する。また，全く複雑な設備を必要としない。このため，新たな天然色素として，食品，医薬品，化粧品などへの応用が有望視されている。この項では，麦類から発酵によって生成する紫色素のなかでも，最も研究が行われている大麦糠から生成する紫色素（Hordeumin：大麦の学名 *Hordeum* に由来）について触れる。

（1）原　　料

　麦類から発酵によって生成する色素は，大麦，裸麦，小麦の糠部分を発酵原料に用いたとき生成し[1),2)]，米，トウモロコシを使用した場合生成しない。なかでも，大麦の糠を用いた場合最も多く色素を生成した。この色素生成は，麦類を発酵原料にしたとき，特異的に起こる現象である[3)]。Hordeumin は，大麦の根，茎，芒からは生成されず[4)]，種子を含む部分から生成する。さらに，種子の部分でも外側より重量比で5％の外皮，25％の麦糠，15％の仕上げ糠，55％の芯の部

表V—3　大麦種子の各部位による色素生成とポリフェノール分析

部位	含有率 (％)	ポリフェノール含量 (ppm)	色素量[a]	Δh[b]	色質[c]
外皮	5±3	25±5	1.87	0.56	0.30
テスタ+アリューロン層（大麦糠）	25±4	52±8	3.89	1.14	0.30
アリューロン層+芯（仕上げ糠）	15±4	36±8	0.86	0.33	0.40
芯	55±5	4±2	—	0.0	0.00
外皮+テスタ+アリューロン層（大麦粉）	45	37±6	2.21	0.80	0.40

a：色素量＝(極大値＋極小値)/2
b：Δh＝極大値－極小値
c：色質＝Δh/色素量

分と分画し，色素生成を試みた結果（表V－3），外皮が最も高い色素生成を示し，芯の部分は色素生成が見られなかった。このため，外皮に，大麦糠の色素の前駆物質が多く含まれていると思われる。

（2）生成方法

Hordeumin の一般的な生成方法は，無蒸煮の大麦糠，パン酵母，水を三角フラスコに入れ，発酵管を付け，30℃で6日間発酵させる。発酵終了後，発酵液を吸引濾過することにより黄金色の発酵濾液が得られる。この発酵濾液は，酸化的条件下にて5℃で2週間保存することで，濾液の色が黄金色から紫色に変化し，さらに紫色素沈澱が生じる。この沈澱を遠心分離により回収し，乾燥させた粉末がHordeumin である。Hordeumin 生成の際，発酵（期間，pH），発酵濾液の保存条件（pH，温度，期間）は，重要な因子である。発酵期間に関しては[1]，発酵1～2日では，色素生成はほとんど起こらない。しかし，5日では多量の色素生成が見られた。このため，発酵は5～7日行わなければならない。発酵初発 pH は，2.0～7.5の範囲でいずれも色素生成は見られたが，3.5が最も色調，色素量共に良

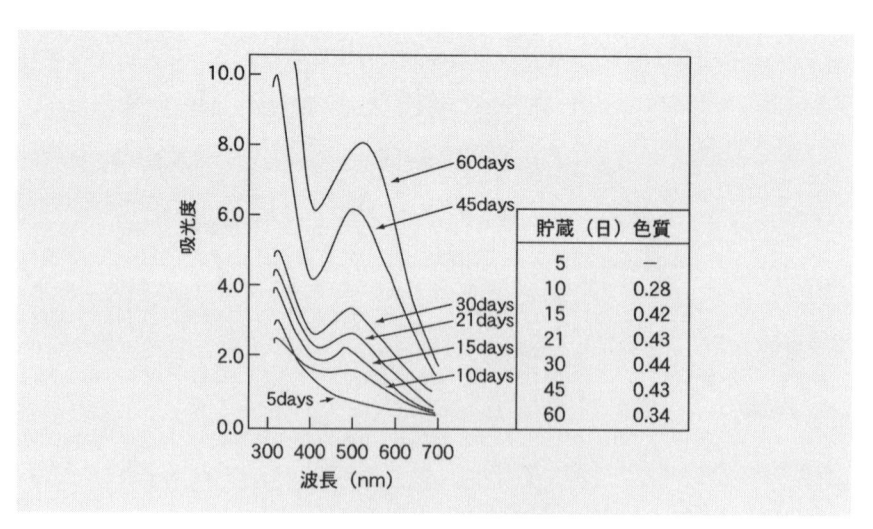

貯蔵（日）	色質
5	—
10	0.28
15	0.42
21	0.43
30	0.44
45	0.43
60	0.34

図V－5　紫色素生成への貯蔵期間の影響
色素量＝（極大値＋極小値）／2
色質＝（極大値－極小値）／色素量

好であった。発酵濾液の保存過程でのpHに関しては[1), 4)]，2.0～5.5の範囲で色素生成が起こるが，最適は3.5付近である。発酵濾液の保存期間は，2週間付近まで急激な色素生成が起こり，その後は徐々に増加していく（図V－5）。発酵濾液の保存温度に関しては[5)]，高温になるほど色素生成が促進され，短期間に最大値に達する。また，60℃以下までは，色素量の低下は見られるが，同質な色素が得られる。しかし，70℃以上では，紫色の沈澱が生じるが，吸収スペクトルの波形が本来の波形と異なる。

（3）色素の性質

Hordeuminは，アントシアニンと同様にpHによってその色調が変化する[6)]。しかし，アントシアニンが赤～紫～青（酸性～アルカリ性）と色調を変化させるのに対し，Hordeuminは紫～青～緑と変化する。また一般に，アントシアニン色素は酸性化で赤色であるが，Hordeuminは紫色を呈する。Hordeuminの溶解性は，メタノール，ジメチルスルフォキシドによく溶解し，水に一部溶解した。また，溶媒に塩酸を加えると，ピリジン，プロピレングリコール，水にかなり溶解

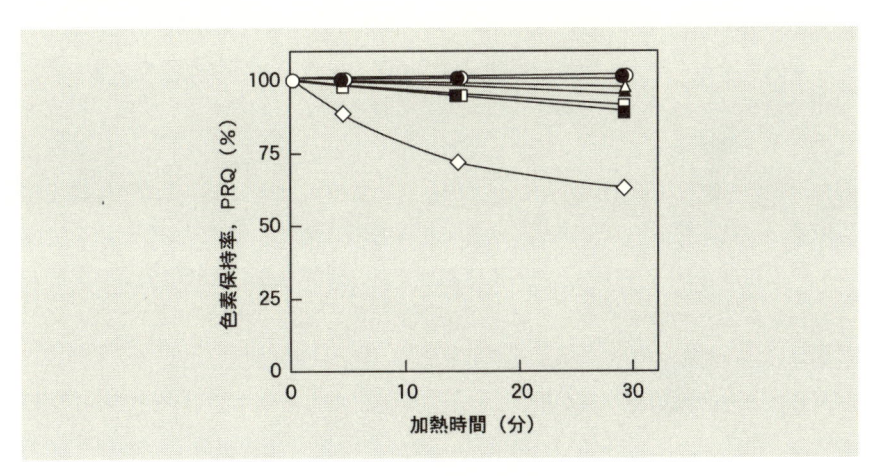

図V－6　紫色素の熱安定性
色素保持率，PRQ（％）＝（退色後の色質/退色前の色質）×100
色質＝（極大値－極小値）/色素量
色素量＝（極大値＋極小値）/2
○；5℃，●；40℃，△；50℃，▲；60℃，□；70℃，■；80℃，◇；100℃

した。さらに溶媒に水を加えることで，アセトンやアセトニトリルにも容易に溶解した。Hordeumin は，ペーパークロマトグラフィーで原点よりテーリングを示す高分子タンニン様の性質が見られ，Hordeumin の加水分解物中にシアニジンとデルフィニジンが存在することから，大麦糠に局在する縮合タンニンと同じ性質をもっている[6]。また，色素前駆物質は，カテキンやプロシアニジンB-3以外の三量体以上のプロアントシアニジンであり，色素沈澱の形成の補助因子はプロリンなどに富む大麦糠由来のタンパク質やペプチド類である[7]。

Hordeumin は非常に保存安定性が高い[8]。保存 pH が1以下の場合，低温での長期保存後も安定な色を示し，加熱に対しても特に80℃までは非常に安定で，100℃でも7割以上の色調が保たれた（図V-6）。また，Hordeumin は一般的なアントシアニジン（ペラルゴニジン，シアニジン，デルフィニジン）より安定である。さらに，Hordeumin を各 pH の緩衝液に溶解したとき[9]，pH 5 のとき比較的安定であり，窒素置換することでさらに安定性が増した。

（4）生成機構

Hordeumin の生成機構は，以下のように推察される。発酵過程では，発酵することにより大麦糠中の色素前駆物質であるプロシアニジンなどのポリフェノール化合物やアントシアニンおよび色素生成の補助因子であるタンパク質が抽出される。また発酵することで，発酵液の酸化還元電位が減少する[10]。その後発酵濾液は，低温の酸化条件下に置くことで酸化還元電位が上昇する。この酸化還元電位の変化が色素生成のスタートになる。すなわち，発酵させず，抽出だけを行っても色素生成は起こらない。色素生成過程では，発酵濾液へ抗酸化剤やラジカルスカベンジャーを添加することによって色素生成が阻害される[5), 11]。このため，色素生成は発酵濾液中に発生した活性酸素種（特に一重項酸素）の関与する酸素介在反応により色素前駆物質が重合し，その際無色であるプロアントシアニジン等もアントシアニジンへ変化し，ポリフェノールの重合体を形成し，紫色を呈する。さらに，重合体ポリフェノールは，色素生成の補助因子であるペプチド類と複合体を形成し，Hordeumin が沈澱として生じる。さらに Hordeumin 生成が酸素介在反応であるために，生成温度を上昇させることで色素生成の促進が見られる。また，高温ほど反応が急激になるため，色素生成量の低下が見られるが，

色質は同じであった。

（5）生体調節機能性

アントシアニン色素の生体調節機能性については，多くの研究が行われており，ラジカル消去活性，抗変異原性，抗腫瘍活性，血清コレステロールの低下作用等様々な機能性が見い出されている。大麦糠から発酵によって生成するHordeuminは，多くのポリフェノールを含み，またアントシアニジンとしてシアニジンとデルフィニジンを含んでいる。このため，種々の生体調節機能性を有している。

活性酸素種は，生体傷害の大きな原因であり，生活習慣病を引き起こすと考えられている。Hordeuminのラジカル消去活性は，電子スピン共鳴（ESR）法を用いて，スーパーオキサイドラジカルとDPPHラジカルに対して分析した結果[12]，添加量の増加に伴い顕著にラジカルを消去した。また，Hordeuminのスーパーオキサイド消去活性は，SODに換算して，118units/mgであった。さらに，抗ガン作用に関係する抗変異原性について，*Salmonella typhimurium* TA98 を

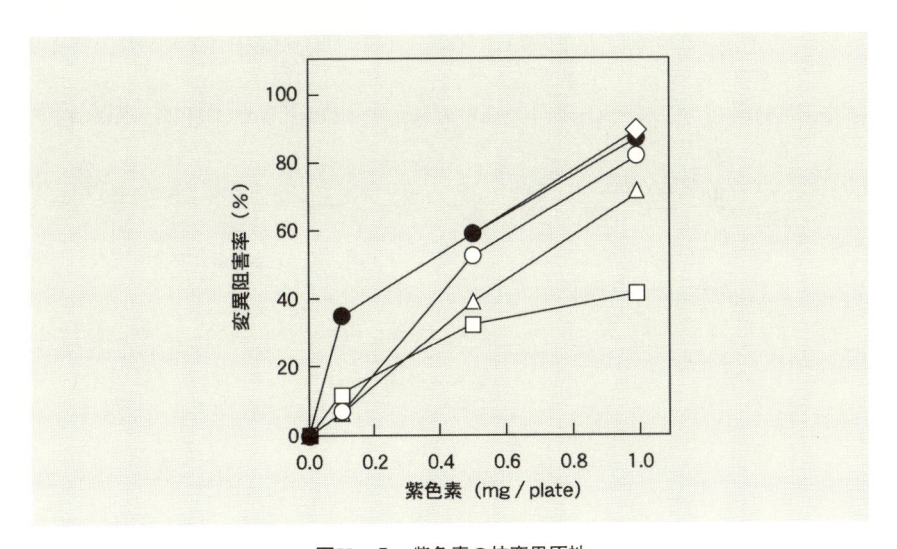

図Ⅴ－7　紫色素の抗変異原性
● ; Trp-P-1, ○ ; Trp-P-2, △ ; IQ, □ ; B〔a〕P, ◇ ; DEGB
(dimethyl sulfoxide extract of grilled beef)

用いて Ames 法により評価した[13]。Hordeumin は，精製した変異誘発物質（Trp-P-1, Trp-P-2, IQ, B〔a〕P など）の変異誘発作用だけでなく，焼き肉の DMSO 抽出物の変異誘発作用に対しても，効果的に阻害効果を示した（図V−7）。Hordeumin はポリフェノールを多く含むためさらなる生体調節機能性が期待できる。

■文　献■

1) 上田誠之助・木場洋次郎・大庭理一郎：発酵工学会誌, **65**, 237, 1987
2) 大庭理一郎・出口智昭・河野信之・八束和則・川崎貞道：日本食品科学工学会第47回大会講演要旨集, p. 143, 2000
3) Ohba, R., Kainou, H. and Ueda, S. : *Appl. Microbiol. Biotechnol.*, **37**, 176, 1992
4) 大庭理一郎・木場洋次郎・上田誠之助：発酵工学会誌, **65**, (6), 507, 1987
5) Deguchi, T., Ohba, R. and Ueda, S. : *Biosci. Biotechnol. Biochem.*, **63**, 1151, 1999
6) Ohba, R., Kitaoka, S. and Ueda, S. : *J. Ferment. Bioengin*, **75**, 121, 1993
7) 大庭理一郎・中山一朗・島津久美子・寺本祐司・上田誠之助：日本農芸化学会1993年度大会講演要旨集, p. 92, 1993
8) Ohba, R., Kitaoka, S. and Ueda, S. : *Biosci. Biotechnol. Biochem.*, **59**, 746, 1995
9) 大庭理一郎・庄原修治・松浦弘直・上田誠之助：第15回日本食品科学工学会西日本支部大会講演要旨集, p. 19, 1996
10) 出口智昭・岩下　誠・大庭理一郎・上田誠之助：日本農芸化学会1997年度大会講演要旨集, p. 184, 1997
11) Ohba, R., Nakayama, I., Suda, I. and Ueda, S. : *J. Ferment. Bioengin*, **79**, 73, 1995
12) 出口智昭・段原正樹・大庭理一郎・須田郁夫・上田誠之助：日本農芸化学会西日本・関西支部合同大会講演要旨集, p. 87, 1997
13) Deguchi, T., Ohba, R. and Ueda, S. : *Biosci. Biotechnol. Biochem.*, **64**, 414, 2000

4. 紫サツマイモジュースの開発と機能性

　サツマイモといえば肉色の色が黄白色というイメージが強いが，最近では，黄白色の他，オレンジ色，紫色といったサツマイモも栽培されている。そのなかで，紫サツマイモは，色鮮やかな加工食品に変身して我々の目を楽しませてくれるだけでなく，生活習慣病を予防できる潜在能力を秘めているため，近年注目を集めている食品素材である。ここでは，農水省・九州農業試験場を中心にしてこの2，3年の間に急速に生理機能性の解明が進んだ紫サツマイモおよびその代表的加工品である紫サツマイモジュースについて触れる。

（1）紫サツマイモに含まれるアントシアニン

　紫サツマイモといっても多種多様な品種・系統がある。沖縄県では「備瀬」，「宮農36号」，鹿児島県では「山川紫」，「種子島紫」，「知覧紫」，宮崎県では「アヤムラサキ」という品種が主として栽培されている。これらのなかで高アントシアニン含有サツマイモとして最近急速に栽培面積が増えてきたのが「アヤムラサキ」(「山川紫」に「知覧紫」を交配した「九州109号」に「サツマヒカリ」を交配した品種）である。この品種は甘みが少ないため焼き芋などの青果用には適していないが，色素を抽出して天然食品着色料，粉末化して菓子類や麺類の原料として，搾汁液をジュース用原料として活用している[1]。その他，発泡酒，酢，アイスクリーム，プリン，パンなどの原料として幅広く利用されている。

　紫サツマイモの紫色はアントシアニンによるものである。「アヤムラサキ」の

表V-4　紫サツマイモのアントシアニン含量

品種・系統	アントシアニン含量 （Cy 3-glc 相当量 mg/100 g 可食部）
種子島紫	0.053
九州119号	0.111
九系174	0.254
アヤムラサキ	0.405
九系184	0.536

Cy 3-glc；シアニジン-3-グルコシド

アントシアニン含有量は在来種の「種子島紫」の約8倍と高い[2]（表V—4）。「山川紫」,「アヤムラサキ」に含まれるアントシアニンは，組成的にはシアニジンおよびペオニジンを基本骨格とする少なくとも6種類以上のアントシアニンを含有している[3),4)]。アントシアニンは，その基本骨格や側鎖の種類，数によって色調および安定性に差が出ることは良く知られており，アシル基や糖が多く結合しているほど安定と言われている[5]。実際，紫サツマイモの色素抽出液の色調はpHにより赤〜紫〜青と連続して鮮やかに変化し，また色素安定性も，現在市販されているアントシアニン中最も安定とされる赤キャベツ由来色素と同等の安定性を示す[4]。

（2）黄白サツマイモの成分特徴と試験管内レベルでの機能性発現

本論に入る前に，従来の黄白色のサツマイモの成分効果およびこれまで明らかにされた試験管内レベルでの機能性について簡単に説明する。

サツマイモの主成分は糖質だが，この他にもビタミン，ミネラル，食物繊維などがバランスよく含まれている。そのためサツマイモは栄養学的にもまた生活習慣病予防効果の面から見ても優等生である[6]。まずビタミンについては，イモ類のなかでビタミンCを一番多く含み，加熱しても主成分のデンプンに守られて損失が少ない。ビタミンB_1・Eにも富んでいる。食物繊維もイモ類のなかで最も多く，さらに緩下成分ヤラピンとの併用効果で便通の改善や大腸ガン予防などが期待できる。またナトリウムを体外に排出する働きのあるカリウムも豊富で高血圧予防効果が期待されている。その他，カルシウム（骨粗鬆症予防），マグネシウム（骨粗鬆症予防），亜鉛（味覚障害予防）などのミネラルも多く含まれている。これら成分効果の他，黄白色のサツマイモを材料にしてこれまで試験管内レベルにおいて明らかにされた生理機能としては，抗酸化作用，抗菌作用，酵母増殖促進作用，抗体産生促進作用，がん細胞増殖抑制作用，メラニン生成抑制作用などがある[1),2),6)]。

（3）紫サツマイモの試験管内レベルでの機能性発現

肉色が白色や黄色，オレンジのサツマイモに比べて，紫サツマイモの抗酸化活性や脂質ラジカル消去活性，抗変異原活性，アンギオテンシンI変換酵素（ACE）

表V-5　サツマイモの抗酸化活性，抗変異原活性，アンギオテンシンI変換酵素（ACE）阻害活性

品　　種	肉色	抗酸化活性* 阻害率（％）	抗変異原活性** 阻害率（％）	ACE阻害活性*** IC_{50}（mg/mℓ）
アヤムラサキ	紫	82	37	2.80
ジェイレッド	オレンジ	38	—	—
サニーレッド	オレンジ	38	5	6.24
コガネセンガン	黄	16	—	—
高系14号	黄	17	0	2.96
ジョイホワイト	白	39	0	3.04
アヤムラサキ変異体	白	43	1	5.04

*　　リノール酸の自動酸化を抑制する能力にて判定。添加量：80％ EtOH 抽出液0.2mg/反応液。
**　 菌体：サルモネラ菌（TA 98），変異原：Trp-P-1，添加量：水抽出液1mg/プレート
***　IC_{50}：阻害率50％を示すときの反応液1mℓ当たりの試料のmg数で，数値が小さいほど阻害活性は高い。

阻害活性などは強く発現されている[1),2),6)]（表V-5）。アントシアニンを欠損した「アヤムラサキ変異体」の抗酸化活性，抗変異原活性，ACE 阻害活性は，「アヤムラサキ正常体」に比べて低いことから，アントシアニン自体がこれら機能を発現していると推測される。実際，紫サツマイモのアントシアニンである YMG-3，YMG-6 などはこれら機能を発現する[1),2)]（第IV-3参照）。

（4）紫サツマイモジュースの開発と試験管内レベルでの機能性発現

　紫サツマイモを使ったジュースはすでに商品化されている。アントシニン含量および優れた機能性，ならびに栽培特性，搾汁適性等を考慮して原料サツマイモとしては「アヤムラサキ」を選定し，サツマイモを搾汁分離する際に発生する不快な風味や褐変は加熱処理，酵素処理などを施して防止，さらに嗜好性向上のためにリンゴジュース，柑橘類を加えて，最終的には赤紫色の色調をもった美味で食感に優れた飲料に仕上げてある[7)]。また姉妹品としては高β-カロテンのオレンジ色のサツマイモジュースがある。

　紫サツマイモジュースは活性酸素の一つスーパーオキシドラジカル（O_2^-）を消去できる（図V-8）[7)]。その紫サツマイモジュースの O_2^- 消去活性はオレンジサツマイモジュースよりも高く，SOD に換算して5,400単位/120mℓである。

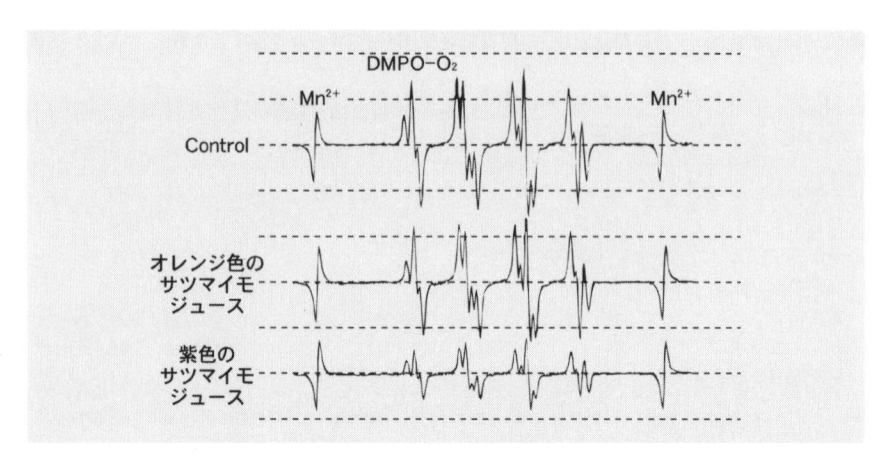

図Ⅴ-8　サツマイモジュースの活性酸素（O_2^-）消去活性
ジュース添加量：20μl/200μl assay

（5）紫サツマイモジュースの実験動物レベルでの機能性発現

　近年，活性酸素・フリーラジカルは細胞をサビつかせ，各種疾病の原因になることが明らかにされつつある。そのため，試験管内レベルにおいて紫サツマイモジュースが活性酸素を消去するなどの機能性を有していたという事実は，実験動物レベルにおいてもそれら機能性が発揮されている可能性が高い。事実，体内でラジカルを発生し，酸化的ストレスおよび急性肝障害が生じる四塩化炭素投与

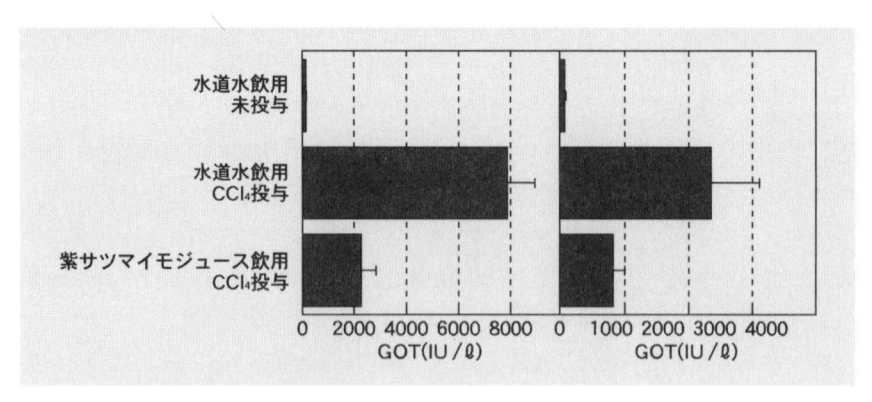

図Ⅴ-9　四塩化炭素（CCl_4）投与ラット血清中の GOT，GPT 活性におよぼす紫サツマイモジュースの前飲用の効果

ラットを用いたモデル動物実験では，酸化的ストレスの指標である血清中のチオバルビツール酸反応物質量や肝臓の酸化たんぱく量，および肝機能障害の指標である血清中の GOT・GPT レベルはジュース飲用により低減することが明らかにされている（図V—9)[7]。実験動物レベルでも，紫サツマイモジュースは，酸化ストレスおよび肝機能障害を軽減する機能を発現すると考えられる。

（6）紫サツマイモジュースのヒトレベルでの機能性発現

問題はこれら機能性がヒトレベルでも発揮されるかである。上記のモデル動物での実験結果は，ヒトに例えると劇症肝炎に相当するような急性肝障害に対する防御効果である。ヒトの場合には，近年の食生活の大きな変貌により脂肪肝程度の軽度の肝障害が多くなってきており，生活習慣病予防という観点から紫サツマイモジュースの機能性を明らかにするためには，これら疾患者を対象にした新たな試験が必要である。最近になり，肝機能要注意の指摘を受けているヒトボランティアを対象にした紫色のサツマイモジュースの飲用試験の結果が明らかにされたので紹介する。その報告[6],[8]によると，通常の食事やアルコール類などの飲食を維持しながら，紫サツマイモジュース120mℓ（アントシアニン含量16.2mg）を毎日連続44日間飲用すると，ジュース飲用後に血清のγ-GTP，GOT，GPT，LDH，総ビリルビンの値が低下する者が確かにいるということである。興味あることに，肝機能要注意と指摘されてから5年未満のグループには肝機能異常を示すこれら指標値が徐々に低下する者が多く属し，逆に5年以上のグループには指標値がほとんど低下しない者が多く属している（図V—10)。

肝機能指標値を低下させる成分やメカニズムについてはまだ明らかにされていない。しかし，成分については，①四塩化炭素で誘起された肝障害モデル動物における肝障害軽減効果は，紫サツマイモジュースでは発現されるが，オレンジ色のサツマイモジュースでは発現されない，②赤ワインから抽出したアントシアニン混合物を投与したラットでは，四塩化炭素による肝障害が軽減される，③酸化ストレスのモデルであるラット肝臓の虚血－再灌流における肝障害に対してもCy 3-glc が有効な抗酸化性物質として機能している（第Ⅳ—4参照），④アントシアニンあるいはその混合物をラットに経口投与した場合には，その一部が体内吸収され，血漿中に検出される，⑤Cy 3-glc, Cy 3, 5-diglc はヒトの場合でも腸

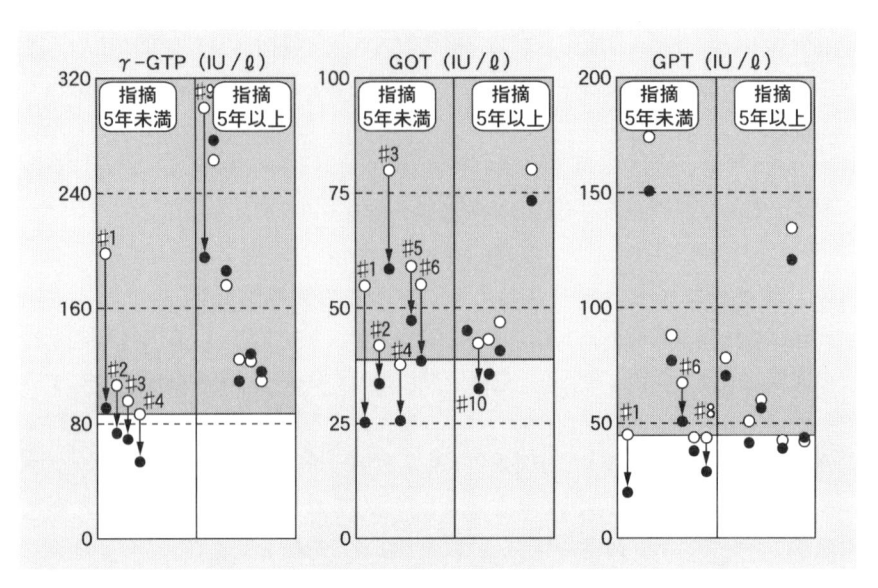

図V—10 肝機能要注意者の血清γ-GTP・GOT・GPT値におよぼす
紫サツマイモジュースの飲用効果
○ 飲用前の値　● 飲用44日後の値　▨ 肝機能要注意範囲　↓ 20%以上の低下

内微生物の影響を受けることなくそのままの配糖体の型で体内吸収される[9]，などの知見から推測すると，紫サツマイモジュースに含まれる成分アントシアニンが軽減因子の最有力候補と考えられる。なお本試験に供した紫サツマイモジュースには，アントシアニンの他，ビタミンC，ビタミンE，ポリフェノールなど，健康増進効果が期待される成分が各種含まれており[7]，それらが単独あるいは複合的に作用して上記の現象を発現した可能性もある。また肝機能要注意指摘5年未満のグループには肝機能指標値が改善された者が多かったが，これには肝臓の回復能力が関係しているかも知れない。推測の域を出ないけれども，指摘5年未満の者にまだ肝臓の回復能力があるとすると，肝臓に取り込まれたアントシアニンやビタミンC，ビタミンEなどの作用により肝臓が活性化し，損傷が修復され，その結果として，肝機能指標値が正常値レベルまで改善されることも十分に考えられる。

またこのヒトボランティア試験においては血圧に対する効果も明らかにされて

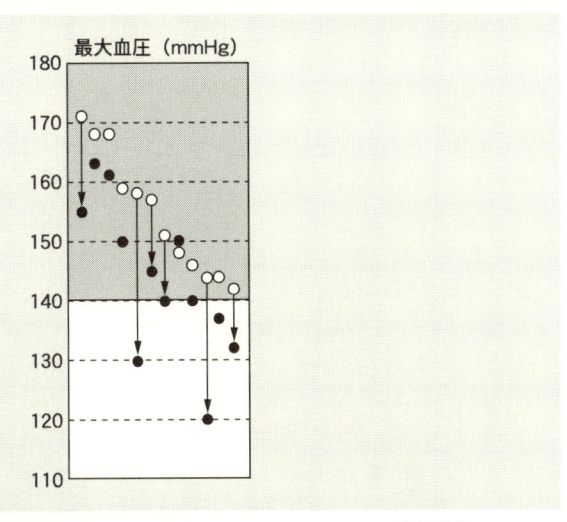

図V—11 高血圧者の最大血圧におよぼす紫サツマイモジュースの飲用効果
○ 飲用前の値　● 飲用44日後の値
▨ 高血圧範囲　↓ 10mmHg以上の低下

いる[6),8)]。紫サツマイモジュース飲用前に最大血圧が140mmHg以上を示した12名の被験者の個人データが図V—11に示してある。この12名の中にはジュース飲用44日後に最大血圧が20mmHg以上低下する者が2名（#6，#21），10〜20mmHg下がった者も4名いる。紫サツマイモには，ACE阻害活性を示すアントシアニン，血圧降下と関連する成分である食物繊維やカリウムが多く含まれており，これら成分が体内に吸収され，効果を発揮したと推測される。

（7）おわりに

　以上，述べたきたように，アントシアニンを含む紫サツマイモおよびその加工食品には，試験管内レベル，実験動物レベルだけでなく，ヒトレベルでも肝機能向上，高血圧抑制といった健康機能性がある。種々の成分の混在した複合形態での実験結果であるため，アントシアニン単独の効果と言うにはかなりの無理があるが，本書に記載されている様々な機能性から総合的に判断すると，ヒト体内でもアントシアニンの機能性が発揮されている可能性は十分に高い。アントシアニンの機能性が今後さらに解明され，アントシアニン含有食品が，近年増えてきた

生活習慣病患者に対して福音をもたらす食材になることを期待する。

■参考文献■
1) 山川理・須田郁夫・吉元　誠：FFIジャーナル, **178**, 69〜78, 1998
2) 吉元　誠・山川理・須田郁夫：食品と開発, **33** (8), 15〜17, 1998
3) Yoshimoto, M., Okuno, S., Kumagai, T., Yoshinaga, M. and Yamakawa, O.：*JARQ*, **33**, 143〜148, 1999
4) 小竹欣之輔・畑中顕和・梶原忠彦・室井てる予・西山浩司・山川　理・寺原典彦・山口雅篤：日食工誌, **41** (4), 287〜293, 1994
5) 津久井亜紀夫・林　一也：*New Food Industry*, **39** (1), 33〜38, 1997
6) 須田郁夫・吉元　誠・山川　理：FFIジャーナル, **181**, 59〜69, 1999
7) 杉田浩一・松ヶ野一郷・須田郁夫・山川　理：食品工業, **41** (13), 50〜58, 1998
8) 須田郁夫・山川　理・松ヶ野一郷・杉田浩一・竹熊宜孝・入佐孝三・徳丸文康：日食科工誌, **45** (10), 611〜617, 1998
9) Miyazawa, T., Nakagawa, K., Kudo, M., Muraishi, K. and Someya, K.：*J. Agric. Food Chem.*, **47**, 1083〜1091, 1999

VI アントシアニンの今後の展望

1. バイオテクノロジーと今後の展望

(1) 植物細胞培養とアントシアニン
―セイヨウキランソウの植物組織培養によるアントシアニンの生産―

　バイオテクノロジーの一つに植物組織培養を使って大量に有用物を生産する方法がある。元来人間は植物を丸ごとまたは部分的に生体内に食物として摂取してきた。しかし，食品の加工技術が発展するにつれ，食品加工の材料の一部が趣向に応じて重要視されてきた。色素もその一つである。そのなかで最も好まれる色素としてアントシアニンの一定品質の量産が注目されている。一つの革命的な大量生産方法として植物細胞の全能性を使った組織培養がある。分化した細胞から未分化のカルス細胞集塊をつくり，そのカルス中に有用物を生産させる技術を開発することである。筆者らの研究室で確立している基本的な試験管レベルでのアントシアニン生産についての知見を以下に述べる。

1) カルス誘導とアントシアニン生産[1], [2]

　植物は薬用の *Ajuga reptans*（セイヨウキランソウ，十二単衣）の葉からカルスを誘導した。表VI―1に示す9種の基本培地を使用し，明所で特定の植物ホルモンを加えて25℃で一定期間培養した。EM 培地がカルスの生育およびアントシアニンの蓄積量が最大となった。B5, MS, LS および Nitsch 培地も良好であった。一方，ほとんどアントシアニンを生産しない培地もあった。また培地の pH や培養温度によってもカルスの生育量とアントシアニン蓄積量は影響される。pH は4.5〜6.0で良好で，最適 pH は5.5であった。また培養温度は22.5〜30.0℃が良好で，最適温度は27.5℃であった。特に照射光量はアントシアニン蓄積量にとっては重要で，光依存型と非依存型（I―4生合成を参照）がある。誘導カルス中においても同様なことがいえる。本カルスでは光依存型で照射光量が多いほど

表VI—1　光照射して培養したカルスの生育とアントシアニン生産に及ぼす基本培地の影響

培　地	湿重量（g/管）		総アントシアニン量（mg/管）	
	4週間目	6週間目	4週間目	6週間目
EM	0.42	1.45	0.073	0.139
B 5	0.31	1.02	0.077	0.110
MS	0.34	0.63	0.108	0.108
LS	0.35	0.68	0.092	0.101
Nitsch	0.38	1.19	0.077	0.101
N 6	0.05	0.20	0.030	0.068
SH	0.06	0.09	0.031	0.021
White	0.05	0.06	0.016	0.017
Heller	0.04	0.04	0.012	0.010

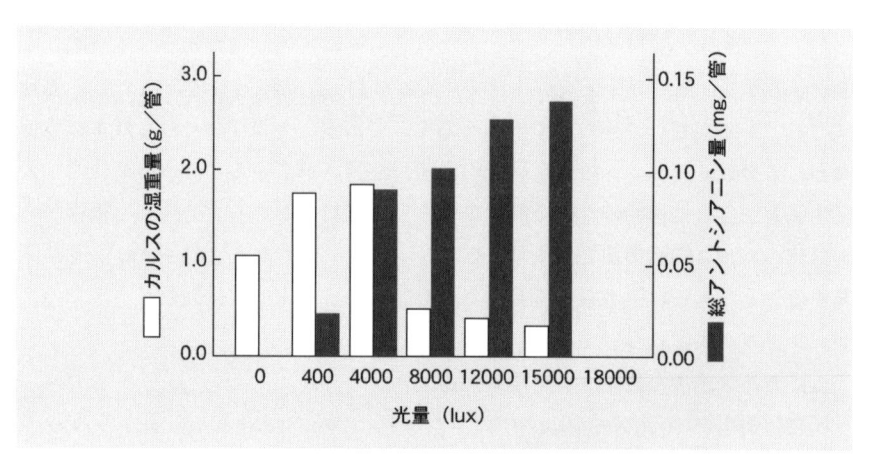

図VI—1　カルスの生育とアントシアニン生産に及ぼす光量の影響
（LS培地，6週間）

アントシアニンの蓄積量は増大するが，極度の光量（18,000ルクス以上）は逆にカルスの生育を完全に阻害した（図VI—1）。このような光依存型の培養細胞における例としてリンゴ[3]やCentaurea cyanus[4]があり，非光依存型としてブルーベリー[5]やイチゴ[6]がある。カルス誘導させ，さらにカルス細胞を増殖させる上で植物成長調節物質（PGR）の種類と濃度は決定的な役割を担っている。そこで良く使われるPGRを3つに絞って，Ajuga reptansのカルス誘導に必要な濃度を

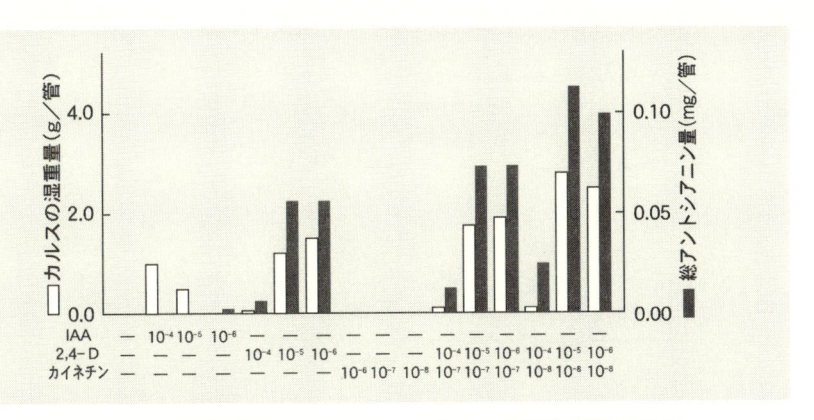

図VI-2 カルスの生育とアントシアニン生産に及ぼす植物成長調節物質の
組み合わせによる影響
（LS 培地, 8 週間）

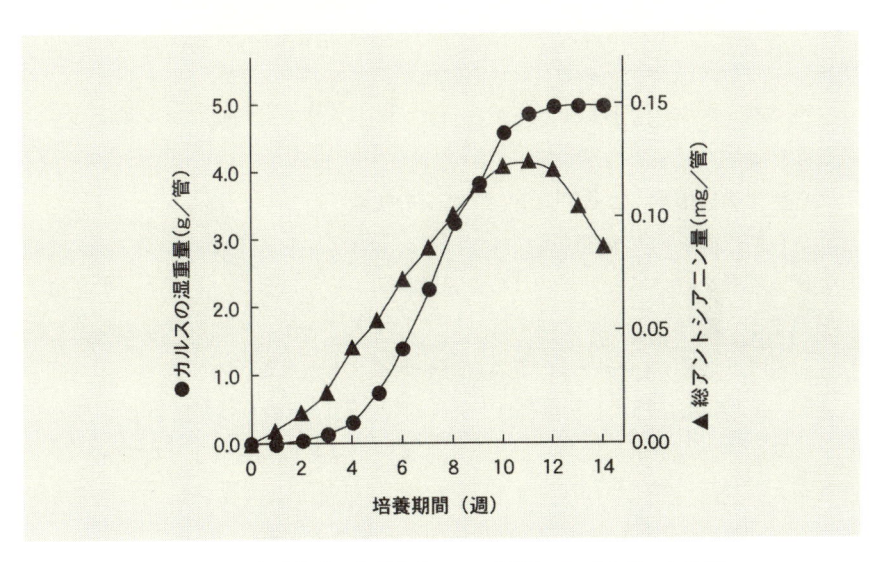

図VI-3 初代培養におけるカルスの生育とアントシアニン生産
（EM 培地）

検討した。結果を図VI-2に示す。2,4Dが10^{-5} Mでカイネチンが10^{-8} Mの組み合わせが最もアントシアニンの生成量が良かった。以上の最適培養条件でカルス初代誘導での培養状態を表したのが図VI-3である。カルスの増殖は12週

1. バイオテクノロジーと今後の展望　　211

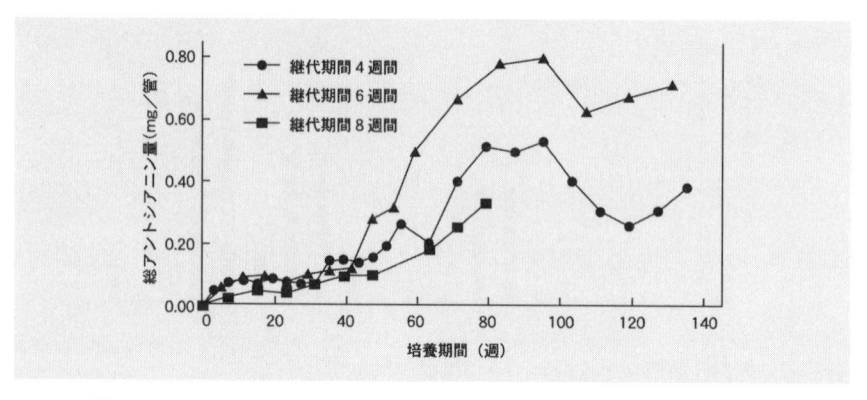

図Ⅵ-4 継代選抜培養におけるアントシアニン生産に及ぼす継代期間の影響
（EM 培地）

間で止まり，アントシアニン蓄積量は11週間で最大を示した。

本カルスのアントシアニンの同定については未発表であるが，$Ajuga$ の花から誘導したカルスのアントシアニン[7]と同様に，主にデルフィニジンまたはシアニジンをアグリコンとしてグルコースとマロン酸，p-クマール酸がアシル化しているかなり安定な色素と推定している。

2）継代選抜培養によるアントシアニンの生産[8],[9]

葉から初代のみのカルス誘導だけではアントシアニンの蓄積量は少ない。継続して選抜培養を続けるとカルスはある継代時期から急にアントシアニンの蓄積量が増大する。これはカルスの増殖についても同様である。また継代する場合，繰り返しになる培養日数をいつに定めるかもポイントとなる。本研究では4週間，6週間，8週間毎に継代した場合は，継代期間6週間が最も長期に渡り成長とアントシアニンの蓄積量が良かった。特に8週間毎は8代目以降より褐変・枯死するカルスの割合が多くなった。また，継代際に，目視により良いカルスを選抜することにより，優良な株を次期の継代に使用することが重要である。継代選抜をすることによりカルス重量の増大（1.5→6.2g）はもとより，アントシアニン蓄積量が増大（0.06→0.67mg）した本カルスに例をとって図Ⅵ-4と口絵写真に示す。継代選抜培養によりカルスや細胞中に2次代謝産物が増大した例は多い[10,11]。

以上の選抜培養を繰り返し，カルスおよび2次代謝産物量が最大になり，一定になると，その株が保存用・大量用の種細胞として使用できることとなる。

■文　献■
1) 大庭理一郎・伊藤和代・上田誠之助：日本農芸化学西日本支部大会講演要旨集, p.66, 1992
2) 大庭理一郎・井原ちひろ・毛利　進・戸田裕子・上田誠之助：日本植物組織培養学会大会講演要旨集, p.99, 1997
3) 春日久雄・小宮威彌：化学と生物, **29**, 561, 1991
4) Kakegawa, K., Kaneko, Y., Hattori, E., Koike, K. and Takeda, K. : *Phytochemistry,* **26**, 2261, 1987
5) 本居聡子：食品工業, **8** (30), 22, 1998
6) Miyanaga, K., Nakamura, M., Seki, M. and Furusaki, S. : 化学シンポジウムシリーズ, **57**, 153, 1997
7) Terahara, N., Callebaut, A., Ohba, R., Nagata, T., Ohnishi-Kameyama, M. and Suzuki, M. : *Phytochemistry,* **42**, 199, 1996
8) 大庭理一郎・森川晃太郎・高橋智里：日本植物細胞分子生物学会大会講演要旨集, p.86, 1999
9) 森川晃太郎・大庭理一郎：日本農芸化学会西日本支部大会講演要旨集, p.59, 1999
10) Yamamoto, Y., Mizuguchi, R. and Yamada, Y. : *Theor. Appl. Genet.,* **61**, 113, 1982
11) Nozue, M., Kawai, J. and Yoshitama, K. : *J. Plant. Physiol.,* **129**, 81, 1987

（2）シソ培養細胞を用いたアントシアニンの生産[1), 2)]

市販されている赤色系天然色素のなかでも，シソ色素は，その主色素成分としてアシル化アントシアニンを含有しており[3), 4)]，アントシアニンのなかでも安定な色素であることから，飲料，ゼリー，梅漬などの着色に用いられている。

ところが，色素原料としての赤シソは大量には栽培されておらず，原料不足，コスト高が問題となっている。そこで，シソ色素を生産するための一手段として，赤チリメンジソの葉より誘導した培養細胞の大量生産によりシソ色素の工業レベルで生産を検討した。また，生葉より抽出したシソ色素との性状，安全性などの面での比較を行い，同時に，食品の着色に実際に応用し，その利用価値についても考察した。

1）高色素生産株の選抜と培養条件の検討

無菌幼苗の赤チリメンジソ葉より誘導したカルスを用いて2週間毎に細胞塊選抜を繰り返しながら継代培養したところ，図VI—5に示したように，10世代以降は増殖率が6倍程度で，色素濃度（10%E）は約8の安定した形質をもつ培養細胞を得た。この培養細胞を用いて，植物成長調節物質の影響を調べたところ，表VI—2に示したように，オーキシンとして10^{-5}Mのα-naphthaleneacetic acidを，サイトカイニンとして10^{-6}Mのbenzylamino purineを使用したとき，細胞の生育が良く，フラスコ当りの色素生産も最大であった。また，炭素源としては，ショ糖が最適であり，その濃度が3%のときに色素生産性が最大となった。さら

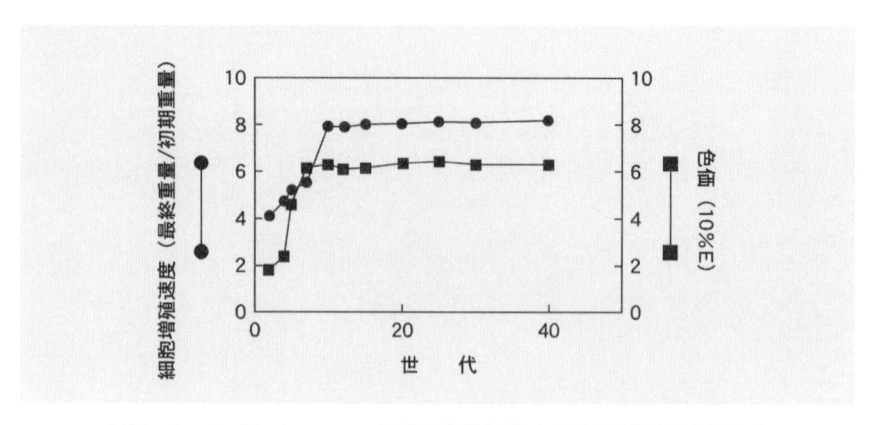

図VI—5　*Perilla frutescens* 細胞の継代培養における細胞増殖と色素生産

表VI—2 細胞増殖と色素生産に対する植物成長調節物質の影響

オーキシン	(μM)	BAP* (μM)	新鮮重量 (g/flask)	色素生産 10% E/g	10% E/flask
2, 4-D	10	1	3.80	0.66	2.51
IAA	10	1	1.09	1.54	1.68
NOP	10	1	3.21	4.24	13.64
NAA	100	1	2.81	3.87	10.87
NAA	10	10	3.52	6.12	21.54
NAA	10	1	3.21	6.84	21.96
NAA	10	0.1	1.85	4.84	8.95
NAA	1	1	1.99	3.15	6.27

＊: BAP (benzylamino purine)

に, 培地を構成している無機塩について検討したところ, 細胞の生育および色素生産に窒素の濃度が大きく影響することがわかった。その濃度は, 標準のLinsmaier-Skoog (LS) 培地の1/2 (30mM) の場合が最適であり, アンモニア態, 硝酸態窒素の比は NO_3^-/NH_4^+ が10のときが最適であった。無機塩に関しては, 検討した範囲内ではさほどの影響はなかった。したがって, 炭素源としてショ糖3％, 窒素源として NO_3^-/NH_4^+ の比が10でかつ30mM (1/2LS) とし, 無機塩は標準LS培地の濃度として培養条件を設定した。

2) 大量培養と得られた色素の分析

選抜した培養細胞を最適培養条件にて, 100ℓのエアーリフト型ジャーファーメンターを用いて, 培養液量90ℓに新鮮重量で2.5kgの培養細胞を移植し, 通気量20ℓ/min, 2,000lxの光照射下で, 25℃にて14日間培養した。その結果, 経時的には図VI—6に示したような細胞増殖と色素生産の傾向を示し, 培養開始時に新鮮重2.5kg, 色素量〔新鮮重量 (kg)×色価 (10％E)〕15.12であった培養細胞が, 培養終了時には新鮮重量14.85kgで色素量は104.68となった。すなわち, 14日間の培養で生産色素量としては約7倍となり, 赤チリメンジソの生葉35kg分に相当するものであった。得られた培養細胞から色素を抽出し, 精製後濃縮したものを色素液とし, シソ生葉からの色素と比較した。

その結果, 1％塩酸-メタノール溶液の可視部吸収スペクトルにおける極大吸収波長は, いずれも524nmであった。また, HPLC, およびLC-MSによって,

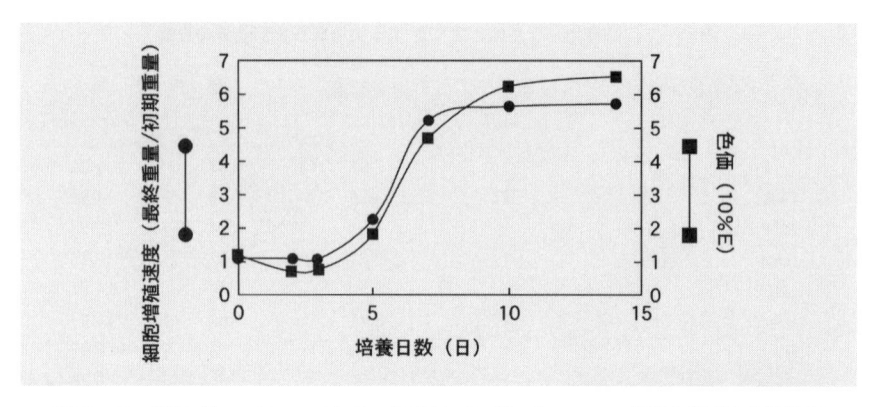

図Ⅵ-6　100ℓジャーファーメンターによる *Perilla frutescens* 細胞の増殖と色素生産

培養細胞由来の色素はシソ生葉由来の色素とほぼ同様の色素成分から構成されていたが，その構成比は異なっていた。

3）培養細胞由来のシソ色素の食品用天然色素としての評価

シソ生葉および培養細胞由来の色素のエームス試験を実施し，いずれの色素も突然変異誘発性を有しないことを確認した。また，色調，光安定性・熱安定性を比較した結果，同等の色調および安定性であることがわかった。さらに，モデル食品として，清涼飲料とデザートゼリーへの着色を行い，その色調および着色食品での色素の堅牢性も比較したが，両色素間に大差は認められなかった。

4）ま と め

小規模プラント培養によって，シソ培養細胞を用いたアントシアニンの生産は工業的に安定で効率的な生産が可能であることがわかり，得られた色素に関する色調，耐熱・耐光性などの性状や安全性についてもシソ生葉から得られた色素と大差なく，食品用赤色色素として満足できるものであった。ただし，実用化のためには，さらに詳細な安全性の確認と共にコスト面での優位性を確立する必要がある。また，現在の食品衛生法では，培養細胞を使用する製法は認められていないため，培養細胞にて得られる色素を製造・販売するためには，ガイドライン[5]に沿った新規の食品添加物としての申請を行う必要がある。

■文　献■
1) 香田隆俊・市　隆人・吉光　稔・二本木淑恵・関谷次郎：日食工誌, **39**, 839, 1992
2) 香田隆俊・市　隆人・関谷次郎：日食工誌, **39**, 845, 1992
3) Kondo, T., Tamura, H., Yoshida, K. and Goto, T. : *Agric. Biol. Chem.*, **53**, 797, 1989
4) Yoshida, K., Kondo, T., Kameda, K. and Goto, T. : *Agric. Biol. Chem.*, **54**, 1745, 1990
5) 厚生省生活衛生局食品化学課監修：食品添加物の指定及び使用基準改正に関する指針, 日本食品添加物協会1996

(3) ブルーベリー培養細胞によるアントシアニンの生産

ブルーベリーは，日本に紹介・導入されてまだ半世紀も経ていない，いわば新しい果実であるが，ヨーロッパ野生種ビルベリー（Vaccinium myrtillus）果実色素（アントシアニン）エキスが臨床的にも種々の生理・薬理機能性を示すことから，日本でも近年特に注目されている[1),2)]。産業面からの検討も含め，欧米を中心に，血管保護作用や視覚機能向上，抗酸化性などとブルーベリー色素との関係について積極的な研究や取り組み[3)]がなされているが，色素の動態，作用機序など，未だ解明されていない点も多い。

ブルーベリー色素に関するこれまでの一連の研究の多くは，果実の抽出色素を用いてなされており，他の植物や色素の研究で行われているような色素生産性培養細胞を利用した研究はほとんど見あたらない。有用色素成分の生産性や化学的特性の制御などについて，遺伝子レベルでの研究も含め効率的な研究を進める上で色素生産性培養細胞の利用が大変有効であると思われる[4)]。そこで，ブルーベリー色素を安定的，効率的に生産する細胞培養系の確立のための検討および色素生産性，色素の組成・特性・機能性などについて検討した[5)~8)]。

母植物組織としてラビットアイブルーベリー・ティフブルー（V. ashei c.v. Tifblue）など，2系統10品種から採取した，生育ステージを異にする果実，展開葉などを外植片に用いてカルスを誘導し検討したところ，ティフブルーの展開葉から誘導したカルスに安定した赤色素生産能をもつ系統が得られた（同時にカロチノイド生産性黄色細胞系統も得られた）[5)]。赤色細胞は，2,4-D 0.1～0.2mg/ℓ，蔗糖3％を含むMurashige-Skoog基本培地中でよく生育し色素を生産する。蔗糖6％で色素量は約1.6倍となったが生育は40％に抑制された。同様に，リン酸

表VI-3　ブルーベリー（ラビットアイ・ティフブルー）培養細胞による色素生産

細胞・組織	色素（最大吸収波長）	生産量*
赤色細胞	アントシアニン（528nm）	0.509
果実	アントシアニン（532nm）	0.280
果皮	アントシアニン（532nm）	0.462～2.770
赤色細胞	プロアントシアニジン（538nm）**	0.677
黄色細胞	プロアントシアニジン（538nm）**	0.695
葉	プロアントシアニジン（538nm）**	1.043

＊吸光度/ℓ・g乾物量　＊＊カルス組織の熱塩酸酸性メタノール処理により得られる赤色色素

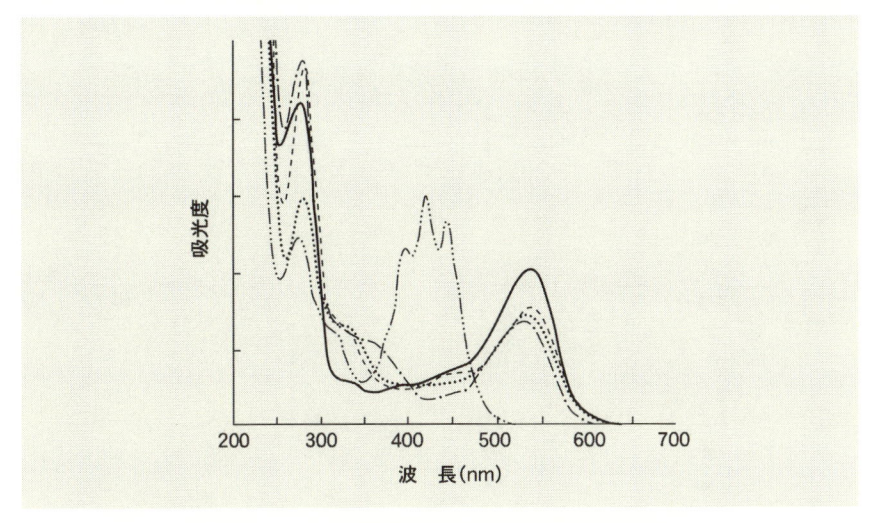

図Ⅵ—7　ブルーベリー組織赤色色素および黄色色素の吸収スペクトル
―・―，赤色カルスアントシアニン　；………，果実アントシアニン；
―――，黄色カルスアントシアニジン；――――，葉アントシアニジン；
―・・―，黄色カルスカロチノイド

2倍量かつチアミン塩酸塩10倍量で色素量が 2 倍となったが生育は60％に抑制された[6]。さらに，生育のための至適 pH は4.5付近であるが，色素合成は至適 pH よりも低い pH で促進された[7]。色素生産は，生育が抑制されるような条件・環境下に細胞が置かれると促進されるようである。なお，色素生産量は，ティフブルー果実全粒との比較では同量～約 2 倍量であったが，果皮との比較では1/6～1/4であり，さらに検討が必要である（表Ⅵ—3）。

図Ⅵ—7 に色素細胞からの，塩酸酸性メタノールによる粗色素抽出液の吸収スペクトルを示す。赤色細胞色素の可視部吸収極大は528nm にあり，ティフブルー果皮のそれは532nm であった。ともに近似しており，いずれもアントシアニンの特徴を示したが，完全には同一でないことが示唆された。粗色素抽出液の逆相高速液体クロマトグラフィーによる成分分析の結果，約14～17個の成分に分離された[5]。赤色細胞色素には果皮色素成分のほぼ全てが含まれていたが（表Ⅵ—4），組成比が果皮のそれと大きく異なっていた。赤色細胞のアントシアニンは，アグリコンとして，シアニジンのほかにデルフィニジン，ペオニジン，ペツ

1．バイオテクノロジーと今後の展望

表Ⅵ—4　ブルーベリー（ラビットアイ・ティフブルー）のアントシアニン主組成

ピーク・成分	赤色細胞（%）	果実果皮（%）	紅葉（%）
1. Dp-3-gal	4.0	5.2	—
2. Dp-3-glc	0.6	1.4	trace
3. Cy-3-gal	45.0	20.0	50.8
4. Dp-3-ara	1.4	2.2	—
5. Cy-3-glc	6.3	7.3	6.8
6. Pt-3-gal	1.2	1.2	—
7. Cy-3-ara	30.7	8.2	40.9
8. Pt-3-glc	0.8	2.1	—
9. unknown	0.5	4.4	—
10. Pn-3-gal	4.7	0.8	trace
11. Pt-3-ara	0.4	16.4	—
12. Pn-3-glc	1.0	9.8	trace
13. Mv-3-gal	1.4	4.6	1.5
14. Mv-3-glc	1.8	9.8	trace
15. Pn-3-ara	0.1	1.3	trace
16. Mv-3-ara	trace	0.7	—
17. unknown	0.2	2.0	—

＊クロマトグラムより推定。　—：検出できない，trace：ピークの存在は認められた。

ニジン，マルビジンの5種類が確認され，糖成分は配糖体の3位にガラクトース，アラビノース，あるいはグルコースが結合したものであった[8]。主成分はCy 3-glc（ピーク-3）およびCy 3-ara（ピーク-7）であり，両者で70〜75％を占めていた。果皮あるいは紅葉の相当成分は，それぞれ約20および8％，あるいは51および41％であった。以上のことから，赤色細胞は，果実の色素生産特性を有し，また誘導母組織（葉）の特性を強く受け継いでいると思われる。

ティフブルー赤色細胞色素については，機能性，健全性などについても検討がなされている[6]。すなわち，色素画分を大まかに分画し，それぞれの画分について安定なラジカルとして知られているα,α-diphenyl-β-picrylhydrazyl（DPPH・）を消去するラジカル消去能を調べたところ，主成分であるピーク3の部分およびピーク7の部分に，トコフェロールやビタミンCに勝る強いラジカル消去能が認められた。また，ヒト型ハイブリドーマ HB4C 5細胞を用いてその抗体（IgM）産生に対する影響を調べたところ，ピーク1に抗体産生促進作用が認められた。抗体産生の増強は生体の防御機構の強化を意味しており，抗炎症作用や潰

瘍予防作用などが期待できる。さらに，赤色細胞および果皮の精製色素について検討したところ，B16マウスメラノーマ（黒色腫細胞）のメラニン生成に際し，その細胞増殖を阻害することなくメラニン生成を抑制することも確認され，アルブチンやクロロゲン酸のような抗酸化能が認められた。

培養細胞の色素を食材とする場合，その健全性の有無が問題となるが，本居ら（1996）の検討では，亜鉛，マンガン，銅などの金属の蓄積量はホウレンソウの葉とほぼ同じ程度であり過度の集積は認められていない。また，umu-test の結果から，培養細胞色素および果皮色素とも変異原性は認められていない。

以上のように，ティフブルー培養細胞のアントシアニンには健全性があり，一部の成分には機能性が認められる。また，赤色細胞，黄色細胞ともに，母植体（葉）と同様，プロアントシアニジン（高分子と思われ，熱塩酸酸性メタノール処理により赤色色素アントシアニジンとして抽出，確認される[5]。図Ⅵ－7，表Ⅵ－3）を効率よく生産することや，赤色細胞に，果実には見られない4種類のフラボノイドを生産することが確認されている[6],[7]。これらは，アントシアニン合成およびフラボノイド合成全体を活発に行っているブルベリー培養色素細胞が有用な生物触媒であることを示すのみならず，現在，生理機能性の面から非常に高く評価され注目されているプロアントシアニジンやフラボノイドの研究においても，大変貴重な研究材料であることを示唆している（Ⅰ－4，生合成参照）。

■文　献■
1) 中山交市・草野　尚：食品工業, **33** (8), 45～56, 1990
2) 伊藤三郎：食品工業, **41** (16), 16～21, 1998
3) パオロ・モラッツオーニ：食品工業, **41** (16), 36～44, 1998
4) 名和義彦：食糧－その科学と技術, No.**33**, 85～108, 1995
5) Nawa, Y., Asano, S., Motoori, S. and Ohtani, Y. : *Biosci. Biotech. Biochem.*, **57** (5), 770～774, 1993
6) 本居聡子：食品工業, **41** (16), 22～28, 1998
7) 濱松潮香・名和義彦・森　隆：第15回日本植物細胞分子生物学会大会（熊本）講演要旨集, p. 118, 1997
8) 濱松潮香・名和義彦・森　隆：第16回日本植物細胞分子生物学会大会（仙台）講演要旨集, p. 107, 1998

（4）新花色の創出
1）遺伝子組換えによる育種の特徴

現在市販されている花の多くはさまざまな原種の交配によって育種されてきた。たとえば，切花としてポピュラーなバラ（*Rosa hybrida*）には，*Rosa multiflora*, *Rosa alba* など8種の原種の血が流れているとされ，原種と現在のバラの花の外観はまったく異なっている。このように交配育種は新しい品種を生み出すうえで主要な役割を果たしてきた。しかしながら，交配育種には，①目的以外の形質も変わってしまう，②利用できる遺伝資源が限定されるなどの欠点がある。これに対して，最近可能になった遺伝子組換えの手法を用いた植物育種（分子育種）には，交配に頼る育種と比べて，①狙った特定の形質（たとえば花色）のみを改変できる，②種を超えた遺伝資源を利用できる，二つの利点がある。技術的に見ると，分子育種には，目的の遺伝子をクローニングし，それを目的の植物に導入し，目的の器官・時期でその遺伝子を発現させる必要がある。また得られた遺伝子組換え植物の栽培・販売には所定の組換え植物に対する安全性評価を行う必要もある。ここでは，花色の分野で遺伝子組換えにより行われてきた研究を紹介する[1),2)]。

2）アントシアニン合成遺伝子と植物の形質転換

アントシアニンは花の主要な色素である。アントシアニンの生合成に関しては，Cy 3-glc に至る生合成経路（Ⅰ-4参照）は顕花植物においては種を超えてよく保存されており，すべての構造遺伝子がクローニングされている[1)]。遺伝子組換えによりアントシアニンを改変し，花の色を変える場合，まずアントシアニン合成にかかわる遺伝子を得る必要がある。構造遺伝子は種間で相同性があるため顕花植物からは容易にクローン化することができる。構造遺伝子を植物内で機能させるにはこれら遺伝子の転写を司るプロモーターと呼ばれる DNA 配列が必要である。遺伝子を花弁で機能させるためのプロモーターとしてはカリフラワーモザイクウィルス35Sプロモーターに代表されるような構成的なプロモーターであっても，花弁特異的なプロモーターでもよく，プロモーター領域を含む染色体遺伝子を用いてもよい。

植物細胞は条件さえ整えば外界から導入された異種遺伝子を受け取り，完全な植物体に戻り，導入された遺伝子を発現する能力がある。主要な花き植物の形質

転換系はすでに開発されてはいるが，その効率は種や品種によって大きく異なっており，目的の種・品種に適した効率のよい形質転換系を開発する必要がある[2),3)]。

3) 白い花をつくる

草型・栽培特性などが優れた有色の品種から，花の色だけを白くし，新しい品種をつくる試みが遺伝子組換え技術を用いて行われている。アントシアニン合成にかかわる遺伝子（たとえばカルコンシンターゼ（CHS），フラバノン3-ヒドロキシラーゼ，ジヒドロフラボノール4-リダクターゼ（DFR））の発現をアンチセンス（標的遺伝子のmRNAとハイブリダイズするRNAを転写させ，遺伝子発現を抑制する方法）あるいはコサプレッション法（標的遺伝子のmRNAと同じか，あるいはよく似たRNAを転写させ，遺伝子発現を抑制する方法）によりアントシアニン合成を完全にあるいは部分的に抑制した例が多く知られている（ペチュニア，バラ，キク，カーネーション，ガーベラ，トルコギキョウなど）[1),4)]。

サントリー株式会社ではトレニアの匍匐性園芸種サマーウェーブを発売しているが，サマーウェーブはヘテロプロイドであるため交配育種を進めることができず，従来の技術では白い品種を育種するのは困難であった。サマーウェーブブルーを元株として用い，CHSあるいはDFRの発現をコサプレッション法により抑制したところ，花弁のアントシアニン蓄積がさまざまな程度で抑制された形質転換体が得られた。この中から表現型が安定していて，4枚の花弁のうち2枚が白くなったものと4枚とも白くなったものを選択した。これらの花色以外の形質（草型，花つき，栽培特性など）は，元株とほぼ同じであった[5)]。

4) 黄色の花をつくる

濃い黄色の花（キクなど）にはカロチノイドが含まれている。フラボノイドは相対的に淡い黄色の花によく見られる。たとえば，フラボノイドのなかで最も鮮やかな黄色はキンギョソウに含まれるオーロンであるが，オーロンの生合成に関わる遺伝子はまだ単離されていない。カルコンも薄い黄色を呈するが，通常の花に含まれる4, 2', 4', 6'テトラヒドロキシカルコン（Ⅰ—4参照）は不安定で，カルコンイソメラーゼの働きにより，無色のナリンゲニンに変換される。この異性化は非酵素的にも速やかに反応することが知られている。ところが，4, 2', 4', 6'テトラヒドロキシカルコンの2'位の水酸基がメチル化あるいは配糖化される

か，6'水酸基がない場合には安定となり，淡い黄色となる[4]。たとえば，黄色のカーネーションにはカルコン2'グルコシドが含まれ，ダリアなどの黄色の品種には6'デオキシカルコン（ブテイン）が含まれる。また，30年にも及ぶ交配を繰り返してつくられた黄色のコスモスには，ブテインとオーロンの一種であるスルフレチンが含まれている。

黄色のペチュニア品種はカロチノイドが蓄積したものであるが，花弁が一様に黄色ではなく鑑賞価値が低い。遺伝子組換えを用いて黄色のペチュニアを育種しようとする試みが報告されている。ペチュニアにアルファルファのカルコン還元酵素遺伝子を導入したところ，6'デオキシカルコン類が生成した。つぼみの段階ではごく薄い黄色が見られたが，開花時にはほとんど白であった。これは蓄積している6'デオキシカルコン類の量が不十分であるためと考えられた[6]。黄色のない品種には，ゼラニウム，シクラメンなど主要な花きがあり，今後の進展が期待される。

5）アントシアニンの構造と色の関係

アントシアニンは，そのB環の水酸化の数が多いほど吸収極大値は長波長側にシフトし，青く見える。この水酸化は生合成の過程ではジヒドロフラボノールあるいはフラボノンの段階で起こり（Ⅰ−4参照），2種のP450すなわちフラボノイド3'ヒドロキシラーゼ（F3'H）とフラボノイド3'5'ヒドロキシラーゼ（F3'5'H）によって触媒される。このため，両酵素は花の色を決定する上で重要である。両酵素がないとペラルゴニジン型アントシアニンが，F3'Hのみがあるとシアニジン型アントシアニンが，F3'5'Hがあるとデルフィニジン型アントシアニンが合成される（Ⅰ−4参照）。ペラルゴニジン型アントシアニンは橙から赤，シアニジン型アントシアニンは赤から紅色，デルフィニジン型アントシアニンは紫から青色の花に含まれていることが多い。実際の花ではこれらのアントシアニンが共存する場合も多い。

6）ペラルゴニジンによる橙色花の作出

DFRは，ジヒドロフラボノール（ジヒドロケンフェロール，ジヒドロケルセチン，ジヒドロミリセチン）をロイコアントシアニジン（それぞれロイコペラルゴニジン，ロイコシアニジン，ロイコデルフィニジン）に還元する反応を触媒する酵素であり，植物によってジヒドロフラボノールに対する選択性があることが知られている。た

とえば，ペチュニアの DFR は，ジヒドロミリセチンを効率的に還元し，ジヒドロケルセチンも還元できるが，ジヒドロケンフェロールを還元することができない。そのためペチュニアにはペラルゴニジンが含まれず，橙から朱色の品種がない。ジヒドロケンフェロールを還元できるトウモロコシ DFR をペチュニア（F 3' H，F 3' 5' H，フラボノールシンターゼ（FLS）が欠損しているためにジヒドロケンフェロールが蓄積している品種）に導入し，ペラルゴニジンを生産させ，淡い橙（元報では brick-red）のペチュニアがつくられた[7]。これが遺伝子組換えによって花色を換えた最初の例である。この形質転換ペチュニアのうち1系統を野外で栽培したところ，導入遺伝子の発現が必ずしも安定ではなく，環境の変化などによって左右され，宿主の花色に戻ることがしばしば観察された。また，宿主として遺伝解析用に実験室で用いられる品種を用いたので，栽培特性が優れていないため，直接商業化するのには適さなかった。そこで，トウモロコシ DFR を導入したペチュニアとシアニジンを蓄積しているペチュニアとを交配し，その後代を得ることにより，4世代めで栽培特性が優れていて，安定に明るい橙色の花を咲かせるペチュニアを得ることができた。このように遺伝子組換えと交配による育種を組み合わせるのが今後の植物育種の手法のひとつとなろう[8]。ガーベラとバラからジヒドロケンフェロールを還元できる DFR の遺伝子を得て，橙色のペチュニアを創出した報告もある。

シンビジウムの花色にはピンク，紫，赤などがあるが橙色がない。その原因は，シンビジウムの DFR がジヒドロケルセチンを還元できないためペラルゴニジンを生産できないからであることが最近報告された。シンビジウムの場合にはF 3' Hが存在するため，シアニジンあるいはその誘導体であるペオニジンが生産される。また，ジヒドロケンフェロールを還元できないような DFR は，被子植物の進化の過程で，少なくとも2回は起こったことが示唆された[9]。DFR の基質特異性が原因で，ペラルゴニジンが蓄積できない植物種は他にも多いと思われる。一方，キクはほとんどの品種でシアニジンを生産するが，これは DFR の基質特異性のためではなく，F 3' Hが強い活性をもっているためであると考えられている。この場合には，F 3' H活性を抑制することでペラルゴニジンを蓄積することができることが示されている[10]。

7）青い花をつくる

　切花の代表的な品種であるバラ，カーネーション，キク，ガーベラなどの花弁にはきれいな紫から青色の品種はない。これは，これらの品種の花弁ではF 3' 5' Hが発現していないので，デルフィニジンができないためである。また，これらの交配可能な近縁種にも花弁ではF 3' 5' Hが発現していないので交配によってデルフィニジンを集積し，紫から青い品種を創出していくのは不可能であろう。一方，遺伝子組換えの手法を用いると遠縁種の遺伝資源も利用できる。

　F 3' 5' Hはペチュニアはじめすでに多くの植物種からクローニングされている[11]。ペラルゴニジンを生産しているカーネーションにF 3' 5' H遺伝子を導入したところ，デルフィニジンの生産が認められたが，ペラルゴニジンも存在するため，赤紫色になった。そこで，ペラルゴニジンができるのを防ぐため，DFRが欠損している白いカーネーションにF 3' 5' H遺伝子とペチュニア DFR 遺伝子（前述のようにデルフィニジンを生産させるのに適した基質特異性を持つ）を導入したところ，デルフィニジンがほぼ100％で藤色のカーネーションを得る事ができた。淡い藤色の系統と濃い藤色の系統で形質の安定しているものを選抜・増殖し，それぞれムーンダストライラックブルー，ムーンダストディープブルーとして，オーストラリア，日本，アメリカで販売している[1]。

　遺伝子組換え植物の栽培には，各国がOECDの合意に基づいて，組換え植物の安全性評価のガイドラインを設けている。一般圃場での栽培・販売を行うためにはこのガイドラインに従って，組換え植物が環境などへ悪影響を与えない事を示す必要がある。ムーンダストは，遺伝子組換え植物に対する安全性評価をすべて終了している。

　純粋の青い色の花を創出するためには，アントシアニンが蓄積している液胞のpHを上昇させたり，アントシアニンと共存し，アントシアニンの安定化と青色化に寄与するコピグメント（フラボノール，フラボンなど）量を増やすなどの工夫が必要であるとされる。FLS[12]とフラボンシンターゼ[13]の遺伝子もすでに取得されている。

■文　　献■

1) Tanaka, Y. *et al.* : *Plant Cell Physiol.*, **39** : 1119〜1126, 1998
2) Tanaka, Y. *et al.* : In Applied Plant Biotechnology, pp.182〜235, Science Publishers, Inc. USA, 1999
3) Deroles, *et al.* : In Biotechnology of Ornamental Plants. pp.87〜120, CAB International, Walligford, UK, 1997
4) Davies, K. M. and Schwinn, K. E. : In Biotechnology of Ornamental Plants. pp.259〜294, CAB International, Walligford, UK, 1997
5) Suzuki, *et al.* : Molecular Breeding, in press, 2000
6) Davies, *et al.* : *Plant J.*, **13**, 259〜266, 1998
7) Meyer, *et al.* : *Nature*, **330**, 677〜678, 1987
8) Oud, *et al.* : *Euphytica*, **84**, 175〜181, 1995
9) Johnson, *et al.* : *Plant, J.*, **19**, 81, 85, 1999
10) Schwinn, *et al.* : *Phytochemistry*, **35**, 145〜150, 1994
11) 田中良和・久住高章：植物の化学調節, **33**, 55〜61, 1998
12) Holton, *et al.* : *Plant J.*, **4**, 1003〜1010, 1993
13) Akashi, *et al.* : *Plant Cell Physiol.*, **40**, 1182〜1186, 1999

2. アントシアニンと健康

　がんをはじめ生活習慣病と呼ばれる疾病の予防が期待される野菜や果物の成分の多くは,「非栄養素」と呼ばれている。「非栄養素」とは,糖質,脂質,タンパク質の3大栄養素にビタミン,ミネラル,それと第6の栄養素といわれる食物繊維を除いた成分のことをさし,具体的には「色素」や「香気」,「辛味成分」など,栄養機能をもたない成分である。「機能性食品」の概念は1978年に初めて提出されたが,厚生省が「特定保健用食品」としてしか認めなかった。そのために,残念ながら日本では「機能性食品」の応用開発は大きな流れとならなかったが,欧米で「ファンクショナルフーズ」として食品研究の主流となってきている。アメリカでも「デザイナーフーズ」として「がん予防」に大きく注目されたのも野菜や果物などに含まれるこれらの「非栄養素」成分である。ところが,最近の研究では,これらの成分を積極的に摂取することで,がんだけでなく動脈硬化や糖尿病の合併症,さらにはアルツハイマーやパーキンソン病など老化に関連した疾病の予防につながるのではないかと多くの注目を集めてきている。われわれは,このように生理作用が期待される「非栄養素」を中心とする食品成分に対して「フードファクター（食品因子）」との概念を提案してきたが,「ポリフェノール類」,なかでも「色素」の健康への機能に対する最近の期待感には驚くばかりである。

(1) アントシアニン研究の最近の動向

　「ポリフェノール」のもつ健康への効果という背景で特に注目を集めてきたのが「アントシアニン類」である。ヨーロッパを中心に「ブルーベリー」の視覚に及ぼす効果が大きな注目を集めたが,筆者らのグループと最近共同研究を進めつつあるタフツ大学のグループが「イチゴ」や「ブルーベリー」の抽出物を長期間ネズミに投与したところ,脳の老化が予防できたという結果を報告し,アメリカでも大きな注目が集められている。その概略を紹介してみると,Tufts 大学の Prior 教授らのグループは,ORAC (Oxygen Radical Absorbance Capacity) 法,すなわち,AAPH というラジカル発生剤を用いてテトラピロールをもつ色素

タンパクの一種である β-フィコエリトリン（β-PE）に対する酸化障害速度を蛍光法により自動的に測定するという方法を用いて，多種多様な野菜や果物，お茶などの抗酸化性を測定してきた．この方法は，あくまで in vitro 系での抗酸化評価法であるものの，利点としてあげられるのは水溶性抗酸化物質の評価に適していることである．例えば，果物としてイチゴ，ブルーベリー，プラム，オレンジ，ブドウ（赤），キウイフルーツ，グレープフルーツ（ピンク）などが特に抗酸化性が強いことを示し，また，野菜としてニンニク，ケール，ホウレンソウ，Brussels sprouts や Alfalfa sprouts などが特に強い効果を示し[1]，なかでも，強力な活性酸素捕捉活性を示したのがアントシアニンであると報告している[2]．

一方，Tufts 大学の Joseph 教授らは，最近，アルツハイマー病やパーキンソン病を含めた脳疾患や老化への酸化ストレスの関与に注目している．脳細胞の老化と共に抗酸化防御機構が減少し，脂質過酸化が亢進するなどの結果が報告されている．彼らは，特にイチゴとホウレンソウなどの抗酸化食品の投与による老化関連の脳機能の改善に関する最新の研究論文の発表を行った[3]．その方法は，水槽に泳がせたラットがどれくらいで目的地へ到達するか，という試験をはじめほとんどの実験で，ホウレンソウ摂取群に顕著な改善がみられた．しかし，老化の指標であるカルバコール誘導の GTPase の減退に対しては，イチゴとトコフェロールに強い活性が見られたがホウレンソウには見られないという結果を報告している．彼らの考えは，脳の機能低下は酸化ストレスの結果であり，その予防には，抗酸化食品の摂取が極めて重要な役割を果たすというものである．1998年11月に，国立長寿医療研究センターで，第3回の国際長寿科学ワークショップが開催され，このグループは，ブルーベリーにも同様な効果が見られることを報告し，この本体がアントシアニン色素であろうとの推測で，アントシアニン類が脳の老化を抑制しうるのではないか，と大きな注目を集めている．

一方，われわれも，このワークショップで，in vitro 系で最も強力な抗酸化活性を示した Cy 3-glc の酸化ストレス予防効果を発表している．アントシアニン類，特に，Cy 3-glc に関する研究プロジェクトは，1997年度に農水省の「生研機構」による大型の研究費の補助により始まり，筆者が総括責任者として「食用植物由来の酸化ストレス制御因子に関する基盤的研究」とのタイトルで2001年までの予定で進行中である．このプロジェクトは，「アントシアニン」の「酸化ス

トレス」予防効果のスクリーニングから，紫トウモロコシの「アントシアニン生合成遺伝子」の米種子への導入，さらに，分子生物学の応用を含めた Cy 3-glc の酸化ストレス予防効果の評価系の開発，糖尿病合併症の予防やがん予防，特に腎臓がん予防効果については，実際のアントシアニン含有米種子の投与実験，さらには代謝，吸収に関する共同研究など幅広いものである。「IV －4．生体内抗酸化性と体内動態」で紹介されているのでここでは詳細は省略するが，われわれはアントシアニン類の抗酸化性に着目し，特に Cy 3-glc が *in vitro* の系において著明な抗酸化性を有していることを研究を進めてきた。しかし，摂取された Cy 3-glc が生体内で抗酸化性を発揮するかどうかについては，最近まで明らかにされておらず，そこで，ラットに Cy 3-glc を経口摂取させた場合に血清および組織の酸化抵抗性が上昇する可能性について検討した[4]。さらに，酸化ストレスに対する Cy 3-glc の防御効果を検討することを目的とし，酸化ストレスのモデル系として肝臓の虚血―再灌流を行った。その結果，Cy 3-glc が肝障害の予防作用と共に痴呆や脳の老化の原因となる虚血―再灌流に対しても予防効果が期待できることを明らかにすることができた[5]。

しかしながら，アントシアニン類の研究に及ぼす機能研究に不可欠なのは，生体内吸収と代謝機構の解明であろう。フラボノイドやアントシアニンを含むポリフェノールに関する代謝・吸収に関する研究は今までほとんど行われておらず，ここ数年，ケルセチンやルテオリンなどのフラボノイド類の代謝研究が報告されてきているにすぎない。アントシアニン類の代謝について，津田らを中心にラットにおける Cy 3-glc の体内動態について検討が進められてきた。Cy 3-glc を投与したラットの血漿，胃，小腸，肝臓，腎臓の Cy 3-glc およびその代謝物を HPLC により分析した結果，Cy 3-glc は血漿において検出されたが，アグリコンであるシアニジンは検出されなかった。しかしながら，血漿中には，Cy 3-glc あるいはシアニジンの分解物と考えられるプロトカテキュ酸が検出され，その濃度は Cy 3-glc の約8倍という高含量であり，小腸においても，Cy 3-glc とともにシアニジンおよびプロトカテキュ酸が検出された[6]。この Cy 3-glc の代謝に関しては，東北大学の宮澤教授らのグループも研究を進め，生体内には Cy 3-glc のアグリコンのシアニジンが存在しなかったことから，Cy 3-glc は配糖体としてしか吸収されず，腸内細菌により加水分解されて生じたシアニジンは生体内に

吸収されない，と報告している[7]。このように，今までほとんど研究例がなかったアントシアニンの代謝・吸収が注目されることは，極めて喜ばしいことであり，今後も多くの研究者による研究が活発に行われ，まだ研究例のない Cy 3-glc 以外の，他のアントシアニン類の代謝・吸収の研究が進展することが期待されている。

（2）アントシアニン研究の今後の動向

　アントシアニンを含めたポリフェノール類に関して，テレビや雑誌などのマスコミで取り上げられる機会が急増している。われわれも，長年，ヒトを含めた個体レベルで酸化ストレスの予防効果を科学的に評価するために免疫化学的手法を応用して，血液や尿，唾液などを対象に抗酸化食品の機能性の評価システムの開発を試みてきた。特に，生活習慣病とよばれる疾病の予防効果を科学的に評価することが，現在，最も急務であると考えている。例えば，糖尿病患者の10％に合併する糖尿病性白内障は，グルコース過剰から生じる代謝異常疾患であり，医薬業界ではグルコース代謝酵素である aldose reductase（AR）の阻害をターゲットに治療薬開発が行われているが，未だ有効な医薬品の出現には至っていない。糖尿病性白内障を抑制する物質探索のなかで，AR阻害無しにその効果を発揮する抗酸化物質の存在（例えばLipoic acid）が明らかとされ，糖尿病性白内障発症機序の一つに，酸化ストレスに関与したpathwayの存在が近年明らかにされつつある。そこで，われわれは，ラットレンズの器官培養系を用いて，代表的なアントシアニン類の糖尿病性白内障抑制効果の検討を進めており，将来は，アントシアニンによる糖尿病合併症の予防機能なども期待されている。

　日本でも，古くから多種多様なアントシアニンが天然着色料として用いられ，食品工業的な立場からも重要な課題であり，今回の特集でも安定性を中心に化学と機能性に多くのページがさかれている。しかしながら，アントシアニン類が特に注目を集めてきたのは，健康に及ぼす機能性であろう。何年か前に，マニラ郊外にあるフィリピン国立大学に招聘を受けたときに，空港でお土産として売られていた紫ヤム芋のアイスクリームが強く記憶に残っており，最近では，紫サツマイモの機能性が着目されてきている。また，われわれ日本人によって必要不可欠な米の原種も「黒米」，「赤米」である。これらの色素成分はいずれも「アントシ

アニン類」であり，日本でも少量であるが栽培され「古代米」などいわれて地場産業的に流通しているにすぎないが，われわれがこれら有色種子類の生体防御機能に着目したのは15年も前のことである。熱帯地方に自生していた野生有色種子は紫外線の強い太陽光にさらされ，過酷な環境下で次世代に子孫を残してきたのであるが，そんな環境のなかで長期間の保存に耐えられる特性が必要だったのではないか，また，このようなアントシアニンを摂取した場合でも，酸化傷害を有効に防御し，最終的に生活習慣病と呼ばれるものを予防できるのではないかと期待されてきている。そのような背景からも，断片的にはジャーナリズムに取り上げられてはいるものの今までに体系だった総書がなかったので，今回，「アントシアニン類」のもつ化学と機能性，特に，健康へ及ぼす効果の最新の話題が専門的立場から総合的にまとめられたことは大きな意義深いことである。

　「アントシアニン類」が健康に及ぼす生理機能についての科学的な研究はようやく第一歩が踏み出されたばかりである。身近な食品であるがために，ジャーナリズムの波に押し流されがちであるが，個体レベルでの「アントシアニン類」の生理機能や代謝，さらには，臨床試験や介入試験も含めてヒトのレベルで評価する必要があろう。そのためには，血液や尿，唾液などを対象に評価できるバイオマーカーを開発し，科学的にも納得しうる評価法の開発が急務である。我々も，酸化ストレスバイオマーカーを開発し，免疫化学的手法を利用した評価法の確立を目指している。今後，さまざまなアプローチで「アントシアニン類」のもつ新規な機能性が明らかにされ，天寿を全うするまで生活習慣病と呼ばれる疾病の発症を先延ばしにできる，いわゆる「健全な老化」に向けて，食品化学だけでなく医学，分子生物学，遺伝学，生物化学，有機化学など分野を超え有機的に結びついた共同研究の発展が期待されている。

■参考文献■

- Guo, C., Cao, G., Sofic, E. and Prior, R.L. : *J. Agric. Food Chem.*, **45**, 1787, 1997
- Wang, H., Cao, G. and Prior, R.L. : *J. Agric. Food Chem.*, **45**, 304, 1997
- Joseph, J.A., Shukitt-Hale, B., Denisova, N.A., Prior, R.L., Cao, G., Martin, A., Taglialatela, G. and Bickford, P.C. : *J. of Neuroscience*, **18**, 8047〜8055, 1998
- Tsuda, T., Horio, F. and Osawa, T. : *Lipids*, **33**, 583, 1998
- Tsuda, T., Horio, F. Kitoh, J. and Osawa, T. : *Arch. Biochem. Biophys.*, **368**, 361,

1999
・Tsuda, T., Horio, F. and Osawa, T. : *FEBS Letters*, **449**, 179, 1999
・Miyazawa, T. Nakagawa, K., Kudo, M., Muraishi, K. and Someya, K. : *J. Agr. Food Chem.*, **47**, 1083, 1999

アントシアニン

略　記　号	正　式　名
5 MCy	5-methylcyanidin
6 OHCy	6-hydroxycyanidin
6 OHDp	6-hydroxydelphinidin
Ap	apigenidin
Au	aurantinidin
Cp	capensinidin
Cy	cyanidin
Cy 3-Caf•Fr•sop-5-glc	cyanidin 3-caffeoyl feruloyl sophoroside-5-glucoside
Cy 3-Caf•pHB•sop-5-glc	cyanidin 3-caffeoyl p-hydroxybenzoyl sophoroside-5-glucoside
Cy 3-Caf•sop-5-glc	cyanidin 3-caffeoyl sophoroside-5-glucoside
Cy 3-diCaf•sop-5-glc	cyanidin 3-dicaffeoyl sophoroside-5-glucoside
Cy 3, 5-diglc	cyanidin 3, 5-diglucoside
Cy 3, 3'-diSi•gen	cyanidin 3, 3'-disinapyl gentiobioside
Cy 3-Fr•sop-5-glc	cyanidin 3-feruloyl sophoroside-5-glucoside
Cy 3-gal	cyanidin 3-galactoside
Cy 3-gen	cyanidin 3-gentiobioside
Cy 3-glc	cyanidin 3-glucoside
Cy 3-glc•rut	cyanidin 3-glucosyl rutinoside
Cy 3-pC•glc, 5-glc	cyanidin 3-p-coumaroyl glucoside-5-glucoside
Cy 3-pC•glc-5-Ma•glc	cyanidin 3-p-coumaroyl glucoside-5-malonylglucoside
Cy 3-pC•sop-5-glc	cyanidin 3-p-coumaroyl sophoroside-5-glucoside
Cy 3-rha•glc	cyanidin 3-rhamnosyl glucoside
Cy 3-Si•gen	cyanidin 3-sinapyl gentiobioside
Cy 3-Sin•sop-5-glc	cyanidin 3-sinapyl sophoroside-5-glucoside
Cy 3-sop	cyanidin 3-sophoroside
Cy 3-sop-5-glc	cyanidin 3-sophoroside-5-glucoside
Dp	delphinidin
Dp 3, 5-diglc	delphinidin 3, 5-diglucoside
Dp 3-glc	delphinidin 3-glucoside
Dp 3-pC•glc-5-Ma•glc	delphinidin 3-p-coumaroyl glucoside-5-malonylglucoside
Dp 3-pC•rut-5-glc	delphinidin 3-p-coumaroyl rutinoside-5-glucoside
Eu	europinidin
Hs	hirsutidin
Lt	luteolinidin
Mv	malvidin
Mv 3, 5-diglc	malvidin 3, 5-diglucoside
Mv 3-gal	malvin 3-galactoside
Mv 3-glc	malvin 3-glucoside
Pg	pelargonidin
Pg 3-gal	Pelargonidin 3-galactoside

の略記号

カタカナ表記	慣用名（英名）
5-メチルシアニジン	
6-ヒドロキシシアニジン	
6-ヒドロキシデルフィニジン	
アピゲニジン	
オーランチニジン	
カペンシニジン	
シアニジン	
シアニジン 3-カフェオイルフェルロイルソフォロシド-5-グルコシド	YGM-3
シアニジン 3-カフェオイル p-ヒドロキシベンゾイルソフォロシド-5-グルコシド	YGM-1a
シアニジン 3-カフェオイルソフォロシド-5-グルコシド	YGM-2
シアニジン 3-ジカフェオイルソフォロシド-5-グルコシド	YGM-1b
シアニジン 3, 5-ジグルコシド	シアニン (cyanin)
シアニジン 3, 3′-ジシナピルゲンチオビオシド	
シアニジン 3-フェルロイルソフォロシド-5-グルコシド	
シアニジン 3-ガラクトシド	イデイン (idein)
シアニジン 3-ゲンチオビオシド	
シアニジン 3-グルコシド	クリサンテミン (chrysanthemin), クロマニン (kuromanin)
シアニジン 3-グルコシルルチノシド	
シアニジン 3-パラマロイルグルコシド-5-グルコシド	シソニン (shisonin)
シアニジン 3-パラマロイルグルコシド-5-マロニルグルコシド	マロニルシソニン (malonylshisonin)
シアニジン 3-パラマロイルソホロシド-5-グルコシド	
シアニジン 3-ラムノシルグルコシド	ケラシアニン (keracyanin)
シアニジン 3-シナピルゲンチオビオシド	
シアニジン 3-シナピルソホロシド-5-グルコシド	
シアニジン 3-ソホロシド	メコシアニン (mecocyanin)
シアニジン 3-ソホロシド-5-グルコシド	
デルフィニジン	
デルフィニジン 3, 5-ジグルコシド	デルフィン (delphin)
デルフィニジン 3-グルコシド	ミリテリン-a (myrtillin-a)
デルフィニジン 3-パラマロイルグルコシド-5-マロニルグルコシド	マロニルアオバニン (malonylawobanin)
デルフィニジン 3-パラマロイルルチノシド-5-グルコシド	ナスニン (nasunin)
ユウロピニジン	
ヒルスチジン	
ルテオリニジン	
マルビジン	
マルビジン 3, 5-ジグルコシド	マルビン (malvin)
マルビジン 3-ガラクトシド	ウリギノシン (uliginosin)
マルビジン 3-グルコシド	
ペラルゴニジン	
ペラルゴニジン 3-ガラクシド	

アントシアニン

略記号	正式名
Pg 3, 5-diglc	pelargonidin 3, 5-diglucoside
Pg 3-diglc -5-glc	pelargonidin 3-diglucoside-5-glucoside
Pg 3-glc	pelargonidin 3-glucoside
Pg 3-pC・glc, 5-diMa・glc	pelargonidin 3-*p*-coumaroyl glucoside-5-dimalonylglucoside
Pg 3-pC・rut, 5-glc	pelargonidin 3-*p*-coumaroyl glucoside-5-diglucoside
Pl	puchellidin
Pn	peonidin
Pn 3-Caf・Fr・sop-5-glc	peonidin 3-caffeoly feruloyl sophoroside-5-glucoside
Pn 3-Caf・pHB-5-glc	peonidin 3-caffeoly *p*-hydroxybenzoyl sophoroside-5-glucoside
Pn 3-Caf・sop-5-glc	peonidin 3-caffeoyl sophoroside-5-glucoside
Pn 3-diCaf・sop-5-glc	peonidin 3-dicaffeoly sophoroside-5-glucoside
Pn 3, 5-diglc	peonidin 3, 5-diglucoside
Pn 3-sop-5-glc	peonidin 3-sophoside-5-glucoside
Pt	petunidin
Pt 3, 5-diglc	petunidin 3, 5-diglucoside
Pt 3-pC・rut-5-glc	petunidin 3-*p*-coumaroyl rutinoside-5-glucoside
Rs	rosinidin
Tr	tricetinidin

の略記号

カタカナ表記	慣用名（英名）
ペラルゴニジン 3,5-ジグルコシド	ペラルゴニン（pelargonin）
ペラルゴニジン 3-ジグルコシド-5-グルコシド	ラファヌシン（raphanusin）
ペラルゴニジン 3-グルコシド	カリステフィン（callistephin）
ペラルゴニジン 3-パラクマロイルグルコシド-5-ジマロニルグルコシド	モナルジン（monardin）
ペラルゴニジン 3-パラクマロイルグルコシド-5-グルコシド	ペラニン（pelanin）
プルケリジン	
ペオニジン	
ペオニジン 3-カフェオイルフェルロイルソフォロシド-5-グルコシド	YGM-6
ペオニジン 3-カフェオイル p-ヒドロキシベンゾイルソフォロシド-5-グルコシド	YGM-5a
ペオニジン 3-カフェオイルソフォロシド-5-グルコシド	YGM-5b
ペオニジン 3-ジカフェオイルソフォロシド-5-グルコシド	YGM-4b
ペオニジン 3,5-ジグルコシド	ペオニン（peonin）
ペオニジン 3-ソホロシド-5-グルコシド	
ペチュニジン	
ペチュニジン 3,5-ジグルコシド	ペチュニン（petunin）
ペチュニジン 3-パラクマロイルルチノシド-5-グルコシド	ペタニン（petanin）
ロシニジン	
トリセチニジン	

アントシアニンに結合している糖類

略号 (Symble)	慣用名 (trivial name)	カタカナ表記	別名	構造
単糖類				
glc	D-glucose	グルコース	ブドウ糖・デキストロース	
gal	D-galactose	ガラクトース	脳糖	
rha	L-rhamnose	ラムノース	6-デオキシマンノース, マンノメチロース	
xyl	D-xylose	キシロース	木糖	
ara	L-arabinose	アラビノース	ペクチノース	
2糖類				
rut	rutinose	ルチノース		6-α-L-rhamnosyl-D-glucose
sop	sophorose	ソホロース		2-β-D-glucosyl-D-glucose
sam	sambubiose	サンブビオース		2-β-D-xylosyl-D-glucose
gen	gentiobiose	ゲンチオビオース		6-β-D-glucosyl-D-glucose
lam	laminaribiose	ラミナリビオース		3-β-D-glucosyl-D-glucose
ウロン酸類				
galU	D-galacturonic acid	ガラクツロン酸		
glcU	D-glucuronic acid	グルクロン酸		

アントシアニンに結合している有機酸

略　　号 (Symble)	慣　用　名 (Trivial name)	カタカナ表記
芳香族有機酸類 （フェノールカルボン酸類）		
1.　安息香酸系		
pHB	*p*-hydroxy benzoic acid	パラヒドロキシ安息香酸
2.　桂皮酸系		
Ci	cinnamic acid	桂皮酸
pC	*p*-coumaric acid	パラクマル酸
Caf	caffeic acid	コーヒー酸
Fr	ferulic acid	フェルラ酸
Si	sinapic acid	シナピン酸
脂肪族有機酸類 （カルボン酸類）		
Ac	acetic acid	酢酸
Ma	malonic acid	マロン酸
M	malic acid	リンゴ酸
Ox	oxalic acid	シュウ酸
Su	succinic acid	コハク酸
Q	quinic acid	キナ酸
T	tartaric acid	酒石酸
S	shikimic acid	シキミ酸
フェノールカルボン酸誘導体		
Ca （別表記　5-Caf·Q）	chlorogenic acid	クロロゲン酸 （別名　5-カフェイルキナ酸）

■ 索　引 ■

〔欧文〕

5GT ……………………………………31
Acetobacter pasteurianusu
　　NC 11085 …………………………73
Ajuga reptans …………………………209
Alatanin …………………………………17
Ames test ……………………………165
ANX ……………………………………29
α-トコフェロール…………………160
bioantimutagen ………………………166
B環の水酸基 …………………………137
β-アミラーゼ活性 ……………………69
β-グルコシダーゼ ………………188, 191
CHI ……………………………………27
CHS ………………………………26, 224
Cy 3-glc の抗酸化性 …………………138
desmutagen …………………………166
D.E.Yen ………………………………70
DFR ……………………………224, 225
Lactobacillus plantarum ………………65
LDH 活性 ……………………………141
LDL ……………………………………110
Life-style related diseases ……………128
Mv 系色素 ………………………………21
NADPH-シトクロム-P450-
　　還元酵素 …………………………160
pC ……………………………………132
Pelanin …………………………………17
Petanin …………………………………17
pH ………………………………………58
　　――による色調変化 ………………46
Pn 系色素 ………………………………21
p-オキシ安息香酸 …………………72, 78
p-クマル酸 ……………………………78, 132
rhodopsin ……………………………175

RNA 合成阻害 ………………………173
SOSA …………………………………112
TBA 反応陽性物質 …………………138
TBARS ………………………………156
UBE（ウベ）……………………………94
VMA …………………………………121
Y-617 …………………………………73
Y-637 …………………………………73

〔ア行〕

青木文蔵 ………………………………69
赤色色素生産能 ………………………218
赤カブ漬 ………………………………98
赤キャベツ ……………………78, 79, 152
赤ジャガイモ …………………………82
赤ダイコン ……………………………83
赤ダイジョ ……………………………94
赤ブドウ ………………………………73
赤米 …………………………73, 187, 232
赤ワイン色素 …………………………13
アグリコン …………………………3, 18
アシル化 ………………………………32
アシル化アントシアニン
　　………………………6, 12, 22, 32, 159
アシル基 ………………………………32
アシル基光異性体 ……………………73
アシルグルコシド ……………………32
小豆 ……………………………………95
アスコルビン酸 ………………………58
アツミカブ ……………………………152
アピゲニニジン ………………………10
アポトーシス …………………………127
アヤムラサキ …………………70, 190, 201
アヤムラサキ正常体 …………………203
アヤムラサキ変異体 …………………203
アラタニン ……………………………17

アラタニン（Alt）類 ………… 131
アルツハイマー症 ……………… 117
アンギオテンシンⅠ変換酵素
　　阻害活性 ………………… 202
アンチセンス …………………… 224
アントシアナーゼ ……………… 189
アントシアニジン ………………… 3
　　——の分類 ………………… 10
アントシアニジンシンターゼ … 29
アントシアニン …………………… 1
　　——の安全性 ……………… 53
　　——の原料 ………………… 57
　　——の抗酸化性 ………… 130
　　——の色調 ………………… 46
　　——の製造法 ……………… 52
　　——の生理機能 ………… 136
　　——の組成比 ……………… 72
　　——の分析法 ……………… 53
アントシアニン合成 ………… 223
アントシアニン合成遺伝子 … 223
アントシアニン 5-グリコシル
　　トランスフェラーゼ ……… 31
アントシアニン重合体 ……… 116
アントシアニンメチル
　　トランスフェラーゼ ……… 33
アントシアニンモノマー …… 114
アントシアニン類 …………… 229
イチゴ …………………………… 93
一酸化窒素ラジカル ………… 110
一般飲食物添加物 …………… 41
遺伝子組換え ………………… 223
遺伝子組換え植物 …………… 227
異分子間スタッキング ………… 67
インゲン豆 ……………………… 95
梅漬 ……………………………… 63
梅干 ……………………………… 63
エームス試験 …………… 165, 216
エステル結合 …………………… 6
エピカテキン …………… 114, 116

エンドウ豆 ……………………… 95
大麦 …………………………… 195
オーキシン …………………… 214
オーロン ……………………… 224

〔カ行〕

カウベリー ……………………… 90
過酸化水素 ……………………… 58
果汁飲料 ………………………… 87
カタラーゼ …………………… 156
活性酸素 ……………… 108, 110, 124
活性酸素消去能 ………… 111, 112
活性酸素・フリーラジカル … 126
活性酸素ラジカル消去活性 … 114, 115
褐変 ……………………………… 64
褐変度 …………………………… 75
カテキン ……………………… 114
カリフラワー …………………… 79
カルコン ……………………… 224
カルコンイソメラーゼ ………… 27
カルコンシンターゼ …… 26, 224
カルス ………………………… 209
肝機能指標値 ………………… 206
がん細胞増殖抑制効果 …… 136
がん細胞増殖抑制作用 …… 202
間接変異原 …………………… 165
がん予防 ……………………… 229
キイチゴ属 ……………………… 89
基質特異性 …………………… 28
既存添加物 …………………… 41
キノイド塩基 …………………… 7
機能性食品 …………………… 229
キノン還元酵素活性 ………… 173
近視の進行防止 ……………… 178
金属イオンの影響 …………… 48
クランベリー …………………… 90
グリコシレーション …………… 30
クリサンテミン ………………… 96

241

グルタチオンペルオキシダーゼ
  (GSH-Px) 157
グルタチオンレダクターゼ
  (GSSG-R) 157
クロダイコン 83
黒米 232
継代選抜培養 212
血小板凝集阻害効果 120
血小板凝集抑制 104
血流増加作用 118, 119
健康機能性 207
抗潰瘍活性 122
抗潰瘍効果 136
抗菌作用 202
高血圧抑制 207
抗酸化活性 109, 202
抗酸化作用 202
抗酸化性 136, 231
抗酸化性物質 128
抗酸化的防御機構 136
抗酸化物質 144
抗腫瘍作用 170, 173
合成着色料 39
構造変化 2
抗体産生促進作用 202
抗変異原活性 202
抗変異原作用 164
抗変異原性 169
抗変異原物質 166
酵母増殖促進作用 202
コーヒー酸 72, 78
コールラビ 79
コサプレッション法 224
古代米 233
コピグメンテーション 13, 65, 67
コピグメント 227
小麦 195
コメ（有色米） 96
コンプレックスアントシアニン 22
コンメリニン 10

〔サ行〕

サイトカイニン 214
細胞分裂阻害 173
酢酸エチル抽出物 173
酢酸発酵 73
桜島ダイコン 84
サクランボ 97
ササゲ 95
サツマイモ 68
酸化還元電位 198
酸化剤 124
酸化ストレス 230
酸化的ストレス 127
酸素 58, 124
酸素毒 126
サンドイッチスタッキング 8
シアニジン 3, 71, 103, 202, 219
シアニジン型アントシアニン 225
シアニジン系 78
シアニジン系配糖体 17
紫外線 73
紫外線傷害抑制効果 137
紫外線照射 58
色素合成 219
色素製品 45
視機能に及ぼす影響 178
視機能改善効果 176
自己会合 73
脂質ラジカル消去活性 202
シソ 60
シソアントシアニン 61
シソ色素 214
シソニン 61, 64
しば漬 65
ジヒドロフラボノール 27, 225
ジヒドロフラボノール4-
  リダクターゼ 224

脂肪属有機酸 ……………………7	セルサイクル制御作用 ……………173
ジャガキッズ……………………81	前がん遺伝子 ………………………171
傷害マーカー …………………138	染着性………………………………49
傷害抑制物質 …………………166	相対吸光度 …………………………64
醸造酢 ……………………………73	組成比………………………………78
消変異原 ………………………166	
食細胞 …………………………126	〔タ行〕
食品因子 ………………………229	タール色素…………………………39
食品衛生法 ………………………40	代謝機構 …………………………231
食品加工利用 ……………………57	ダイズ CHI ………………………27
食品素材中の抗酸化性成分 …129	耐病原性……………………………1
食品添加物 ………………………39	脱プロトン化 ………………………7
食品添加物の指定及び	種子島紫 ……………………70, 73
使用基準改正に関する指針…55	単純アントシアニン………………22
食品添加物等の規格基準 …40, 41	単離アントシアニン ……………133
食品用着色料 ……………………40	チコリ・トレビス…………………98
植物の形質転換 ………………223	着色料………………………………39
植物色素 …………………………1	着色料表示…………………………41
植物性食品素材中の抗酸化性物質 128	中国ダイコン………………………83
植物成長調節物質 ……………210	朝鮮ダイコン………………………83
植物組織培養 …………………209	チョウマメの花色素 ……………131
視力改善効果 …………………185	直接変異原 ………………………165
視力改善作用 …………………120	デアシルアントシアニン ………132
水酸化………………………………30	デオキシアントシアニジン類…21
水酸基………………………………57	デザイナーフーズ ………………229
スーパーオキシドラジカル ……203	テルナチン…………………………24
スーパーオキシドジスムターゼ	テルナチン A1 ……………………10
（SOD）………………………157	テルナチン（T）類 ……………131
スーパーオキシド捕捉活性 ……137	デルフィニジン型アントシアニン 225
スグリ属……………………………90	デルフィニジン ……3, 103, 173, 219
スタッキング …………………18, 24	天然抗酸化性物質 ………………129
スノキ属……………………………89	天然着色料の使用基準……………41
生活習慣病 ……………………128	天然添加物…………………………39
生活習慣病予防 ………………205	糖転移………………………………31
生成抑制物質 …………………166	糖転移反応…………………………31
生体内吸収 ……………………231	動脈硬化指数 ……………………156
生物的抗変異原 ………………166	動脈硬化症 ……………… 108, 110
セイヨウスグリ……………………90	特定保健用食品 …………………229
西洋ダイコン………………………83	トポイソメラーゼ阻害作用 ………173

トランス体 …………………………… 6

〔ナ行〕

ナカムラサキ ………………………… 70
ナス ……………………………… 92, 152
ナスニン ………………… 12, 17, 65, 67
生しば漬 ……………………………… 63
乳酸脱水素酵素活性 ………………… 141
熱安定性 ……………………………… 47
濃色化 ………………………………… 10

〔ハ行〕

パープルコールラビ ………………… 98
バイオテクノロジー ………………… 209
配糖体化 ……………………………… 30
ハイドロキシレーション …………… 30
ハイビスカス ………………………… 98
発がんプロモーター活性 …………… 166
パッションフルーツ ………………… 97
花色素 ………………………………… 17
ハマダイコン ………………………… 83
パラコート …………………………… 151
ハワイ種 ……………………………… 70
蕃薯考（ばんしょこう）…………… 69
非アシル化アントシアニン ………… 12
ピーク面積 …………………………… 78
非栄養素 ……………………………… 229
光 ……………………………………… 58
光安定性 ……………………………… 46
微弱発光 ……………………………… 155
備瀬 …………………………………… 70
ヒドロキシけい皮酸類 ……………… 169
ビラジカル …………………………… 125
ビルベリー果実色素 ………………… 218
ピロリ菌 ……………………………… 117
ファイトアレキシン ………………… 1
ファンクショナルフーズ …………… 229
フードファクター …………………… 229
フェニルアラニン …………………… 26

フェニルプロパノイド ……………… 170
フェノール …………………………… 58
フェルラ酸 ……………………… 72, 78
フェントン反応 ……………………… 125
フサスグリ …………………………… 90
ブドウ ………………………………… 85
フラバノン ……………………… 27, 225
フラバノン 3-ヒドロキシラーゼ … 224
フラビリウム ………………………… 3
フラビリウムイオン ………………… 7
フラビリウム塩 ………………… 18, 19
フラボノイド ………………………… 3
　──のラジカル捕捉能 …………… 129
フラボノイド生合成経路 …………… 26
フリーラジカル ……………………… 126
フリーラジカル病 …………………… 127
ブルーベリー …………………… 88, 89
ブルーベリーアントシアニン …… 121
ブルーベリーエキス ………………… 175
ブルーベリー色素 …………………… 218
ブルーベリー培養色素細胞 ………… 221
プルーン ……………………………… 97
フレンチパラドックス ………… 103, 106
プロアントシアニン ………………… 87
プロアントシアニジン ………… 198, 221
ブロッコリー ………………………… 79
プロトオンコジーン ………………… 171
プロトカテキュ酸 …………………… 231
分子吸収係数 ………………………… 73
分子内会合 ……………………… 8, 18, 24
分子内コピグメンテーション ……… 8
ペオニジン ……………… 3, 71, 202, 219
ペオニジン 3-グルコシド …………… 147
ペオニジン系 ………………………… 78
ペタニン ………………………… 17, 82
ペチュニジン ………………………… 3
ペツニジン …………………………… 220
ベニアカリ …………………………… 81
ベニアズマの表皮 …………………… 73

紅イモ……………………………73
紅丸………………………………81
ペプチド…………………………198
ペラニン…………………………17
ペラルゴニジン…………………3
ベリー種…………………………88
ヘリコバクターピロリ…………117
ペルオキシドイオン……………125
変異原物質………………………165
芳香族有機酸（AR）…………6, 131
ポリアシル化アントシアニン
　　　　　　…………18, 31, 32, 131
ポリアシル化アントシアニン類……7
ポリフェノール…………107, 129
ポリフェノールオキシダーゼ……67
ホルデミン………………………13
本草綱目（ほんぞうこうもく）……60

〔マ行〕

マメ類……………………………94
マルビジン……………………3, 220
マルビン………………………103, 152
マロニル CoA……………………26
マロニルシソニン………12, 17, 61, 64
マロン酸…………………………78
マンゴー…………………………97
マンゴスチン……………………97
無蒸煮アルコール発酵酒………187
紫サツマイモ………………190, 201
　　──のアントシアニン含量……201
　　──の色素抽出液……………202
紫サツマイモアントシアニン……78
紫サツマイモジュース…………201
紫ジャガイモ……………………82
紫タマネギ………………………98
紫トウモロコシ…………………98
紫ヤム……………………………94

紫ヤム塊根の色素………………131
メタロアントシアニン…………13
メチル化…………………………32
メチル化に関与する酵素………32
メトキシル基（$-OCH_3$）……57, 78
メラニン生成の抑制……………221
メラニン生成抑制作用…………202
モノメリックアントシアニン…12, 22

〔ヤ行〕

山川紫……………………………70
大和本草…………………………79
ヤマブドウ………………………152
有色ジャガイモ…………………80
輸送機構…………………………36
豊むらさき………………………70
ヨーロッパスグリ………………90
予防的抗酸化機構………………127
読谷紅いも………………………70

〔ラ行〕

ラジカル消去作用………………172
ラジカル消去能…………………220
リスベラトール…………………117
ルビーボール……………………79
ルブロブラッシン………80, 104, 152
レッドアンデス…………………81
レッドムーン……………………81
レッドルーキー…………………79
ロスマリン酸……………………65
ロドプシン…………………104, 175

〔ワ〕

ワイン……………………………87
ワイン風発酵酒………187, 190, 191
ワインポリフェノール…………112

〔編著者〕

大庭 理一郎（おおば りいちろう）　崇城大学（旧熊本工業大学）大学院工学研究科
応用微生物工学専攻教授　農学博士

五十嵐 喜治（いがらし きはる）　山形大学農学部生物資源学科教授　農学博士

津久井 亜紀夫（つくい あきお）　東京家政学院短期大学生活科学科教授　農学博士

〔著　者〕（執筆順）

寺原 典彦（てらはら のりひこ）　南九州大学園芸学部食品工学科教授　農学博士

太田 英明（おおた ひであき）　中村学園大学家政学部食物栄養学科教授　農学博士

吉玉 国二郎（よしたま くにじろう）　熊本大学理学部生物科学科教授　理学博士

香田 隆俊（こうだ たかとし）　三栄源エフ・エフ・アイ㈱第三研究部次長　農学博士

林 一也（はやし かずや）　和田製糖㈱研究室　農学博士

佐藤 充克（さとう みちかつ）　メルシャン㈱酒類研究所所長　農学博士

津田 孝範（つだ たかのり）　東海学院大学短期大学部生活学科助教授　博士（農学）

津志田 藤二郎（つしだ とうじろう）　独立行政法人 食品総合研究所研究企画科長　農学博士

梶本 修身（かじもと おさみ）　大阪外国語大学助教授・総合医科学研究所学術顧問　医学博士

須田 郁夫（すだ いくお）　独立行政法人 農業技術研究機構九州沖縄農業研究センター
流通利用研究室長　農学博士

名和 義彦（なわ よしひこ）　独立行政法人 食品総合研究所食品工学部長　農学博士

田中 良和（たなか よしかず）　サントリー㈱基礎研究所主席研究員　理学博士

大澤 俊彦（おおさわ としひこ）　名古屋大学大学院生命農学研究科教授　農学博士

アントシアニン
―食品の色と健康―　　　　　　定価（本体3,800円＋税）

平成12年 5月10日　初 版 発 行
平成14年 2月15日　第 2 刷発行

編著者　　大 庭 理一郎
　　　　　五十嵐　喜　治
　　　　　津久井　亜紀夫
発行者　　筑 紫 恒 男
発行所　　㈱建帛社
　　　　　 KENPAKUSHA
〒112-0011　東京都文京区千石4丁目2番15号
　　　　　電　話　(03) 3944－2611
　　　　　FAX　(03) 3946－4377
　　　　　http://www.kenpakusha.co.jp/

ISBN 4-7679-6087-8 C3077　　　　　中和印刷／常川製本
Ⓒ 大庭理一郎ほか, 2000.　　　　　　Printed in Japan.

本書の複製権・翻訳権・上映権・公衆送信権等は株式会社建帛社が保有します。
JCLS〈㈳日本著作出版権管理システム委託出版物〉
本書の無断複写は著作権法上での例外を除き禁じられています。複写される
場合は,㈳日本著作出版権管理システム(03-3817-5670)の許諾を得て下さい。